教科書ガイド 数研出版 版【物理／706】

物理

本書は，数研出版版教科書
「物理」
にそった参考書として，教科書の予習・復習を効果的に進められること，教科書の内容をよりよく理解できることに照準を合わせ編集しました。構成はもちろん，細部にわたる理論の展開にいたるまで，教科書の内容に合わせてあります。

また，問題解法の力をつけることにも重点を置きました。教科書に掲載されているすべての問題について，その考え方と解法・解答を説明してあります。

目　次

第**1**編　力と運動

第 **1** 章　平面内の運動

教 p.6 ～ p.25

1 平面運動の速度・加速度

A 変位

❶位置ベクトル　大きさと向きをもった量を**ベクトル**といい，位置を表すベクトルを**位置ベクトル**という。

　点 O を原点とし，平面上で互いに垂直な x 軸，y 軸を定めると，物体の位置は，位置ベクトルの **x 成分**，**y 成分**を用いて (x, y) のように表すことができる。

❷変位　図ⓐのように，点 P を始点として点 Q まで引いたベクトルは，船の位置がどの向きにどれだけ変化したかを表す。これを**変位**という。点 O を基準とした点 P，点 Q の位置ベクトルをそれぞれ $\vec{r_1}$，$\vec{r_2}$ とすると，変位 $\varDelta \vec{r}$ は次のように表される。

$$\varDelta \vec{r} = \vec{r_2} - \vec{r_1} \tag{1}$$

同図ⓑのように，点 P から点 Q への船の進む経路が異なっても，点 P と点 Q の位置が変わらなければ，変位 $\varDelta \vec{r}$ は変わらない。

どのように進んでも
変位は同じ

復習　ベクトルの和と差

　2 つのベクトルの和や差は**平行四辺形の法則**によって得られる。和や差により求められたベクトルの成分は，もとのベクトルの各成分の和や差になる（教 **p.7** 図 A）。

用語	速度と速さ
速度	「大きさ」と「向き」で表される。
速さ	「大きさ」のみで表される。 （速さ＝速度の大きさ）

B 速度 ◀

❶平面運動の速度　教 **p.8** 図 3 のように，時間 $\varDelta t$〔s〕の間に，船が点 P（位置ベクトル $\vec{r_1}$〔m〕）から，点 Q（位置ベクトル $\vec{r_2}$〔m〕）まで進んだとする。この間の**平均の速度** $\vec{v}$〔m/s〕は，変位を $\varDelta \vec{r}$〔m〕$(= \vec{r_2} - \vec{r_1})$ として次のように表される。

$$\vec{v} = \frac{\varDelta \vec{r}}{\varDelta t} \tag{2}$$

　(2)式の $\varDelta t$ を限りなく短くしていくときの極限の値が点 P での船の**瞬間の速度**であり，点 P での瞬間の速度の方向は，運動の経路の点 P における接線方向になる。

❷速度の合成　次の図のように，A にいた船が船首を B へ向けて出発すると，船は流水によって下流側に流されるので，1 秒後には図の C ではなく C′ へ到達する。

よって，川岸で静止している人から見た船の速度 $\vec{v}$ [m/s] の大きさは線分 AC' の長さ，向きは A から C' に向かう向きで表される。つまり

$$\vec{v} = \vec{v_1} + \vec{v_2} \tag{3}$$

ただし，静水時の船の速度を $\vec{v_1}$ [m/s]，流水の速度を $\vec{v_2}$ [m/s] とする。

速度 $\vec{v}$ を，速度 $\vec{v_1}$ と速度 $\vec{v_2}$ の**合成速度**といい，合成速度を求めることを**速度の合成**という。

❸**速度の分解**　1つの速度 $\vec{v}$ を2つの速度 $\vec{v_1}$, $\vec{v_2}$ に分けることを，速度を**分解**するといい，分解した2つの速度を**分速度**という。

❹**速度の成分**　速度 $\vec{v}$ を互いに垂直な x 軸方向と y 軸方向に分解するとき，分速度 $\vec{v_x}$, $\vec{v_y}$ の大きさに，向きを表す正・負の符号をつけた値 v_x, v_y を，$\vec{v}$ の **x 成分，y 成分**という。速度 $\vec{v}$（大きさ v）が x 軸の正の向きとなす角を θ とすると，次の関係が成りたつ。

$$v_x = v\cos\theta, \quad v_y = v\sin\theta \tag{4}$$
$$v = \sqrt{v_x{}^2 + v_y{}^2} \tag{5}$$

また，2つの速度 $\vec{v_1}$（x 成分 v_{1x}, y 成分 v_{1y}），$\vec{v_2}$（x 成分 v_{2x}, y 成分 v_{2y}）の合成速度 $\vec{v}$ の成分 v_x, v_y は，各成分の和で求められる。

$$v_x = v_{1x} + v_{2x}, \quad v_y = v_{1y} + v_{2y} \tag{6}$$

❺**相対速度**　速度 $\vec{v_A}$ [m/s] で進む自動車 A に乗っている人が自動車 B を見ると，自動車 B が静止しているときは，B は速度 $-\vec{v_A}$ で進んでいるように見える。

一方，自動車 B が速度 $\vec{v_B}$ [m/s] で進むときには，B は $\vec{v_B}$ と $-\vec{v_A}$ との合成速度 $\vec{v_B} - \vec{v_A}$ で進んでいるように見える。

このように，動く物体 A から観測した他の物体 B の速度のことを，A に対する B の**相対速度**という。

相対速度
$$\vec{v_{AB}} = \vec{v_B} - \vec{v_A} \tag{7}$$
$\vec{v_A}$ [m/s]　物体 A（観測者）の速度
$\vec{v_B}$ [m/s]　物体 B（相手）の速度
$\vec{v_{AB}}$ [m/s]　A に対する B の相対速度

相対速度 $\vec{v_{AB}}$ は，次の手順で作図できる。
①観測者（自分）と相手の速度ベクトルの始点をあわせる
②観測者（自分）の速度ベクトル $\vec{v_A}$ の終点から相手の速度ベクトル $\vec{v_B}$ の終点へ向けてベクトルをかく

C 加速度

単位時間当たりの速度の変化を**加速度**といい、その単位には**メートル毎秒毎秒**（記号 m/s²）が用いられる。1 m/s² は、1秒間に速度が 1 m/s の割合で変化する場合の加速度の大きさを表す。

速度の変化　$\varDelta\vec{v} = \vec{v_2} - \vec{v_1}$　　平均の加速度　$\vec{a}$　　※ $\varDelta\vec{v}$ と $\vec{a}$ の向きは等しい

数p.12図8のように自動車が、点Pから点Qまで移動するときの経過時間を $\varDelta t (= t_2 - t_1)$ 〔s〕、速度の変化を $\varDelta\vec{v} (= \vec{v_2} - \vec{v_1})$ 〔m/s〕とするとき、点Pから点Qまでの間の平均の加速度 $\vec{a}$ 〔m/s²〕は、次の式のように表される。

$$\vec{a} = \frac{\vec{v_2} - \vec{v_1}}{t_2 - t_1} = \frac{\varDelta\vec{v}}{\varDelta t} \tag{8}$$

この式で、経過時間 $\varDelta t$ を限りなく短くしていくと、点Pでの瞬間の加速度が得られる。加速度もまた速度と同じく、大きさと向きをもつベクトルである。

平面運動では、速さが変わらない場合でも、向きが変われば、速度が変化することになる。つまり、加速度運動をしていることになる。

復習　**等加速度直線運動**

一直線上を一定の加速度で進む運動を**等加速度直線運動**という。

x 軸上を一定の加速度 a〔m/s²〕で等加速度直線運動する物体が、時刻0のとき原点を初速度 v_0〔m/s〕で通過したとする。この物体の時刻 t〔s〕での速度、変位をそれぞれ v〔m/s〕、x〔m〕とするとき、次の3つの式が成りたつ。

$$v = v_0 + at, \quad x = v_0 t + \frac{1}{2}at^2, \quad v^2 - v_0^2 = 2ax \tag{A}$$

---

2 落体の運動

A 自由落下

物体が重力だけを受け、初速度0で落下する運動を**自由落下**という。**数**p.15図9のストロボ写真を分析すると、小球の運動について次のことがわかる。

①**小球の質量の大小によらず、一定の加速度で落下する**

②**小球の加速度は鉛直下向きで、大きさは 9.8 m/s² である**

自由落下の加速度のことを**重力加速度**といい、その大きさを g〔m/s²〕で表す。自由落下は、初速度が0で、加速度が鉛直下向きに大きさ g〔m/s²〕の等加速度直線運動である。

自由落下を始める点を原点として、鉛直下向きに y 軸をとり、時間 t〔s〕後の座標を y〔m〕、速度を v〔m/s〕とすると、次の式が成りたつ。

$$v = gt, \quad y = \frac{1}{2}gt^2, \quad v^2 = 2gy \tag{9}$$

時刻0

加速度 g

変位 $y = \frac{1}{2}gt^2$

時刻 t

速度 $v = gt$

B 鉛直投射

物体を鉛直下向き，あるいは鉛直上向きに投げることを**鉛直投射**という。

> **用 語** 鉛直方向と水平方向
> **鉛直方向**　重力がはたらく方向
> **水平方向**　鉛直方向と直交する方向

❶鉛直投げ下ろし　小球を鉛直下向きに初速度 v_0〔m/s〕で投げる。この場合にも小球は，加速度が鉛直下向きに大きさ g〔m/s²〕の等加速度直線運動をしている。

鉛直下向きに y 軸をとり，時間 t〔s〕後の座標を y〔m〕，速度を v〔m/s〕とすると，次の式が成りたつ。

$$v = v_0 + gt, \quad y = v_0 t + \frac{1}{2}gt^2, \quad v^2 - v_0^2 = 2gy \quad \text{(10)}$$

❷鉛直投げ上げ　小球を鉛直上向きに投げると，小球はしだいに遅くなり，ある高さで速度が0となってその点から下向きの運動へと変わる（右図）。この場合にも小球は，加速度が鉛直下向きに大きさ g〔m/s²〕の等加速度直線運動をしている。

投げた点を原点とし，鉛直上向き（初速度 v_0 の向き）に y 軸をとる。時間 t〔s〕後の座標を y〔m〕，速度を v〔m/s〕とすると，加速度は $-g$〔m/s²〕なので，次の式が成りたつ。

$$v = v_0 - gt, \quad y = v_0 t - \frac{1}{2}gt^2, \quad v^2 - v_0^2 = -2gy$$

$$\text{(11)}$$

C 水平投射

物体をある高さから水平方向に投げ出すと，物体は放物線を描いて飛んでいき，やがて地面に達する。このような運動を**水平投射**という。

❶水平投射の軌道　**数** p.16 図 11 のように水平投射した物体は，次のような運動をしていることがわかる。

　①**鉛直方向には自由落下と同様の運動をしている**

　②**水平方向には等速直線運動と同様の運動をしており，その速度は常に初速度に等しい**

❷水平投射の式　次の図のように，小球を水平方向に v_0〔m/s〕の速さで投げたとき，x 軸，y 軸をとり，時間 t〔s〕後の，小球の速度 $\vec{v}$ の x 成分を v_x〔m/s〕，y 成分を v_y〔m/s〕とし，位置を (x, y) とする。

x 軸方向には等速直線運動と同様の運動をするから

$$v_x = v_0 \quad \text{(12)}$$

$$x = v_0 t \quad \text{(13)}$$

y 軸方向には自由落下と同様の運動をするから

$$v_y = gt \qquad (14)$$

$$y = \frac{1}{2} gt^2 \qquad (15)$$

(13)式より，$t = \dfrac{x}{v_0}$

これを(15)式に代入して

$$y = \frac{1}{2} g \cdot \left(\frac{x}{v_0} \right)^2$$

$$= \frac{g}{2v_0^2} \cdot x^2 \qquad (16)$$

が得られる。この式は，小球の運動の軌道を表し，放物線となることを示している。

D　斜方投射

物体を斜め上方に投げると，物体は放物線を描いて飛んでいき，最高点に達した後，やがて地面に達する。このような運動を**斜方投射**という。

❶斜方投射の軌道　**教 p.18 図 13** のように，斜方投射した物体の運動について，次のことがわかる。

　①鉛直方向には鉛直投げ上げと同様の運動をしている
　②水平方向には等速直線運動と同様の運動をしている
　③物体の運動の軌道は，最高点を頂点とし鉛直線を軸とする，上に凸の放物線となっている

水平投射や斜方投射のような運動を**放物運動**という。放物運動では，水平方向の運動は速度が一定（加速度が 0）である。一方，鉛直方向の運動は加速度が下向きで，一定の大きさ g〔m/s²〕である。一般に，加速度が一定の運動を**等加速度運動**という。

❷斜方投射の式　小球を水平方向と角 θ をなす向きに v_0〔m/s〕の速さで投げたとき，次ページの図のように x 軸，y 軸をとり，時間 t〔s〕後の，小球の速度 $\vec{v}$ の x 成分を v_x〔m/s〕，y 成分を v_y〔m/s〕とし，位置を (x, y) とする。

x 軸方向には速度 $v_0 \cos\theta$ の等速直線運動と同様の運動をするから

$$v_x = v_0 \cos\theta \qquad (17)$$

$$x = v_0 \cos\theta \cdot t \qquad (18)$$

y 軸方向には初速度 $v_0 \sin\theta$ の鉛直投げ上げと同様の運動をするから

$$v_y = v_0 \sin\theta - gt \qquad (19)$$

$$y = v_0 \sin\theta \cdot t - \frac{1}{2} gt^2 \qquad (20)$$

三角関数の公式より

$$\sin\theta = \frac{a}{c}, \quad \cos\theta = \frac{b}{c}$$

よって

$$a = c\sin\theta, \quad b = c\cos\theta$$

(18)式より　$t = \dfrac{x}{v_0 \cos\theta}$

これを(20)式に代入して

$$y = v_0 \sin\theta \cdot \frac{x}{v_0 \cos\theta} - \frac{1}{2} g \cdot \left(\frac{x}{v_0 \cos\theta}\right)^2$$

$$= \tan\theta \cdot x - \frac{g}{2v_0^2 \cos^2\theta} \cdot x^2 \qquad (21)$$

> $\tan\theta$ は三角関数
> $$\tan\theta = \frac{\sin\theta}{\cos\theta}$$

が得られる。この式は，小球の運動の軌道を表し，上に凸の放物線となることを示している。

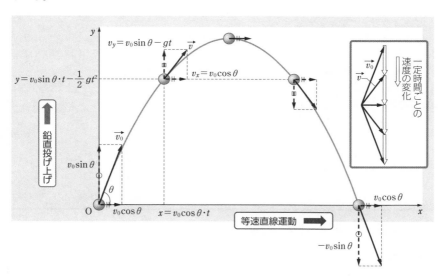

❸**落体の運動と運動方程式**　空気の抵抗が無視できるとき，自由落下・鉛直投射・水平投射または斜方投射される質量 m 〔kg〕の物体が受けている力は，鉛直下向きの重力 $m\vec{g}$ 〔N〕のみである（**教** p.22 図 15）。よって，物体の加速度を $\vec{a}$ 〔m/s²〕とすると，運動方程式より次の式が成りたつ。

$$m\vec{a} = m\vec{g} \quad \text{より} \quad \vec{a} = \vec{g} \qquad (22)$$

　これより，物体が重力のみを受けて運動するときは，初速度の大きさや向きにかかわらず，常に鉛直下向きで大きさ g 〔m/s²〕の加速度で運動することがわかる。

E　空気の抵抗

❶**空気の抵抗を受ける運動**　雨粒が自由落下するとき，雨粒が 1000 m 落下したときの速さ v 〔m/s〕を(9)式より計算すると，$v = 140$ m/s となる。しかし，実際は速くても 10 m/s 程度である。これは，雨粒が空気の抵抗を受けるためである。

　なお，真空中では，物体は空気の抵抗を受けないため，その形状や質量にかかわらず自由落下する（**教** p.23 図 16）。

❷空気の抵抗力と終端速度　小さな球が空気中を落下する場合，球の速さが大きくない範囲では，抵抗力の大きさは速さに比例することが知られている。

落下する球の速さが増していくと，やがて抵抗力が重力とつりあうため，球は一定の速度 v_f で落下するようになる。このときの速度 v_f を**終端速度**という。

教 p.24 図 17 は，終端速度 v_f に達するまでの v–t 図である。この曲線の接線の傾きが加速度 $a\,\mathrm{[m/s^2]}$ を表している。雨粒の場合，地面に達するまでには，終端速度になっていると考えてよい。

小さな球では，質量 $m\,\mathrm{[kg]}$ が大きいほど終端速度が大きい。これは，質量が大きいほうが重力 $mg\,\mathrm{[N]}$ が大きく，大きな落下速度にならないと重力と抵抗力 $R\,\mathrm{[N]}$ がつりあわないからである。球の運動方程式は次のように表される。

$$ma = mg - R \tag{23}$$

❸終端速度の式　抵抗力の大きさが速さ $v\,\mathrm{[m/s]}$ に比例する場合，$R = kv$（k は比例定数）と表され，(23)式は次のようになる。

$$ma = mg - kv \tag{24}$$

v が終端速度 v_f に達したとき $kv_f = mg$ となるので

$$v_f = \frac{mg}{k} \tag{25}$$

復習　ニュートンの運動の3法則

運動の第一法則（慣性の法則）

外部から力を受けないか，あるいは外部から受ける力がつりあっている（合力が $\vec{0}$ の）場合には，静止している物体はいつまでも静止を続け，運動している物体は等速直線運動を続ける。

運動の第二法則（運動の法則）

物体にいくつかの力がはたらくとき，物体にはそれらの合力 $\vec{F}$ の向きに加速度 $\vec{a}$ が生じる。その加速度の大きさは合力の大きさに比例し，物体の質量 m に反比例する。質量に kg，力に N，加速度に m/s² の単位を用いると，次の式が成りたつ。

$$m\vec{a} = \vec{F}$$　この式を**運動方程式**という。

運動の第三法則（作用反作用の法則）

物体Aから物体Bに力をはたらかせているときには，物体Bから物体Aに，同じ作用線上で，大きさが等しく，向きが反対の力がはたらいている。

─○ 問　題 ○─

問1
（教 p.7）
図のような歩道橋を，点Pから点Q
まで歩いたときの移動距離は何m
か。また，そのときの変位の大きさ
は何mか。小数点以下を四捨五入
して答えよ。

考え方　移動距離は実際に歩いた距離，変位はPを始点として点Qまで引
いたベクトルで，変位の大きさは線分PQの長さに等しい。

解説&解答　移動距離 $= \dfrac{5.0}{\sin 30°} + 8.0 + \dfrac{5.0}{\sin 30°}$

$= 5.0 \times 2 + 8.0 + 5.0 \times 2 = \mathbf{28\,m}$ **答**

変位の大きさ $= PQ = \dfrac{5.0}{\tan 30°} + 8.0 + \dfrac{5.0}{\tan 30°}$

$= 5.0 \times \sqrt{3} + 8.0 + 5.0 \times \sqrt{3}$

$≒ \mathbf{25\,m}$ **答**

問2
（教 p.9）
流水の速さが3.0m/sのまっすぐな川を，静水時の速さが4.0m/sの船が進
んでいる。(1)～(3)のとき，川岸から見た船の速さ（速度の大きさ）はそれぞ
れ何m/sか。
(1)　下流に向かって進むとき。
(2)　上流に向かって進むとき。
(3)　川岸に垂直な方向へ船首を向けて進むとき。

考え方　合成速度の式を使う。→(3)式 $\vec{v} = \vec{v_1} + \vec{v_2}$
　(1)　流水の速度の向きと船の速度の向きは，同じである。
　(2)　流水の速度の向きと船の速度の向きは，逆である。
　(3)　流水の速さの向きと静水時の船の速さの向きは垂直なので，三
　　　平方の定理を利用して合成する。

解説&解答　静水時の船の速度を $\vec{v_1}$（大きさ v_1），流水の速度を $\vec{v_2}$（大きさ v_2），
川岸から見た船の速度を $\vec{v}$（大きさ v）とする。
　(1)　右図より　$\vec{v_1} + \vec{v_2} = \vec{v}$
　　　ゆえに　$v = 4.0 + 3.0$
　　　　　　　$= \mathbf{7.0\,m/s}$ **答**
　(2)　右図より　$\vec{v_1} + \vec{v_2} = \vec{v}$
　　　ゆえに　$v = 4.0 - 3.0 = \mathbf{1.0\,m/s}$ **答**

第❶編 力と運動

(3)　右図より　$\vec{v_1} + \vec{v_2} = \vec{v}$
　　　ゆえに　$v = \sqrt{v_1{}^2 + v_2{}^2}$
　　　　　　　　$= \sqrt{4.0^2 + 3.0^2} = 5.0\,\text{m/s}$　答

例題 1
(教 p.11)
雨が鉛直(真下)に降る中を，電車がまっすぐな線路上を一定の速さ 10m/s で水平に走っている。雨滴の落下の速さを 10m/s とすると，電車内の人が窓から見るときの，雨滴の速さと，雨滴の落下方向と鉛直方向とがなす角の大きさを求めよ。

考え方　電車の速度を $\vec{v_A}$，雨滴の速度を $\vec{v_B}$ とすると，電車内の人から見た雨滴の相対速度は $\vec{v_{AB}} = \vec{v_B} - \vec{v_A}$ となる。

解説＆解答　図より，雨滴の落下方向と鉛直方向がなす角の大きさは **45°** である。答
$\vec{v_{AB}}$ の大きさは
　$10 \times \sqrt{2}$
　$= 10 \times 1.41\cdots$
　$≒ 14\,\text{m/s}$　答

$\boxed{\vec{v_{AB}} = \vec{v_B} + (-\vec{v_A})\text{ より，ベクトル }\vec{v_B}\text{ と }-\vec{v_A}\text{ を合成して考えてもよい。}}$

類題 1
(教 p.11)
雨が鉛直に降る中を，電車がまっすぐな線路上を一定の速さで水平に走っている。このとき，電車内の人が見る雨滴の落下方向は，鉛直方向と 60° の角をなしていた。雨滴の落下の速さを 10m/s とするとき，電車の速さを求めよ。

考え方　相対速度の式を使う。→(7)式 $\vec{v_{AB}} = \vec{v_B} - \vec{v_A}$

解説＆解答　電車の速度を $\vec{v_A}$，雨滴の速度を $\vec{v_B}$，電車内の人から見た雨滴の相対速度を $\vec{v_{AB}}$ とする。

これらのベクトルの関係は図のようになる。
よって，$\vec{v_A}$ の大きさ v_A は
　$v_A : 10 = \sqrt{3} : 1$ より　$v_A = 10\sqrt{3} ≒ 17\,\text{m/s}$　答

ドリル

問 a
(教 p.12)
自動車 A が北向きに 40km/h，自動車 B が東向きに 30km/h で進む。自動車 A から見た自動車 B の速さは何 km/h か。

第❶編　力と運動

考え方　相対速度の式を使う。→(7)式 $\overrightarrow{v_{AB}} = \overrightarrow{v_B} - \overrightarrow{v_A}$

解説&解答　自動車 A，自動車 B の速度をそれぞれ $\overrightarrow{v_A}$, $\overrightarrow{v_B}$，自動車 A から見た自動車 B の相対速度を $\overrightarrow{v_{AB}}$ とすると，右図のようになる。図より

$$|\overrightarrow{v_{AB}}| = \sqrt{40^2 + 30^2}$$
$$= 50\,\text{km/h}\ \ \text{答}$$

$\overrightarrow{v_A}$ (40 km/h)　$\overrightarrow{v_{AB}}$　北　東　$\overrightarrow{v_B}$ (30 km/h)

問 b
(教 p.12)　自動車 A が南向きに 20 km/h，自動車 B が東向きに 40 km/h で進む。自動車 A から見た自動車 B の速さは何 km/h か。ただし，$\sqrt{5} = 2.24$ とする。

考え方　相対速度の式を使う。→(7)式 $\overrightarrow{v_{AB}} = \overrightarrow{v_B} - \overrightarrow{v_A}$

解説&解答　自動車 A，自動車 B の速度をそれぞれ $\overrightarrow{v_A}$, $\overrightarrow{v_B}$，自動車 A から見た自動車 B の相対速度を $\overrightarrow{v_{AB}}$ とすると右図のようになる。図より

$$|\overrightarrow{v_{AB}}| = \sqrt{20^2 + 40^2} = 20\sqrt{5}$$
$$= 20 \times 2.24 = 44.8 \fallingdotseq 45\,\text{km/h}\ \ \text{答}$$

$\overrightarrow{v_B}$ (40 km/h)　$\overrightarrow{v_A}$ (20 km/h)　$\overrightarrow{v_{AB}}$　北　東

問 c
(教 p.12)　自動車 A が西向きに 20 km/h，自動車 B が北向きに 20 km/h で進む。自動車 A から見た自動車 B の速度はどの向きに何 km/h か。

考え方　相対速度の式を使う。→(7)式 $\overrightarrow{v_{AB}} = \overrightarrow{v_B} - \overrightarrow{v_A}$

解説&解答　自動車 A，自動車 B の速度をそれぞれ $\overrightarrow{v_A}$, $\overrightarrow{v_B}$，自動車 A から見た自動車 B の相対速度を $\overrightarrow{v_{AB}}$ とすると右図のようになる。図より

$$|\overrightarrow{v_{AB}}| = \sqrt{20^2 + 20^2} = 20\sqrt{2}$$
$$= 20 \times 1.41\cdots \fallingdotseq 28\,\text{km/h}\ \ \text{答}$$

また，$\overrightarrow{v_{AB}}$ の向きは**北東の向き**　答

$\overrightarrow{v_{AB}}$　$\overrightarrow{v_B}$ (20 km/h)　45°　北　東　$\overrightarrow{v_A}$ (20 km/h)

問 3
(教 p.13)　北向きに 6.0 m/s の速さで進む自動車が，10 秒後に，東向きに 6.0 m/s の速さになったとする。この間における，自動車の平均の加速度の向きと，その大きさ $\overline{a}$〔m/s²〕を求めよ。

6.0 m/s　6.0 m/s　北　東

考え方　平均の加速度 $\overrightarrow{\overline{a}}$〔m/s²〕は，次の式で表される。

$$\overrightarrow{\overline{a}} = \frac{\overrightarrow{v_2} - \overrightarrow{v_1}}{t_2 - t_1} = \frac{\Delta\overrightarrow{v}}{\Delta t} \quad (8)$$

解説&解答　自動車の速度を図 a のように $\overrightarrow{v_1}$, $\overrightarrow{v_2}$〔m/s〕とする。

図a

$$加速度\ \vec{a} = \frac{\vec{\Delta v}}{\Delta t} = \frac{\vec{v_2} - \vec{v_1}}{\Delta t} = \frac{\vec{v_2} + (-\vec{v_1})}{\Delta t}$$

図bより　$\Delta v = 6.0 \times \sqrt{2}$ m/s　だから

$$\bar{a} = \frac{\Delta v}{\Delta t} = \frac{6.0 \times \sqrt{2}}{10} ≒ \textbf{0.85\,m/s}^2\quad\boxed{答}$$

また，加速度$\vec{a}$の向きは$\vec{\Delta v}$の向きに一致するので，図bより**南東向きである。**　　$\boxed{答}$

例題2
（教 **p.17**）
ある高さの所から小球を速さ7.0m/sで水平に投げ出すと，2.0秒後に地面に達した。重力加速度の大きさを9.8m/s²とする。

(1)　投げ出した所の真下の地面上の点から，小球の落下地点までの距離l〔m〕を求めよ。

(2)　投げ出した所の，地面からの高さh〔m〕を求めよ。

考え方　水平投射では，水平方向は等速直線運動，鉛直方向は自由落下と同様の運動をする。

解説&解答　(1)　水平方向は，速さ7.0m/sの等速直線運動と同様の運動を行う。

「$x = v_0 t$」（(13)式）より　$l = 7.0 \times 2.0 = \textbf{14\,m}$　　$\boxed{答}$

(2)　鉛直方向は，自由落下と同様の運動を行う。

「$y = \dfrac{1}{2} g t^2$」（(15)式）より

$$h = \frac{1}{2} \times 9.8 \times 2.0^2 = 19.6 ≒ \textbf{20\,m}\quad\boxed{答}$$

類題2
（教 **p.17**）
地面より9.8mの高さから，小球を速さ3.0m/sで水平に投げ出した。投げ出した所の真下の地面上の点から，小球の落下地点までの距離l〔m〕を求めよ。重力加速度の大きさを9.8m/s²とする。

考え方　まず，小球が鉛直方向に自由落下し，地面に落ちる時間を求める。求めた時間の間に，小球が水平方向に等速直線運動で移動する距離を求める。

解説&解答　鉛直方向は，自由落下と同様の運動を行う。

「$y = \dfrac{1}{2} g t^2$」（(15)式）より，投げ出してから地面に落ちるまでの時間をt〔s〕とすると

$$9.8 = \frac{1}{2} \times 9.8 \times t^2$$

$$t^2 = 2 \quad よって \quad t = \sqrt{2}\ \mathrm{s}$$

水平方向は速さ 3.0 m/s の等速直線運動と同様の運動を行うので，「$x = v_0 t$」（⑬式）より

$$l = 3.0 \times \sqrt{2} \fallingdotseq \textbf{4.2 m} \quad 答$$

例題 3
（教 p.20）

地上の点から小球を，水平方向と角 θ をなす向きに大きさ v_0〔m/s〕の初速度で投げる。重力加速度の大きさを g〔m/s²〕とし，必要があれば $2\sin\theta\cos\theta = \sin 2\theta$ を用いよ。

(1) 最高点に達するまでの時間 t_1〔s〕とその高さ h〔m〕を求めよ。
(2) 落下点に達するまでの時間 t_2〔s〕と水平到達距離 l〔m〕を求めよ。
(3) 初速度の大きさを変えずに，角 θ を変えて投げるとき，小球を最も遠くまで投げるための角 θ_0 を求めよ。

考え方　斜方投射では，水平方向は等速直線運動，鉛直方向は鉛直投げ上げと同様の運動をする。

解説&解答　(1) 最高点では速度の鉛直成分（y 成分）が 0 となる。
「$v_y = v_0\sin\theta - gt$」（⑲式）より

$$0 = v_0\sin\theta - gt_1 \quad よって \quad t_1 = \frac{v_0\sin\theta}{g}\ \textbf{〔s〕} \quad 答$$

「$y = v_0\sin\theta \cdot t - \frac{1}{2}gt^2$」（⑳式）より

$$h = v_0\sin\theta \cdot t_1 - \frac{1}{2}gt_1{}^2$$

$$= v_0\sin\theta \cdot \frac{v_0\sin\theta}{g} - \frac{1}{2}g\left(\frac{v_0\sin\theta}{g}\right)^2$$

$$= \frac{v_0{}^2\sin^2\theta}{2g}\ \textbf{〔m〕} \quad 答$$

(2) 落下点では鉛直方向の変位が 0 となる。
「$y = v_0\sin\theta \cdot t - \frac{1}{2}gt^2$」より

$$0 = v_0\sin\theta \cdot t_2 - \frac{1}{2}gt_2{}^2 = -\frac{1}{2}gt_2\left(t_2 - \frac{2v_0\sin\theta}{g}\right)$$

$t_2 > 0$ より　$t_2 = \dfrac{2v_0\sin\theta}{g}$ 〔s〕 答

〈別解〉　運動の対称性より，$t_2 = 2t_1$ として求めることもできる。
水平方向（x 成分）については，「$x = v_0\cos\theta \cdot t$」（⑱式）より

$$l = v_0\cos\theta \cdot t_2 = \frac{2v_0{}^2\sin\theta\cos\theta}{g} = \frac{v_0{}^2\sin 2\theta}{g}\ \textbf{〔m〕} \quad 答$$

(3) (2)の l が最大になる θ を求めればよい。$0° \leqq \theta \leqq 90°$ の範囲では $0 \leqq \sin 2\theta \leqq 1$ となり，l は $\sin 2\theta = 1$ のとき最大となる。
よって　$2\theta_0 = 90°$ 　より　$\theta_0 = \textbf{45°}$ 答

第1編 力と運動

類題3
教 p.20

地上の点から小球を，速さ 24.5 m/s で図のような向きに投げた。重力加速度の大きさを 9.80 m/s² とする。

(1) 初速度の水平成分と鉛直成分の大きさ v_{0x}〔m/s〕, v_{0y}〔m/s〕を求めよ。

(2) 最高点に達するまでの時間 t_1〔s〕とその高さ h〔m〕を求めよ。

(3) 落下点に達するまでの時間 t_2〔s〕と水平到達距離 l〔m〕を求めよ。

考え方 例題3と同様に考える。

解説&解答 (1) $v_{0x} = v_0 \cos\theta = 24.5 \times \dfrac{3}{5} = $ **14.7 m/s** 答

$v_{0y} = v_0 \sin\theta = 24.5 \times \dfrac{4}{5} = $ **19.6 m/s** 答

(2) 最高点では速度の鉛直成分（y 成分）が 0 m/s となる。

「$v_y = v_0 \sin\theta - gt$」より　$0 = 19.6 - 9.80 \times t_1$

よって　$t_1 = \dfrac{19.6}{9.80} = $ **2.00 s** 答

「$y = v_0 \sin\theta \cdot t - \dfrac{1}{2} gt^2$」より

$h = 19.6 \times 2.00 - \dfrac{1}{2} \times 9.80 \times 2.00^2 = $ **19.6 m** 答

(3) 落下点では鉛直方向の変位が 0 m となる。

「$y = v_0 \sin\theta \cdot t - \dfrac{1}{2} gt^2$」より

$0 = 19.6 \times t_2 - \dfrac{1}{2} \times 9.80 \times t_2^2 = 4.90 \times t_2 \times (4.00 - t_2)$

$t_2 > 0$ より　$t_2 = $ **4.00 s** 答

水平方向については，「$x = v_0 \cos\theta \cdot t$」より

$l = 14.7 \times 4.00 = $ **58.8 m** 答

ドリル

問 a
教 p.21

地面からの高さ 29.4 m のがけの上から，小球を 4.00 m/s の速さで水平に打ち出した。重力加速度の大きさを 9.80 m/s² とする。必要であれば， $\sqrt{6} ≒ 2.45$ を用いてよい。

(1) 小球が地面に達するまでの時間 t〔s〕を求めよ。

(2) 小球の落下地点までの水平到達距離 l〔m〕を求めよ。

考え方 水平投射では，水平方向は等速直線運動，鉛直方向は自由落下と同様の運動をする。

解説&解答 (1) 「$y = \dfrac{1}{2} gt^2$」より　$29.4 = \dfrac{1}{2} \times 9.80 \times t^2$

よって　$t = \sqrt{\dfrac{29.4}{4.90}} = \sqrt{6.00} ≒ $ **2.45 s** 答

(2) 「$x = v_0 t$」より　$l = 4.00 \times t = 4.00 \times \sqrt{6.00} ≒ $ **9.80 m** 答

問b
(教 p.21)　水平な地面のある点から小球を，水平方向と上方に 45° をなす向きに 19.6 m/s の速さで打ち出した。重力加速度の大きさを 9.8 m/s² とする。

(1) 最高点の高さ h〔m〕を求めよ。

(2) 小球が落下した点までの水平到達距離 l〔m〕を求めよ。

考え方　斜方投射では，水平方向は等速直線運動，鉛直方向は鉛直投げ上げと同様の運動をする。また，最高点では速度の鉛直成分が 0，落下点では鉛直方向の変位が 0 となる。

解説&解答　(1) 小球を打ち出してから最高点に達するまでの時間を t_1〔s〕とする。「$v_y = v_0 \sin\theta - gt$」より

$$0 = 19.6 \times \sin 45° - 9.8 \times t_1 \quad よって \quad t_1 = \sqrt{2}\ \text{s}$$

「$y = v_0 \sin\theta \cdot t - \dfrac{1}{2} gt^2$」より

$$h = 19.6 \times \sin 45° \times t_1 - \frac{1}{2} \times 9.8 \times t_1^2$$

$$= 19.6 \times \frac{1}{\sqrt{2}} \times \sqrt{2} - \frac{1}{2} \times 9.8 \times (\sqrt{2})^2 = \mathbf{9.8\,m} \quad 答$$

〈別解〉 y 軸方向には鉛直投げ上げと同様の運動をするから，鉛直投げ上げの式「$v^2 - v_0^2 = -2gy$」より

$$0^2 - (19.6\sin 45°)^2 = -2 \times 9.8 \times h$$

$$よって \quad h = \frac{19.6^2 \times \frac{1}{2}}{2 \times 9.8} = 19.6 \times \frac{1}{2} = \mathbf{9.8\,m} \quad 答$$

(2) 落下点に達するまでの時間を t_2〔s〕とすると

「$y = v_0 \sin\theta \cdot t - \dfrac{1}{2} gt^2$」より

$$0 = 19.6 \times \frac{1}{\sqrt{2}} \times t_2 - \frac{1}{2} \times 9.8 \times t_2^2 \quad t_2 > 0 \ より \quad t_2 = 2\sqrt{2}\ \text{s}$$

水平方向については「$x = v_0 \cos\theta \cdot t$」より

$$l = 19.6 \times \cos 45° \times t_2 = 19.6 \times \frac{1}{\sqrt{2}} \times 2\sqrt{2}$$

$$= 39.2 ≒ \mathbf{39\,m} \quad 答$$

問c
(教 p.21)　水平な地面のある点から小球を，水平方向と上方に 60° をなす向きに 7.0 m/s の速さで打ち出した。重力加速度の大きさを 9.8 m/s² とする。

(1) 最高点の高さ h〔m〕を求めよ。

(2) 小球が落下した点までの水平到達距離 l〔m〕を求めよ。

考え方　斜方投射では，水平方向は等速直線運動，鉛直方向は鉛直投げ上げと同様の運動をする。また，最高点では速度の鉛直成分が 0，落下点では鉛直方向の変位が 0 となる。

解説&解答 (1)　小球を打ち出してから最高点に達するまでの時間を t_1〔s〕とすると「$v_y = v_0 \sin\theta - gt$」より

$$0 = 7.0 \times \sin 60° - 9.8 \times t_1 \qquad よって \quad t_1 = \frac{\sqrt{3}}{2.8}\ \text{s}$$

「$y = v_0 \sin\theta \cdot t - \frac{1}{2}gt^2$」より

$$h = 7.0 \times \sin 60° \times t_1 - \frac{1}{2} \times 9.8 \times t_1^2$$

$$= 7.0 \times \frac{\sqrt{3}}{2} \times \frac{\sqrt{3}}{2.8} - \frac{1}{2} \times 9.8 \times \left(\frac{\sqrt{3}}{2.8}\right)^2$$

$$= 1.875 \fallingdotseq \mathbf{1.9\,m} \quad \boxed{答}$$

(2)　落下点に達するまでの時間を t_2〔s〕とすると

「$y = v_0 \sin\theta \cdot t - \frac{1}{2}gt^2$」より

$$0 = 7.0 \times \frac{\sqrt{3}}{2} \times t_2 - \frac{1}{2} \times 9.8 \times t_2^2 \quad t_2 > 0 \text{ より} \quad t_2 = \frac{\sqrt{3}}{1.4}\ \text{s}$$

水平方向については「$x = v_0 \cos\theta \cdot t$」より

$$l = 7.0 \times \cos 60° \times t_2 = 7.0 \times \frac{1}{2} \times \frac{\sqrt{3}}{1.4} \fallingdotseq \mathbf{4.3\,m} \quad \boxed{答}$$

演 習 問 題

教 p.25

1　東向きに速さ 10 m/s で走行している自動車 A がある。

(1)　自動車 B から見ると，自動車 A は東向きに速さ 25 m/s で走行しているように見えた。このときの自動車 B の速度はどの向きに何 m/s か。

(2)　自動車 C から見ると，自動車 A は東向きから南へ 60° の向きに速さ 20 m/s で走行しているように見えた。自動車 C の速度はどの向きに何m/s か。

考え方 (1)　一直線上を逆向きに進むときの相対速度である。

(2)　教 **p.11** 類題1と同様の方法で解く。

解説&解答 (1)　A の速度を $\overrightarrow{v_A}$〔m/s〕，B から見た A の速度を $\overrightarrow{v_{BA}}$〔m/s〕とすると，$\overrightarrow{v_A}$，$\overrightarrow{v_{BA}}$ はそれぞれ図 a，図 b のようになる。

B の速度を $\overrightarrow{v_B}$〔m/s〕とすると，相対速度の式より

$$\overrightarrow{v_{BA}} = \overrightarrow{v_A} - \overrightarrow{v_B}$$

これより

$$\overrightarrow{v_B} = \overrightarrow{v_A} - \overrightarrow{v_{BA}} = \overrightarrow{v_A} + (-\overrightarrow{v_{BA}})$$

図 c より，$\overrightarrow{v_B}$ の向きは**西向き**である。

B の速さ $v_B = 25 - 10 = \mathbf{15\,m/s}$ 　$\boxed{答}$

(2) Cの速度を $\overrightarrow{v_C}$ 〔m/s〕とすると，題意よりCから見たAの速度 $\overrightarrow{v_{CA}}$ は図dのようになる。

相対速度の式より
$$\overrightarrow{v_{CA}} = \overrightarrow{v_A} - \overrightarrow{v_C}$$
これより
$$\overrightarrow{v_C} = \overrightarrow{v_A} - \overrightarrow{v_{CA}} = \overrightarrow{v_A} + (-\overrightarrow{v_{CA}})$$
図eより，$\overrightarrow{v_C}$ の向きは**北向き**。 **答**

Cの速さ $v_C = 10\tan 60°$
$$= 10 \times \sqrt{3} ≒ \mathbf{17\,m/s}\ \ \mathbf{答}$$

図d

図e

---

2 水平より 45° 傾いた斜面の頂上の点Oから，小球を斜面方向に水平投射したところ，2.00秒後に斜面上の点Pに到達した。重力加速度の大きさを 9.80 m/s² とする。

(1) OP間の鉛直方向の距離 h〔m〕と水平方向の距離 l〔m〕を求めよ。

(2) 小球の初速度の大きさ v_0〔m/s〕を求めよ。

考え方 水平投射では，水平方向は等速直線運動，鉛直方向は自由落下と同様の運動をする。

解説&解答 (1) 鉛直方向には自由落下と同様の運動をするから
$$h = \frac{1}{2} \times 9.80 \times 2.00^2 = \mathbf{19.6\,m}\ \ \mathbf{答}$$

また，h，l の間には $\dfrac{h}{l} = \tan 45° = 1$ の関係が成りたつので
$$l = h = \mathbf{19.6\,m}\ \ \mathbf{答}$$

(2) 水平方向には等速直線運動と同様の運動をするから
$$19.6 = v_0 \times 2.00$$
よって $v_0 = \mathbf{9.80\,m/s}\ \ \mathbf{答}$

---

3 図のように，高さ 14.7 m の地点から，小球を水平方向より 30° をなす向きに速さ 4.9 m/s で投げ出した。地面に達するまでの時間 t〔s〕と，水平到達距離 l〔m〕を求めよ。重力加速度の大きさを 9.8 m/s² とし，答えは小数第1位まで求めよ。

第①編 力と運動

考え方 斜方投射では，水平方向は等速直線運動，鉛直
方向は鉛直投げ上げと同様の運動をする。

解説&解答 初速度の鉛直成分 v_{0y} は，

$$v_{0y} = 4.9 \times \sin 30°$$

$$= 4.9 \times \frac{1}{2} \, \text{m/s}$$

鉛直方向には鉛直投げ上げと同様の運動を

するから，「$y = v_0 t - \frac{1}{2} g t^2$」より

$$-14.7 = 4.9 \times \frac{1}{2} \times t - \frac{1}{2} \times 9.8 \times t^2$$

$$(2.0t + 3.0)(t - 2.0) = 0$$

$t > 0$ より　$t = \textbf{2.0 s}$ 答

初速度の水平成分 v_{0x} は

$$v_{0x} = 4.9 \times \cos 30° = 4.9 \times \frac{\sqrt{3}}{2} \, \text{m/s}$$

水平方向には等速直線運動と同様の運動をしているので
「$x = v_0 \cos\theta \cdot t$」(⑱式)より

$$l = v_{0x} t = 4.9 \times \frac{\sqrt{3}}{2} \times 2.0 ≒ \textbf{8.5 m}$$ 答

4 図のように，水平方向右向きに x 軸，鉛直方向上
向きに y 軸をとる。原点にある小球 1 を，初速度の大
きさ v_0〔m/s〕，x 軸の正の向きとなす角 θ で投げ出す
と同時に，点 P$(x_0$〔m〕，y_0〔m〕)にある小球 2 を静か
に落下させた(ただし $x_0 > 0$，$y_0 > 0$)。重力加速度の
大きさを g〔m/s²〕とする。

(1) 小球 1 が点 P の真下の点を通過するまでの時間 t〔s〕を求めよ。

(2) (1)のときの，小球 1 の y 座標 y_1〔m〕と小球 2 の y 座標 y_2〔m〕をそれぞれ求めよ。

(3) 角 θ がある値 θ_0 のとき，小球 1 と小球 2 が衝突したとする。このとき，$\tan\theta_0$
を求めよ。

考え方 小球 1 は斜方投射，小球 2 は自由落下である。

(3) 小球 1 と小球 2 が衝突するとき，$y_1 = y_2$ となる。

解説&解答

(1)　小球 1 は斜方投射なので，水平方向には等速直線運動と同様の運動をするから

$$x_0 = v_0 \cos\theta \cdot t$$

よって　$t = \dfrac{x_0}{v_0 \cos\theta}$ 〔s〕　…① 答

(2)　小球 1 は斜方投射なので，鉛直方向には鉛直投げ上げと同様の運動をするから，小球 1 の y 座標 (y_1) は

$$y_1 = v_0 \sin\theta \cdot t - \frac{1}{2} g t^2$$

これに①式を代入して

$$y_1 = v_0 \sin\theta \cdot \frac{x_0}{v_0 \cos\theta} - \frac{1}{2} g \left(\frac{x_0}{v_0 \cos\theta}\right)^2$$

$$= \tan\theta \cdot x_0 - \frac{g {x_0}^2}{2{v_0}^2 \cos^2\theta} \text{〔m〕} \quad 答$$

また，小球 2 は $y = y_0$ の高さから自由落下する。(1)のとき，小球 2 の y 座標 y_2 を用いると落下距離は，$y_0 - y_2$ と表すことができ，$y_0 - y_2 = \dfrac{1}{2} g t^2$ となる。これに①式を代入して

$$y_0 - y_2 = \frac{1}{2} g \left(\frac{x_0}{v_0 \cos\theta}\right)^2$$

よって　$y_2 = y_0 - \dfrac{g {x_0}^2}{2{v_0}^2 \cos^2\theta}$ 〔m〕　答

(3)　題意より，$\theta = \theta_0$ で $y_1 = y_2$ となる。
よって

$$\tan\theta_0 \cdot x_0 - \frac{g {x_0}^2}{2{v_0}^2 \cos^2\theta_0} = y_0 - \frac{g {x_0}^2}{2{v_0}^2 \cos^2\theta_0}$$

$$\tan\theta_0 = \frac{y_0}{x_0} \quad 答 \quad \text{（小球 1 の初速度は，O → P の向き）}$$

考 **考えてみよう！** ●

5　水平面上で小球を速さ v_0 〔m/s〕で斜方投射したとき，投げ出す方向を水平方向より 30° をなす向きにしたときと，60° にしたときで水平到達距離は同じであった。このように，水平到達距離が等しくなる 2 つの角の組は他にも存在するだろうか。教 p.20 の例題 3 (2)を参考に，理由とともに答えよ。

考え方　水平到達距離の式における $\sin 2\theta$ に注目する。

解説&解答　例題 3 (2)より，水平到達距離 l は

$$l = \frac{{v_0}^2 \sin 2\theta}{g}$$

また　$\sin 2\theta = \sin(180° - 2\theta) = \sin 2(90° - \theta)$
したがって，投げ出す角が θ のときと $90° - \theta$ のときで水平到達距離は等しくなる。θ は $0° < \theta < 90°$ の範囲でどの値もとれるため，水平到達距離が等しくなる 2 つの角の組み合わせは無数に存在する。　答

第 2 章　剛体

教 p.26 ～ p.41

1 剛体にはたらく力のつりあい

A 剛体にはたらく力

❶剛体　物体の大きさを考えると，同じ大きさ，同じ向きの力を加えても，力の作用線が異なると物体に対する力の効果が変わる。一般に，物体に力を加えると変形するが，力を加えても変形しない理想的な物体を考えて，これを**剛体**という。

❷並進運動と回転運動　どのような複雑な剛体の運動も，2つの基本的な運動を組み合わせたものになっている。物体全体が向きを変えずに平行に移動する**並進運動**と，ある点のまわりの**回転運動**である（教 **p.27 図 19**）。

B 力のモーメント

❶力のモーメント　一般に，剛体に力$\vec{F}$がはたらいているとき，その大きさF〔N〕と，ある点Oからこの力の作用線までの距離l〔m〕（うでの長さ）の積Flは，剛体を点Oのまわりに回転させようとする能力の大きさを表している。このFlを点Oのまわりの**力のモーメント**という。

力のモーメントの単位は**ニュートンメートル**（記号 N·m）である。

力のモーメント

$$M = Fl \tag{26}$$

M〔N·m〕　力のモーメント
F〔N〕　力の大きさ
l〔m〕　うでの長さ

作用線　　回転軸
剛体

力のモーメントの符号は，回転の向きが反時計回りのときを正とすると，時計回りのときは負として考える。剛体に複数の力がはたらいている場合，それらの合力のモーメントはそれぞれの力のモーメントの和で求められる。

また，教 **p.28 図 22** で，点Oのまわりの力のモーメントM〔N·m〕は

$$M(=Fl) = FL\sin\theta \tag{27}$$

と表すことができる。この式は

$$M = (F\sin\theta) \times L = FL\sin\theta \tag{28}$$

のように考えることもできる。力のモーメントは，(27), (28)式のどちらで考えてもよい。

❷剛体にはたらく力の移動

剛体にはたらく力を作用線上で移動させても，力のモーメントは変わらない。また，並進運動させる力としての効果も変わらない。つまり，剛体にはたらく力の効果は，大きさ・向き・作用線によって決まる。

C　剛体のつりあい

剛体のつりあいの条件は，並進運動し始めないための条件である「物体にはたらく力のベクトルの和 $= \vec{0}$」と，回転し始めないための条件である「力のモーメントの和 $= 0$」である。つまり，剛体のつりあいの条件は次のようになる。

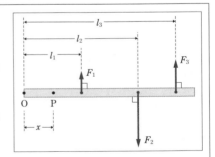

$F_1 \sim F_3$ はそれぞれの力の大きさ

①**力のベクトルの和が $\vec{0}$**

（並進運動し始めない条件）

$$\vec{F_1} + \vec{F_2} + \vec{F_3} + \cdots = \vec{0} \tag{29}$$

②**任意の点のまわりの力のモーメントの和が 0**

（回転運動し始めない条件）

$$M_1 + M_2 + M_3 + \cdots = 0 \tag{30}$$

剛体のつりあいの条件が成立しているときは，②の「任意の点」をどこにとっても，(30)式は成りたつ。

「任意の点」と力のモーメントの和

右図の3つの力が剛体のつりあいの条件を満たしているとき，(29)式より

$$F_1 - F_2 + F_3 = 0 \qquad \cdots\cdots ⓐ$$

(30)式より，点 O のまわりの力のモーメントについて

$$F_1 l_1 - F_2 l_2 + F_3 l_3 = 0 \qquad \cdots\cdots ⓑ$$

ここで，点 P のまわりの力のモーメントの和 M_P は

$$M_P = F_1(l_1 - x) - F_2(l_2 - x) + F_3(l_3 - x)$$
$$= (F_1 l_1 - F_2 l_2 + F_3 l_3) - (F_1 - F_2 + F_3)x$$

これにⓐ，ⓑ式を代入すると，$M_P = 0$，つまり，点 P のとり方（x の値）によらず，常に(30)式が成りたつ。

2 剛体にはたらく力の合力と重心

A 剛体にはたらく力の合力

❶平行でない2力の合力 $\vec{F_1}$, $\vec{F_2}$ が平行でない場合，これらの2力をそれぞれの作用線の交点まで移動して，平行四辺形の法則によって合成すると，合力 $\vec{F}$ が得られる（右図）。

❷平行で同じ向きの2力の合力 $\vec{F_1}$, $\vec{F_2}$ とつりあう力を $\vec{F'}$ とすると，合力 $\vec{F}$ の大きさは，$\vec{F'}$ の大きさと同じ $F_1 + F_2$，向きは逆向きで，同一作用線上にある。また，合力 $\vec{F}$ の作用線は，線分 AB を力の大きさの逆比 $F_2 : F_1$ に内分する。右図で $l_1 : l_2 = F_2 : F_1$ である。

❸平行で逆向きの2力の合力 $F_1 > F_2$ とすると，合力 $\vec{F}$ の大きさは，$\vec{F'}$ の大きさと同じ $F_1 - F_2$，向きは逆向きで，同一作用線上にある。また，合力 $\vec{F}$ の作用線は，線分 AB を力の大きさの逆比 $F_2 : F_1$ に外分する。右図で $l_1 : l_2 = F_2 : F_1$ である。

B 偶力

大きさは等しいが，平行で逆向きの2力 $\vec{F}$, $-\vec{F}$ が剛体に加わっている場合には，線分 AB を $F : F = 1 : 1$ に外分する点は存在せず，この2力を1つの力に合成することはできない。この2力を1対のものと考えて**偶力**という。

図のように，偶力の作用線間の距離を l とすると，どの点のまわりの力のモーメントを考えても，その和は

$$M = Fl \tag{31}$$

となる。この Fl を**偶力のモーメント**という。偶力は，剛体を回転させるはたらきをもつが，移動（並進運動）させるはたらきはもたない。

C 重心

物体の各部分にはたらく重力の和が，その物体にはたらく重力となり，この合力の作用点を**重心**という。重心は物体全体を代表する点であり，物体の各部分にはたらく重力が，重心の1点にはたらくものとして扱うことができる。

❶重心の座標　図のように，軽い棒で結ばれた小物体A，Bの重心を考える。A，Bの質量をm_1，m_2〔kg〕，位置をx_1，x_2〔m〕とすると，重心の位置x_G〔m〕は，次の式で表される。

$$x_G = \frac{m_1 x_1 + m_2 x_2}{m_1 + m_2} \quad (32)$$

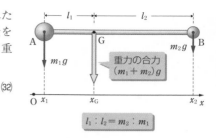

xy平面上にある2物体の重心の座標を求めるときは，x座標，y座標ごとに(32)式を用いる（右図）。

3つ以上の小物体や，一般の剛体の重心の座標を求めるときは，2物体の重心を求める操作をくり返す。一般に重心の座標$(x_G，y_G)$は次の式で表すことができる。

$$x_G = \frac{m_1 x_1 + m_2 x_2 + m_3 x_3 + \cdots}{m_1 + m_2 + m_3 + \cdots} \quad (33)$$

$$y_G = \frac{m_1 y_1 + m_2 y_2 + m_3 y_3 + \cdots}{m_1 + m_2 + m_3 + \cdots} \quad (34)$$

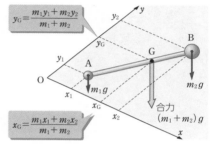

❷重心の位置　物体を糸でつるすと，糸が引く力と重力がつりあうから，重心は糸の延長線上にある。よって，2つの異なる点でつるし，それぞれの場合の糸の延長線が交わる点が重心である（**教** p.36 図 31）。重心は必ずしも物体内にあるとは限らない（**教** p.36 図 32）。

❸重心の運動　大きさのある物体の運動は，回転も考える必要があるので一見複雑に見えるが，物体の重心の動きに注目してみると，放物運動など単純な運動をしていることがある（**教** p.36 図 33）。

D 剛体の傾きと転倒

❶剛体の傾き　図ⓐのように，あらい水平な面上に，一様な材質でできた直方体の物体を置き，水平方向に指で押す。ここで，押す力と，物体にはたらく重力との合力は，図の$\overrightarrow{F_1}$のように表される。

物体にはこのほかに，面から抗力（垂直抗力と摩擦力の合力）$\overrightarrow{F_2}$がはたらく。このとき，物体が静止している，すなわち，剛体のつりあいの条件を満たすためには，$\overrightarrow{F_1}$と$\overrightarrow{F_2}$が，同じ大きさで同一作用線上にあればよい。したがって，$\overrightarrow{F_2}$の作用点は，$\overrightarrow{F_1}$の作用線が物体の下面ABと交わる点Pになる。

押す力を大きくしていくと，$\overrightarrow{F_2}$の作用点は点Aに向かって移動していき，やがて点Aに達する（図ⓑ）。

さらに押す力を大きくすると，$\vec{F_1}$ の作用線は下面 AB をはみ出し（図ⓒ），物体は点 A のまわりに回転して傾き始める。なお，ⓑの状態になる前に押す力が最大摩擦力より大きくなるときは，傾くまでには至らず，その前に物体は水平面上をすべり始める。

ⓒ Aのまわりに回転する

❷**剛体の転倒** 下図ⓐのように，直方体の物体を少し左に傾けてから指を静かにはなす。このとき，物体にはたらく重力と垂直抗力による力のモーメントの和が0にならず，物体は右回りに回転してもとにもどる。一方，下図ⓒのように傾きが大きい場合は，物体は左回りに回転して転倒する。

物体がもとにもどるか，転倒するかの境界は，下図ⓑのように，重力と垂直抗力の作用線が一致する所である。このときは剛体のつりあいの条件を満たしているが，そこから少しでも傾くとどちらかに回転するので，不安定なつりあいである。

不安定なつりあいと転倒

─────────○ 問 題 ○─────────

問 4
(教 p.28)

図のように，軽い棒に3つの力がはたらいている。このとき，点 O のまわりの力のモーメントの和は何 N·m か。反時計回りを正とする。

考え方 それぞれの力について点 O のまわりの力のモーメントを求め，その和を計算する。

解説&解答 $M = 3.0 \times 3.0 - 1.5 \times (3.0 + 2.0) = \mathbf{1.5N \cdot m}$ 答

考 **問 5**
(教 p.28)

2人で野球のバットの両端付近を持ち，互いに逆向きに回転させようとしたとき，グリップ側（細いほう）とヘッド側（太いほう）ではどちらが有利だろうか。理由を説明してみよう。

考え方 同じ大きさの力を加えていると仮定して力のモーメントを比較する。

解説&解答 **同じ大きさの力を加えたとき，「$M = Fl$」より，うでの長さ l が長いほうが力のモーメントの大きさ M が大きくなる。すなわち，剛体を回転させる能力が大きい。バットの場合，太いヘッド側のほうがうでの長さ l を長くできるため，より回転させやすく，有利といえる。** 答

第①編 力と運動

例題4 (教 p.31)

重さ 6.0N の一様な棒 AB がある。棒の両端にそれぞれ軽い糸を結び，糸の他端を鉛直な壁の1点 C にそれぞれ結びつけて棒が水平になるようにつるす。このとき，A，C を結ぶ糸は鉛直で，B，C を結ぶ糸は水平方向と 30° の角をなしてつりあっている。棒と壁の間の摩擦は無視でき，棒にはたらく重力は，すべて棒の中点 O に加わるものとする。

(1) B，C を結ぶ糸が棒を引く力の大きさ T_B〔N〕を求めよ。
(2) A，C を結ぶ糸が棒を引く力の大きさ T_A〔N〕を求めよ。
(3) A において，壁から棒にはたらく力の大きさ N_A〔N〕を求めよ。

考え方 点 A のまわりの力のモーメントの和が 0 となることを用いる。

解説&解答 棒 AB の長さを $2l$〔m〕とする。

棒 AB にはたらく力は図のようになる。
並進運動し始めない条件より

$$N_A - T_B\cos 30° = 0 \quad \cdots\cdots①$$
$$T_A + T_B\sin 30° - 6.0 = 0 \quad \cdots\cdots②$$

回転運動し始めない条件より，点 A のまわりの力のモーメントを考えて

$$T_B\sin 30° \times 2l - 6.0 \times l = 0 \quad \cdots\cdots③$$

(1) ③式より　$T_B = $ **6.0N** 答
(2) ②式より　$T_A = 6.0 - T_B\sin 30° = $ **3.0N** 答
(3) ①式より　$N_A = T_B\cos 30° = 6.0 \times \dfrac{\sqrt{3}}{2} ≒ $ **5.2N** 答

類題4 (教 p.31)

図のように，重さ 8.0N の一様な棒 AB を水平であらい床と 60° の角をなすように立てかけた。鉛直な壁はなめらかである。棒にはたらく重力は，すべて棒の中点 O に加わるものとする。

(1) 床が棒の下端 B を垂直方向に押す力の大きさ N_B〔N〕を求めよ。
(2) 壁が棒の上端 A を垂直方向に押す力の大きさ N_A〔N〕と，棒の下端 B が床から受ける摩擦力の大きさ f_B〔N〕をそれぞれ求めよ。

考え方 次の図のように，棒にはたらく力は，上端 A が壁から受ける垂直抗力 N_A〔N〕，下端 B が床から受ける垂直抗力 N_B〔N〕と，左向きの静止摩擦力 f_B〔N〕，重力 8.0N である。

解説&解答 棒の長さを $2l$〔m〕とする。剛体のつりあいの条件⑳,㉚式を用いる。
並進運動をし始めない条件より

$$N_A - f_B = 0 \quad \cdots\cdots①$$
$$N_B - 8.0 = 0 \quad \cdots\cdots②$$

回転運動をし始めない条件より，点Bのまわりの力のモーメントを考えて

$$8.0 \times l\cos60° - N_A \times 2l\sin60° = 0$$
$$\cdots\cdots③$$

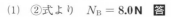

(1)　②式より　$N_B = $ **8.0 N**　答

(2)　③式より　$8.0 \times \dfrac{1}{2} - N_A \times \sqrt{3} = 0$

　　よって　$N_A = \dfrac{4.0}{\sqrt{3}} \fallingdotseq $ **2.3 N**　答

　　これと①式より　$f_B = N_A \fallingdotseq $ **2.3 N**　答

問6
(教 p.33)　(1)〜(3)のように，剛体に2つの平行な力がはたらいている。それぞれ，合力の向き，大きさ，および点Oから作用線までの距離を求めよ。

考え方　(1)は平行で同じ向きの2力の合力であるから，力の大きさの逆比に内分する点を考える。(2)，(3)は，平行で逆向きの2力の合力であるから，力の大きさの逆比に外分する点を考える。

解説&解答

点Oから合力の作用線までの距離をx〔m〕とする。

(1)　2力とも下向きだから，合力も**下向き**である。　答
　　大きさは　$60 + 30 = $ **90 N**　答
　　上図(1)より　$x : (6.0 - x) = 30 : 60$ が成りたつ。
　　よって　$60x = 30(6.0 - x)$　　$x = $ **2.0 m**　答

(2)　上向きを正とすると，合力は　$30 - 45 = -15$ N
　　よって，合力の向きは**下向き**で，大きさは **15 N** である。　答
　　上図(2)より　$(5.0 - x) : (5.0 - x) + 1.0 = 30 : 45$ が成りたつ。
　　よって　$45(5.0 - x) = 30(6.0 - x)$　　$x = $ **3.0 m**　答

(3)　上向きを正とすると，合力は　$48 - 36 = 12$ N
　　よって，合力の向きは**上向き**で，大きさは **12 N** である。　答
　　上図(3)より　$(x - 1.5) : x = 36 : 48$　が成りたつ。
　　よって，$48(x - 1.5) = 36x$　　$x = $ **6.0 m**　答

第
1
編

力と運動

問7
(教 p.34)

図のように，直径7.0cmのドアノブの両端に，平行で逆向きに大きさ20Nの2力を加えて回転させる。このとき，偶力のモーメントの大きさは何N·mか。

考え方　偶力のモーメントの式を使う。→(31)式 $M = Fl$

解説&解答　偶力の作用線間の距離が $l = 7.0$ cm であるから
$$M = Fl = 20 \times (7.0 \times 10^{-2}) = \mathbf{1.4\,N\cdot m}　答$$

問8
(教 p.35)

図のように，長さ0.70mの軽い棒の両端に，質量1.5kgの小球Aと，質量1.0kgの小球Bを固定した。このとき，小球Aから重心までの距離は何mか。ただし，小球の大きさは無視する。

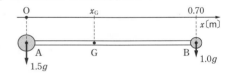

考え方　2物体の重心を求める(32)式を用いる。

解説&解答　図のように，x軸をとり，重心の座標をx_G〔m〕とすると

「$x_G = \dfrac{m_1 x_1 + m_2 x_2}{m_1 + m_2}$」より

$$x_G = \frac{1.5 \times 0 + 1.0 \times 0.70}{1.5 + 1.0}$$
$$= \mathbf{0.28\,m}　答$$

問9
(教 p.35)

図のように，細い一様な針金をL字型に曲げた物体がある。曲げた点を原点Oとし，図のように座標軸を定めるとき，物体の重心Gの座標を求めよ。

考え方　2つの物体に分割して重心の座標の(33)，(34)式を用いる。

解説&解答　物体全体の質量を m とし，x軸に平行な部分を物体1（質量 $\frac{3}{5}m$），

y軸に平行な部分を物体2（質量 $\frac{2}{5}m$）とする。物体1，2の重心の座標はそれぞれ $(1.5,\ 0)$，$(0,\ 1)$ であるから，物体全体の重心Gの座標 $(x_G,\ y_G)$ は

$$x_G = \frac{\frac{3}{5}m \times 1.5 + \frac{2}{5}m \times 0}{m} = 0.9$$

$$y_G = \frac{\frac{3}{5}m \times 0 + \frac{2}{5}m \times 1}{m} = 0.4$$

よって　**G(0.9,　0.4)**　答

第①編　力と運動

問10
(教 p.37)

図の AB は，太さが無視できる長さ 3.0m の
まっすぐな棒であるが,重心は中点にはない。
A 端を地面につけたまま，B 端に鉛直上向
きの力を加えて少し持ち上げるには 24N よ

り大きな力が必要だった。また，B 端を地面につけたまま，A 端を少し
持ち上げるには 12N より大きな力が必要だった。A 端から棒の重心まで
の距離と，棒の重さを求めよ。

考え方　棒の重心の位置と重さが未知数であるから，力のモーメントのつり
あいの式を 2 つ立てる。

解説&解答

図 a　　　　　　　　　　　　　　　　　　　　　図 b

A 端から棒の重心までの距離を x [m]，棒の重さを W [N] とすると
図 a で，点 A のまわりの力のモーメントの和 = 0　より

$$24 \times 3.0 - W \cdot x = 0 \quad \cdots\cdots①$$

図 b で，点 B のまわりの力のモーメントの和 = 0　より

$$W(3.0 - x) - 12 \times 3.0 = 0 \quad \cdots\cdots②$$

①，②式より

$$x = 2.0\,\text{m}, \quad W = 36\,\text{N} \quad \boxed{答}$$

問11
(教 p.37)

質量 m，半径 r（中心 O_1）の一様な厚さの円
板から，図のように半径 $\dfrac{r}{2}$（中心 O_2）の円板
a をくり抜き，残りの部分を b とする。図の
点 O を原点とし，O_1, O_2 を通る x 軸をとる。

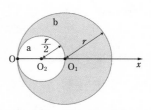

(1) a, b の質量はそれぞれいくらか。
(2) a をもとの位置に置いたとき，a と b からなる全体の重心が，もとの
円板の重心 O_1 に一致する。このことを利用して，b の重心の x 座標を
求めよ。

考え方　(1) 円板は一様な厚さなので，質量（ある
いは重さ）は面積に比例する。
(2) 2 物体の重心を求める(32)式を用い
る。

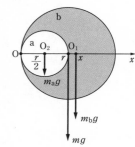

解説&解答　(1) 半径 r の円板の面積　$S_1 = \pi r^2$

半径 $\dfrac{r}{2}$ の円板の面積

$$S_2 = \pi\left(\dfrac{r}{2}\right)^2 = \dfrac{\pi r^2}{4}$$

b 部分の面積

$$S_3 = S_1 - S_2 = \pi r^2 - \frac{\pi r^2}{4} = \frac{3\pi r^2}{4}$$

ゆえに　a の質量 $m_a = m\frac{S_2}{S_1} = m\cdot\dfrac{\dfrac{\pi r^2}{4}}{\pi r^2} = \boldsymbol{\dfrac{m}{4}}$　**答**

b の質量 $m_b = m\frac{S_3}{S_1} = m\cdot\dfrac{\dfrac{3\pi r^2}{4}}{\pi r^2} = \boldsymbol{\dfrac{3m}{4}}$　**答**

(2)　a 部分（重心の位置は $x = \frac{r}{2}$）と b 部分（重心の位置を x とする）の 2 つの部分からなるものの全体の重心の位置 x_G が，

$x_G = r$（点 O_1）であるから

「$x_G = \dfrac{m_1 x_1 + m_2 x_2}{m_1 + m_2}$」より

$$r = \frac{m_a\cdot\dfrac{r}{2} + m_b x}{m_a + m_b} = \frac{\dfrac{m}{4}\cdot\dfrac{r}{2} + \dfrac{3m}{4}\cdot x}{m} = \frac{r}{8} + \frac{3x}{4}$$

$$\frac{(8-1)r}{8} = \frac{3x}{4}$$　　ゆえに，x 軸上で　$x = \boldsymbol{\dfrac{7r}{6}}$　**答**

例題 5
教 p.39

あらい水平面上にある重さ 20N の一様な直方体の物体を，図の点 O につけたひもで水平方向に引く。引く力を大きくしていくと，引く力の大きさが F_0〔N〕をこえた直後に，物体は水平面上をすべることなく傾き始めた。F_0 を求めよ。

考え方　引く力の大きさが F_0〔N〕のとき，垂直抗力と静止摩擦力の作用点は下の図の点 A にある。

解説&解答　引く力の大きさが F_0〔N〕のとき，物体にはたらく力は図のようになる。このとき，点 A のまわりの力のモーメントを考えると

$$F_0 \times 0.20 - 20 \times 0.050 = 0$$

よって　$F_0 = \boldsymbol{5.0\,N}$　**答**

類題 5
教 p.39

図のように，直方体を傾けてから静かにはなす。底面の横の長さを a〔m〕，底面から重心 G までの高さを h〔m〕とし，重心 G は直方体の中心軸（図の破線）上にあるとする。

(1)　直方体をある角より大きく傾けると転倒する。その角を θ とするとき，$\tan\theta$ を a, h で表せ。

考　(2)　直方体が転倒しにくいのは，重心の位置が高い場合か，低い場合か。理由とともに説明してみよう。

第①編 力と運動

考え方 転倒するときの垂直抗力と重力の作用線に注目する。

解説&解答 (1) 右図のように垂直抗力と重力の作用線が一致
するときが不安定なつりあいであり，これより
大きく傾けると転倒する。図より

$$\tan\theta = \frac{\dfrac{a}{2}}{h} = \frac{a}{2h} \quad \boxed{答}$$

(2) (1)より重心Gの高さhが小さいほど$\tan\theta$が大きく，すなわ
ち，転倒するときの角θが大きい。つまり，重心の位置が低いほ
うが転倒しにくい。 **答**

思考学習 ◆◇◆ 糸巻きの転がり方
教 p.39

Bさんは，図のように糸巻きから出た糸を水平に引
いてみた。糸巻きはどちらの方向に転がるかを考えて
みよう。このとき，糸巻きは床に対してすべらず，床
から離れないものとする。

考察1 Bさんは，「糸が引く力が，糸巻きの中心に対して反
時計回りに加わるので，左に転がる」と考えた。しかし，
実際は右に転がる。中心ではない他の点のまわりの力
のモーメントを考えて，なぜ右に転がるかを理由とと
もに説明してみよう。

考察2 糸の引く方向を水平方向から徐々に上に傾けていく
と，ある角度を境に転がる方向が逆になった。なぜだ
ろうか，理由とともに考えよう。

考え方 糸巻きと床との接点をPとし，点Pのまわりの力のモーメントを
考えると，重力，垂直抗力，摩擦力のモーメントは0なので，糸が
引く力のモーメントだけを考えればよい。

解説&解答 **考察1** 次図のように，糸が引く力のモーメントは0ではなく時計
回りである。したがって，糸巻きは点Pを軸に時計回り
に回転し，右向きに転がる。 **答**

考察2 次図のように，糸の引く方向が床と交わる点をQとする。
糸の引く方向を水平方向から徐々に上に傾けていくと，点
Qは左からしだいに点Pに近づいていき，やがて点Pの

右側となる。点 Q が点 P の左にあるときは，点 P のまわりの力のモーメントは時計回りで糸巻きは右に転がるが，点 Q が点 P の右になると，点 P のまわりの力のモーメントは反時計回りとなり，糸巻きは左に転がる。　答

演 習 問 題

教 p.41

1 長さ l 〔m〕，質量 m 〔kg〕の一様な棒 AB がある。棒の A 端をちょうつがいで壁につけ，B 端は軽い糸で鉛直な壁の1点 C に結びつけて，棒が水平と30°をなすように固定した。このとき，B，C を結ぶ糸は水平でつりあっている。重力加速度の大きさを g 〔m/s²〕とする。

(1) 糸が棒を引く力の大きさ T 〔N〕を求めよ。

(2) ちょうつがいから棒にはたらく力の水平成分の大きさ F_A 〔N〕と鉛直成分の大きさ F_B 〔N〕を求めよ。

考え方 剛体のつりあいの条件⑳，㉚式を用いる。

解説&解答 棒 AB にはたらく力は右図のようになる。

並進運動し始めない条件より

$$F_A - T = 0 \quad \cdots\cdots ①$$
$$F_B - mg = 0 \quad \cdots\cdots ②$$

回転運動し始めない条件より，点 A のまわりの力のモーメントを考えて

$$T \times l \sin 30°$$
$$- mg \times \frac{l}{2} \cos 30° = 0 \quad \cdots\cdots ③$$

(1) ③式より

$$T = \frac{mg \cos 30°}{2 \sin 30°} = \frac{\sqrt{3}}{2} mg \text{ 〔N〕} \quad 答$$

(2) ①式より　$F_A = T = \dfrac{\sqrt{3}}{2} mg$ 〔N〕　答

②式より　$F_B = mg$ 〔N〕　答

2　図のように，重さ10Nの一様な板が支柱C，Dによって水平に支えられ，その上に重さ20Nのおもりが置かれている。

(1)　板が支柱C，Dから受ける力はそれぞれ何Nか。

(2)　おもりを右へ移動させるとき，ある所まで行くと板がひっくり返った。このときおもりを何m右へ移動させたか。

考え方　剛体のつりあいの条件⑳，㉚式を用いる。

解説&解答　(1)　板が支柱C，Dから受ける垂直抗力の大きさをそれぞれN_C，N_D〔N〕とすると板にはたらく力は次図のようになる。

支柱Dのまわりの力のモーメントを考えると

$$20 \times 0.30 + 10 \times 0.20 - N_C \times 0.40 = 0$$

よって　$N_C = \mathbf{20N}$　**答**

また，合力が0になるので　$N_C + N_D - 20 - 10 = 0$

よって　$N_D = \mathbf{10N}$　**答**

(2)　おもりを元の位置から距離$x(> 0.30)$〔m〕右に移動させたときに板がひっくり返るとすると，おもりと支柱Dの距離は$x - 0.30$〔m〕となる。また，このとき$N_C = 0$Nとなり，板はCから浮き上がる。

支柱Dのまわりの力のモーメントを考えると

$$10 \times 0.20 - 20 \times (x - 0.30) = 0$$

よって　$x = \mathbf{0.40m}$　**答**

3 高さ 0.16 m で密度が一様な直方体を，長さ 0.12 m の底辺が斜面にそう向きに平行になるようにして，あらい斜面上に置く。

(1) 斜面の傾きの角 θ を徐々に大きくしていくと，重力の作用線が図の PQ をこえたときに直方体は転倒を始める。このときの角を θ_0 とするとき，$\sin\theta_0$ を求めよ。

(2) 直方体と斜面との間の静止摩擦係数を μ とすると，μ がある値 μ_0 より小さいときは，直方体は(1)の状態になる前に斜面をすべり始める。μ_0 を求めよ。

考え方 (1) 剛体の転倒する条件について考える。

(2) 直方体がすべり始めるとき，角 θ_0 は摩擦角になっている。このときの直方体と斜面の間の摩擦係数を μ_0 とすると，

$$\mu_0 = \tan\theta_0 \quad \cdots\cdots ①$$ の関係がある。

解説&解答 (1) $\sin\theta_0 = \dfrac{\mathrm{CD}}{\mathrm{AC}} = \dfrac{0.12}{\sqrt{0.12^2 + 0.16^2}}$

$= \boldsymbol{0.60}$ **答**

(2) ①式より

$$\mu_0 = \tan\theta_0 = \frac{0.12}{0.16} = 0.75$$

したがって，μ が **0.75** より小さいとき，直方体は斜面の傾きが θ_0 となる前に斜面をすべり始める。 **答**

考 考えてみよう！ • • • • • • • • • • • • • •

4 図のようなクレーン車は，重いものをつり上げて運ぶときに転倒しやすくなるので，転倒を防止するため，車両本体におもりをのせて作業することが多い。重いものをつり上げたときに転倒しやすくなる理由を説明してみよう。

考え方 力のモーメントを用いて転倒のしやすさを考察する。

解説&解答 重いものをつり上げるとき，クレーン部分の先端に加わる力は大きく，クレーン部分の根元の点のまわりの力のモーメントが大きくなるため。 **答**

第 **3** 章　運動量の保存

教 p.42 〜 p.63

1　運動量と力積

A　運動量

運動量とは，「質量×速度」であり，物体の運動の勢い（激しさ）を表す量の一つである。

運動量は速度と同じ向きをもつベクトルであり，単位には**キログラムメートル毎秒（記号 kg·m/s）**が用いられ，運動量 $\vec{p}$ [kg·m/s] は右のように表される。

運動量
$$\vec{p} = m\vec{v} \tag{35}$$
$\vec{p}$ [kg·m/s]　運動量
m [kg]　質量
$\vec{v}$ [m/s]　速度

B　運動量と力積の関係

❶**直線運動における運動量と力積**　右図のように，水平な床の上を走っている質量 m [kg] の台車に，時間 Δt [s] の間だけ水平方向に一定の力 F [N] を加えたとする。力を加える前の台車の速度を v [m/s]，加えた後の速度を v' [m/s] とすると，加速度 a [m/s^2] は

$$a = \frac{v' - v}{\Delta t} \tag{36}$$

これを運動方程式「$ma = F$」に代入して

$$m\frac{v' - v}{\Delta t} = F \tag{37}$$

となる。この式から次の式が得られる。

$$mv' - mv = F\Delta t \tag{38}$$

台車
（質量 m）

正の向き

Δt

この式の左辺は運動量の変化を表す。右辺の，力と力がはたらく時間の積 $F\Delta t$ を**力積**という。力積は力と同じ向きをもつベクトルであり，単位は**ニュートン秒（記号 N·s）**である。(38)式から次のことがいえる。

物体の運動量の変化は，

**　　その間に物体が受けた力積に等しい**

このときの，力と時間との関係を表すグラフ（F–t 図）は右図のようになる。ここで，斜線をつけた部分の面積が，物体が受けた力積の大きさを表し，(38)式より，それと同じ大きさの運動量の変化があったことがわかる。

面積は力積 $F\Delta t$ を表す

力

F

O　　　　Δt　　　時間

❷力が変化する場合の力積　わずかな時間Δt〔s〕の間に力が複雑に変化する場合, その間の力積I〔N・s〕は, 運動量の変化から求めることができる。

$$I = mv' - mv \tag{39}$$

ここで, 力積Iは「力×時間」で求められるから, Δt〔s〕間の平均の力$\overline{F}$〔N〕は

$$\overline{F} = \frac{mv' - mv}{\Delta t} \tag{40}$$

となるので, 次のことがいえる(右図)。

物体が受けた平均の力は, その物体の単位時間当たりの運動量の変化に等しい

▲ **F-t 図と力積の関係**　向きが一定で大きさが実線のグラフのように変化する力がはたらくとき, 力積Iの大きさは斜線部分の面積で表される。これと長方形━━━の面積が等しくなるような$\overline{F}$を考えると, これがこの間の平均の力になる。

❸平面運動における運動量と力積　數 **p.44 図 40** ⓐのように, 物体の運動方向と力のはたらく方向が異なるときは, 運動量の大きさだけでなくその向きも変わる。

運動量と力積の関係

$$m\vec{v'} - m\vec{v} = \vec{F}\Delta t \tag{41}$$
　　　（運動量の変化）（力積）

m〔kg〕	質量
$m\vec{v}$〔kg・m/s〕	変化前の運動量（$\vec{v}$〔m/s〕：変化前の速度）
$m\vec{v'}$〔kg・m/s〕	変化後の運動量（$\vec{v'}$〔m/s〕：変化後の速度）
$\vec{F}\Delta t$〔N・s〕	力積（$\vec{F}$〔N〕：受けた力, Δt〔s〕：時間）

2　運動量保存則

A 直線運動における運動量保存則

　速度v_1〔m/s〕で直線上を運動する A（質量m_1〔kg〕）が, 同じ直線上を速度v_2〔m/s〕で運動する B（質量m_2〔kg〕）に追いついて衝突し, 速度がそれぞれv_1', v_2'〔m/s〕になったとする。接触時間をΔt〔s〕, B が A から受ける（平均の）力をF〔N〕とすると, (38)式から, このときの運動量の変化と力積の関係は

　　A について　$m_1v_1' - m_1v_1 = -F\Delta t$ (42)

　　B について　$m_2v_2' - m_2v_2 = F\Delta t$ (43)

となる。この2式を辺々加えると,

$$m_1v_1 + m_2v_2 = m_1v_1' + m_2v_2' \tag{44}$$

つまり, 衝突する前後で A, B の運動量の和は変わらない。

　A, B からなる**物体系**で, F, $-F$のように, A, B が互いに及ぼしあう力を**内力**といい, 重力などのように, A, B 以外からはたらく力を**外力**という。

一般に,

物体系が内力を及ぼしあうだけで外力を受けていないとき,

全体の運動量は変化しない

これを**運動量保存則**という。

B 平面運動における運動量保存則

下図のように2物体A,Bが斜めの衝突をしたときには,運動量保存則は次の式で表される。

$$m_1\vec{v_1} + m_2\vec{v_2} = m_1\vec{v_1'} + m_2\vec{v_2'} \tag{45}$$

運動量保存則
運動量の和＝一定
条件　外力がはたらかない(あるいは,はたらいてもその力積が無視できる)

斜めの衝突では,2物体の運動を含む平面上に互いに垂直なx,y軸をとり,x成分とy成分とに分解して考えると,運動量のx,y成分はそれぞれ保存される。

$$m_1v_{1x} + m_2v_{2x} = m_1v_{1x}' + m_2v_{2x}' \tag{46}$$

$$m_1v_{1y} + m_2v_{2y} = m_1v_{1y}' + m_2v_{2y}' \tag{47}$$

C 物体の分裂

運動量保存則は，1つの物体がいくつかの物体に分裂するときにも成りたつ。次図のように静止していた台車 A（質量 m_1〔kg〕）と台車 B（質量 m_2〔kg〕）が，互いに力をはたらかせて離れた場合を考える。離れた後の A，B の速度をそれぞれ $\vec{v_1'}$，$\vec{v_2'}$〔m/s〕とすると，運動量保存則は次のように表される。

$$\vec{0} = m_1\vec{v_1'} + m_2\vec{v_2'} \tag{48}$$

3 反発係数

A 床との衝突

右図のように鉛直下向きを正の向きとして，小球が床に衝突する直前の速度を v〔m/s〕$(v > 0)$，衝突した直後の速度を v'〔m/s〕$(v' < 0)$ とする。ここで，衝突直前の速さは $|v| = v$，衝突直後の速さは $|v'| = -v'$ と表されるので，衝突前後の速さの比を e とすると

$$e = \frac{|v'|}{|v|} = -\frac{v'}{v} \tag{49}$$

が成りたつ。e を**反発係数（はねかえり係数）**という（$0 \leqq e \leqq 1$）。

$e = 1$ の衝突を**弾性衝突**（完全弾性衝突）といい，このとき $|v'| = |v|$ で，最もよくはねかえる。また，$0 \leqq e < 1$ の衝突を**非弾性衝突**という。$e = 0$ の場合を特に**完全非弾性衝突**といい，このとき $|v'| = 0$ で，はねかえらない。

参考　自由落下した小球のはねかえり

小球を高さ h〔m〕の所から自由落下させ，床に衝突した後に小球が到達する最高点の高さ h'〔m〕を考える。小球と床との間の反発係数を e とする。

このとき，(49)式と力学的エネルギー保存則を用いると，次の式が得られる。

$$e = \sqrt{\frac{h'}{h}}$$

この式を用いると，h と h' から反発係数 e を求めることができる。

第①編　力と運動

Ｂ 直線上の2物体の衝突

　同一直線上を運動する2つの小球A，Bが衝突するとき，一方から見て他方が，衝突後に遠ざかる相対的な速さと，衝突前に近づく相対的な速さとの比の値eを，2球の間の反発係数とする。

$$e = \frac{\text{衝突後に遠ざかる速さ}}{\text{衝突前に近づく速さ}} = \frac{|\text{衝突後の相対速度}|}{|\text{衝突前の相対速度}|}$$ (50)

　衝突前のAの運動の向きを正とし，A，Bの衝突直前の速度をそれぞれv_1, v_2〔m/s〕，衝突直後の速度をそれぞれv_1', v_2'〔m/s〕とする。衝突前，Bに対するAの相対速度は$v_1 - v_2$で，これは正である。また，衝突後，Bに対するAの相対速度は$v_1' - v_2'$で，これは負である（右図）。

反発係数

$$e = -\frac{v_1' - v_2'}{v_1 - v_2}$$ (51)

e	物体Aと物体Bの間の反発係数
v_1〔m/s〕	衝突前の物体Aの速度
v_2〔m/s〕	衝突前の物体Bの速度
v_1'〔m/s〕	衝突後の物体Aの速度
v_2'〔m/s〕	衝突後の物体Bの速度

Ｃ 床との斜めの衝突

　右図のような衝突の場合，小球は床に平行な方向には力を受けないため，v_x'はv_xに等しい。一方，v_y, v_y'について (49)式を用いると

$$e = -\frac{v_y'}{v_y}$$ (52)

以上より，次の式が成りたつ。

$$v_x' = v_x, \quad v_y' = -ev_y$$ (53)

D　運動量と力学的エネルギー

❶質量の等しい2球の衝突　なめらかな水平面上で静止している質量 m〔kg〕の小球Bに，速度 v_1〔m/s〕で進む同じ質量の小球Aが一直線上で正面衝突するときを考える。

衝突後の小球A, Bの速度をそれぞれ v_1', v_2'〔m/s〕，2球の間の反発係数を e とすると，(44), (51)式より

$$mv_1 + m \times 0 = mv_1' + mv_2' \tag{54}$$

$$e = -\frac{v_1' - v_2'}{v_1 - 0} \tag{55}$$

(54), (55)式を連立させて解くと，v_1', v_2' は

$$v_1' = \frac{1-e}{2} v_1 \qquad v_2' = \frac{1+e}{2} v_1 \tag{56}$$

これを用いると，衝突前後での力学的エネルギーの変化 ΔE〔J〕は

$$\Delta E = -\frac{1}{4} mv_1^2 (1 - e^2) \tag{57}$$

であり，$e = 1$（弾性衝突）のときは，力学的エネルギーが保存される（$\Delta E = 0$）。また，$0 \leqq e < 1$（非弾性衝突）のときは，力学的エネルギーは減少する（$\Delta E < 0$）。

❷衝突による力学的エネルギーの変化　質量の等しくない一般の場合についても，力学的エネルギーと反発係数の間に❶と同様に次の関係が成りたつ（下図）。つまり，衝突する2物体において

弾性衝突（$e = 1$）では，力学的エネルギーが保存され，

非弾性衝突（$0 \leqq e < 1$）では，力学的エネルギーは減少する

非弾性衝突で失われた力学的エネルギーは，熱の発生や物体の変形などに使われる。

◦問　題◦

問12（教 p.42）
質量 3.0 kg の物体が東に向かって 1.5 m/s の速さで進んでいるときの，運動量の大きさと向きを求めよ。

考え方　運動量〔kg·m/s〕は，「質量〔kg〕×速度〔m/s〕」で表すことができる。

解説&解答　運動量の大きさを p〔kg·m/s〕とすると
$$p = mv = 3.0 \times 1.5 = 4.5\,\text{kg·m/s}　向きは\textbf{東向き}　\text{答}$$

問13（教 p.43）
速さ 1.0 m/s で走っている質量 2.0 kg の台車に対し，進んでいる向きに 2.5 N の大きさの力を 0.40 秒間加えたとする。このときの台車の速さは何 m/s になるか。

考え方　物体の運動量の変化は，その間に物体に与えられた力積に等しい。$mv' - mv = F\varDelta t$（㊳式）を用いる。

解説&解答　力を加える前後の台車の速さを，それぞれ v，v'〔m/s〕とすると，㊳式より
$$mv' - mv = F\varDelta t$$
$$2.0 \times v' - 2.0 \times 1.0 = 2.5 \times 0.40$$
よって　$v' = 1.5\,\text{m/s}$　答

問14（教 p.44）
速さ 40 m/s で飛んできた，質量 0.14 kg のボールを，グラブで受け止めた。ボールが止まるまでのグラブとボールの接触時間が 2.0×10^{-2} 秒であったとき，ボールがグラブに加える平均の力の大きさは何 N か。

考え方　$I = mv' - mv$（㊴式）を用いて力積を求め，力積の式により，平均の力を求める。

解説&解答　右図のように，ボールが受けた力積を I〔N·s〕とし，その向きを正とする。
㊴式より　$I = mv' - mv = 0 - 0.14 \times (-40) = 5.6\,\text{N·s}$
求める平均の力の大きさを $\overline{F}$〔N〕，グラブとボールの接触時間を $\varDelta t$〔s〕とすると，$I = \overline{F}\varDelta t$ より
$$\overline{F} = \frac{I}{\varDelta t} = \frac{5.6}{2.0 \times 10^{-2}} = 2.8 \times 10^2\,\text{N}　\text{答}$$

例題6（教 p.45）
東向きに速さ 20 m/s で飛んできた質量 0.15 kg のボールをバットで打ったところ，ボールは同じ速さで別の向きにはねかえったとする。ボールのはねかえった向きが (1) 西向き，(2) 北向き のとき，ボールが受けた力積の大きさと向きを求めよ。

考え方　(1) 打つ前のボールの速度の向きを正とする。
(2) 運動量ベクトルの変化を図で考える。

第①編
力と運動

解説&解答 (1)　東向きを正の向きとする。
力積を $F\varDelta t$〔N・s〕とすると，
「$mv' - mv = F\varDelta t$」より
$$0.15 \times (-20)$$
$$- 0.15 \times 20 = F\varDelta t$$
ゆえに　$F\varDelta t = -6.0\,\text{N・s}$
力積の大きさは **6.0 N・s**，向きは **西向き**　**答**

(2)　初めと終わりの運動量ベクトルと，力積ベクトル $\overrightarrow{F\varDelta t}$〔N・s〕の関係は図のようになる。これより，力積の大きさは
$$0.15 \times 20 \times \sqrt{2}$$
$$\fallingdotseq 4.2\,\text{N・s}$$
向きは **北西向き**　**答**

類題6
（**教** p.45）
正の向きに速さ 10m/s で飛んできた質量 0.40 kg のサッカーボールをヘディングしたところ，ボールは正の向きに対し 120° をなす向きに同じ速さではねかえったとする。このとき，ボールが受けた力積の大きさと，力積の向きが正の向きとなす角度を求めよ。

考え方　物体の運動量の変化は，その間に物体が受けた力積に等しい。$\overrightarrow{mv'} - \overrightarrow{mv} = \overrightarrow{F\varDelta t}$（(41)式）を用いる。

解説&解答　初めと終わりの運動量ベクトルと，力積 $\overrightarrow{F\varDelta t}$〔N・s〕の関係は，右図のようになる。右図より，力積 $\overrightarrow{F\varDelta t}$ の向きが正の向きとなす角は，**150°** である。　**答**

ボールの初めの運動量は，0.40×10 kg・m/s であるから，力積の大きさ $F\varDelta t$ は
$$F\varDelta t = (4.0 \times \cos 30°) \times 2 = 4.0 \times \sqrt{3} \fallingdotseq 6.9\,\text{N・s}\quad \textbf{答}$$

例題7
（**教** p.47）
一直線上を，質量 2.0 kg の小球 A が正の向きに 4.0 m/s の速さで進み，その前方を質量 3.0 kg の小球 B が負の向きに 4.0 m/s の速さで進んできて小球 A と衝突した。衝突後の小球 B の速さが正の向きに 2.0 m/s であるとき，小球 A の速度 v〔m/s〕を求めよ。

考え方　速度の正負に注意して，運動量保存則の式を立てる。
解説&解答　衝突前後の小球 A，B の速度は図のようになる。

よって，運動量保存則より

$$2.0 \times 4.0 + 3.0 \times (-4.0) = 2.0v + 3.0 \times 2.0$$

これより $2.0 \times 4.0 + 3.0 \times (-4.0) - 3.0 \times 2.0 = 2.0v$

ゆえに $v = -5.0\,\mathbf{m/s}$ 答

注) $v < 0$ なので，負の向きの速度である。

類題7
(教 p.47)

一直線上を，正の向きに3.0m/sの速さで進む質量1.2kgの小球Aと，負の向きに2.0m/sの速さで進む質量2.8kgの小球Bが衝突し，一体となった。一体となった後の速度 v〔m/s〕を求めよ。

考え方 全体の質量は $1.2 + 2.8 = 4.0\,\mathbf{kg}$
衝突前の小球Aの進む向きを正として，運動量保存則を適用する。

解説&解答
$$m_A v_A + m_B v_B = m_{A+B}v$$
$$1.2 \times 3.0 + 2.8 \times (-2.0)$$
$$= (1.2 + 2.8) \times v$$
$$v = -0.50\,\mathbf{m/s}$$ 答

例題8
(教 p.49)

図のように，なめらかな水平面上を，質量0.20kgの小球Aが速さ2.0m/sで進んできて，静止していた質量0.80kgの小球Bと衝突した。衝突後の小球A，Bの運動の向きが図のようであるとき，衝突後の小球Aの速さ v_1'〔m/s〕と小球Bの速さ v_2'〔m/s〕を求めよ。

考え方 速度を互いに垂直な2方向の成分に分解し，各方向について運動量保存則の式を立てる。

解説&解答 図のように x，y 軸を定め，それぞれの方向について運動量保存則の式を立てる。

x 成分について

$$0.20 \times 2.0 + 0.80 \times 0$$
$$= 0.20 \times 0 + 0.80 \times v_2'\cos 30° \cdots ①$$

y 成分について

$$0.20 \times 0 + 0.80 \times 0$$
$$= 0.20 \times v_1' + 0.80 \times (-v_2'\sin30°) \quad \cdots\cdots ②$$

①式より　$v_2' = \dfrac{0.20 \times 2.0}{0.80 \times \cos30°} = \dfrac{0.40}{0.80 \times \dfrac{\sqrt{3}}{2}} = \dfrac{\sqrt{3}}{3.0} \fallingdotseq \mathbf{0.58\,m/s}$　答

これを②式に代入して　$0 = 0.20 \times v_1' - 0.80 \times \dfrac{\sqrt{3}}{3.0} \times \dfrac{1}{2}$　より

$$v_1' = \dfrac{2.0 \times \sqrt{3}}{3.0} \fallingdotseq \mathbf{1.2\,m/s}$$　答

類題8
教 p.49

x 軸上を速さ 2.0 m/s で正の向きに進む質量 0.20 kg の小球 A と，y 軸上を速さ 6.0 m/s で正の向きに進む質量 0.10 kg の小球 B とが座標軸の原点で衝突し，衝突後，小球 A は速さ 1.0 m/s で y 軸上を正の向きに進んだ。このとき，衝突後の小球 B の速さ v'〔m/s〕と，小球 B の進む向きが x 軸の正の向きとなす角 θ〔°〕を求めよ。$\sqrt{2} = 1.41$ とする。

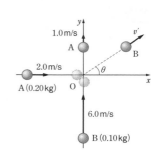

考え方　例題8と同様に，平面上の運動量を x 成分と y 成分に分解するとき，⑷⑹，⑷⑺式が成りたつ（運動量保存則）。

解説&解答　衝突後の B の速度を $\vec{v'}$〔m/s〕とし，$\vec{v'}$ の x 成分，y 成分をそれぞれ v_x'，v_y'〔m/s〕とする。x 成分，y 成分それぞれについての運動量保存則の式を立てると

x 成分について

$$0.20 \times 2.0 = 0.10 v_x'$$

y 成分について

$$0.10 \times 6.0 = 0.20 \times 1.0 + 0.10 v_y'$$

この両式から　$v_x' = 4.0\,\text{m/s},\ v_y' = 4.0\,\text{m/s}$

ゆえに　$v' = \sqrt{v_x'^2 + v_y'^2} = 4.0\sqrt{2} \fallingdotseq \mathbf{5.6\,m/s}$　答

また，$\vec{v'}$ の向きが x 軸の正の向きとなす角 θ は，次の関係を満たす。

$$\tan\theta = \dfrac{v_y'}{v_x'} = \dfrac{4.0}{4.0} = 1.0$$　ゆえに　$\theta = \mathbf{45°}$　答

第1編 力と運動

例題9
(教 p.51)
静止していた質量 5.0 kg の物体が, 質量 3.0 kg の物体 A, 質量 2.0 kg の物体 B の 2 つに分裂した。分裂後の物体 A は東向きに速さ 4.0 m/s で進んだとする。分裂後の物体 B の速さとその向きを求めよ。

考え方 正の向きを定め, 速度の正負に注意して, 運動量保存則の式を立てる。

解説&解答 東向きを正の向きにとり, 分裂後の物体 B の速度を v_2'〔m/s〕とする。運動量保存則より $0 = 3.0 \times 4.0 + 2.0 \times v_2'$

よって $v_2' = -\dfrac{3.0 \times 4.0}{2.0} = -6.0 \text{ m/s}$

ゆえに, B の速さは **6.0 m/s**, 向きは **西向き** **答**

類題9
(教 p.51)
速さ V〔m/s〕で進んでいた質量 M〔kg〕(燃料を含む)のロケットから, 質量 m〔kg〕の燃料を, 地上で静止している人から見てロケットの進む向きと反対の向きに速さ v〔m/s〕ですべて瞬間的に噴射した。噴射後のロケットの速さ V'〔m/s〕を求めよ。

考え方 一直線上での物体の分裂の問題で, **例題9** と同様に運動量保存則を適用する。ロケット本体の質量は $M - m$〔kg〕に減少する。

解説&解答 ロケットの進む向きを正とする。運動量保存則より
$MV = m \times (-v) + (M - m) V'$

よって $V' = \dfrac{MV + mv}{M - m}$〔m/s〕 **答**

問15
(教 p.53)
水平面上を進む小球が, 壁と垂直に衝突してはねかえった。衝突直前の小球の速さが 2.0 m/s, 衝突直後の小球の速さが 1.5 m/s であるとき, 小球と壁との間の反発係数はいくらか。

考え方 衝突前の速さの向きを正とすると, 衝突後の向きは負である。衝突前後の速さの比の関係式(⑷式)を用いる。

解説&解答 衝突前後の小球の速度を v, v'〔m/s〕, 反発係数を e とすると
$e = \dfrac{\text{衝突後の速さ}}{\text{衝突前の速さ}} = \dfrac{|v'|}{|v|} = -\dfrac{v'}{v}$
$= -\dfrac{-1.5}{2.0} = 0.75$ **答**

問16
(教 p.53)
水平な机の面より 80 cm の高さの所から，小球を自由落下させた。机の面と小球との間の反発係数を 0.50 とするとき，小球は衝突後何 cm の高さまではね上がるか。

考え方　反発係数は速さの比であるが，下降距離と上昇距離の比の平方根(**教 p.54 参考** (E)式)からも求められる。

解説&解答　初めの高さを h，はね上がる高さを h'，衝突前後の小球の速度を v, v' とすると

$$e = -\frac{v'}{v} = \sqrt{\frac{h'}{h}} \quad \text{より} \quad 0.50 = \sqrt{\frac{h'}{80}}$$

よって　$h' = 20$ cm　**答**

問17
(教 p.56)
一直線上を互いに反対の向きに進んできた 2 物体 A，B が正面衝突し，衝突後はどちらも初めと反対の向きに進んだ。衝突前の A，B の速さはそれぞれ 4.0 m/s，1.6 m/s であり，衝突後はそれぞれ 1.5 m/s，1.3 m/s であった。2 物体の間の反発係数を求めよ。

考え方　反発係数の式(⑸式)を用いる。

解説&解答　A が進んできた向きを正にとり，「$e = -\dfrac{v_1' - v_2'}{v_1 - v_2}$」に各数値を代入して　$e = -\dfrac{(-1.5) - 1.3}{4.0 - (-1.6)} = \dfrac{2.8}{5.6} = 0.50$　**答**

例題10
(教 p.56)
一直線上を正の向きに進んできた小球 A と，負の向きに進んできた小球 B が正面衝突した。衝突前の小球 A の速度が 4.0 m/s，小球 B の速度が −1.0 m/s であり，小球 A，B の質量は等しいとする。2 球の間の反発係数 e の値が次の(1)，(2)のとき，衝突後の小球 A，B の速度 v_1', v_2'〔m/s〕をそれぞれ求めよ。
(1)　$e = 1$　　(2)　$e = 0$

考え方　運動量保存則の式と反発係数の式の 2 式を立て，2 式の連立方程式を解く。

解説&解答　小球 A，B の質量を m〔kg〕とすると，運動量保存則(⑷式)より

$$m \times 4.0 + m \times (-1.0)$$
$$= mv_1' + mv_2'$$

よって　$3.0 = v_1' + v_2'$　……①
反発係数の式 (⑸式)より

$$e = -\frac{v_1' - v_2'}{4.0 - (-1.0)} = -\frac{v_1' - v_2'}{5.0} \quad ……②$$

(1)　②式で $e = 1$ とすると
$$5.0 = -(v_1' - v_2') \quad \text{より} \quad v_2' = 5.0 + v_1' \quad ……③$$

これを①式に代入して

$3.0 = v_1' + (5.0 + v_1')$　　よって　$v_1' = -1.0\,\mathbf{m/s}$ 答

③式より　$v_2' = 5.0 + (-1.0)$　　よって　$v_2' = 4.0\,\mathbf{m/s}$ 答

注)同じ質量の2物体が弾性衝突($e = 1$)するときは，衝突後，それぞれの速度が入れかわる。

(2)　②式で $e = 0$ とすると

$0 = -(v_1' - v_2')$　より　$v_2' = v_1'$　……④

これを①式に代入して

$3.0 = v_1' + v_1'$　　よって　$v_1' = 1.5\,\mathbf{m/s}$ 答

④式より　$v_2' = v_1' = 1.5\,\mathbf{m/s}$ 答

注)完全非弾性衝突($e = 0$)のときは，衝突後，2物体の速度は同じになる。すなわち，一体となって運動する。

類題10
教 p.56

一直線上を正の向きに進む小球A（質量 0.050 kg，速度 3.0 m/s）と，負の向きに進む小球B（質量 0.10 kg，速度 -2.0 m/s）が正面衝突した。衝突後の小球A，Bの速度 v_1'，v_2'〔m/s〕をそれぞれ求めよ。2球の間の反発係数を 0.80 とする。

考え方　運動量保存則((44)式)，反発係数の式((51)式)を用いる。

解説&解答　(44)式より　$0.050 \times 3.0 + 0.10 \times (-2.0) = 0.050 v_1' + 0.10 v_2'$　…①

(51)式より　$0.80 = -\dfrac{v_1' - v_2'}{3.0 - (-2.0)}$　……②

①，②式より　$v_1' = -3.0\,\mathbf{m/s}$,　$v_2' = 1.0\,\mathbf{m/s}$ 答

例題11
教 p.57

水平でなめらかな床に，小球が床面と $60°$ の角をなす方向から衝突し，はねかえった。小球と床の間の反発係数が $\dfrac{1}{\sqrt{3}}$ であるとき，小球がはねかえる向きと床面がなす角 θ〔°〕($0° \leqq \theta \leqq 90°$)を求めよ。

考え方　速度を床面に平行な成分と垂直な成分に分解し，垂直な成分に反発係数の式を用いる。

解説&解答　図のように x，y 軸を定める。衝突直前の小球の速度の大きさを v〔m/s〕とすると，速度の x 成分，y 成分は

$v_x = v\cos 60° = \dfrac{1}{2}v$

$v_y = v\sin 60° = \dfrac{\sqrt{3}}{2}v$

衝突直後の小球の速度の x 成分，y 成分を v_x'，v_y'〔m/s〕とすると，

「$v_x' = v_x$」　((53)式)より　$v_x' = \dfrac{1}{2}v$

「$v_y{}' = -ev_y$」（㊾式）より　$v_y{}' = -\dfrac{1}{\sqrt{3}} \times \dfrac{\sqrt{3}}{2}v = -\dfrac{1}{2}v$

よって　$\tan\theta = \dfrac{|v_y{}'|}{v_x{}'} = 1$　　したがって　$\theta = 45°$　答

類題11（教 p.57）水平でなめらかな床に，小球が床面と 60° の角をなす方向から衝突し，床面と 30° の角をなす方向にはねかえった。このとき，小球と床の間の反発係数 e を求めよ。答えの分数はそのままでよい。

考え方　水平方向の速度は変化しないので，鉛直方向の速さの比によって反発係数 e を決める。

解説&解答　床に衝突する直前，直後の速度の水平成分を v_x, $v_x{}'$〔m/s〕，鉛直成分（下向きを正とする）を v_y, $v_y{}'$〔m/s〕とすると

$v_x{}' = v_x$

$\tan 60° = \dfrac{v_y}{v_x}$　　よって　$v_y = \sqrt{3}\,v_x$

$\tan 30° = \dfrac{-v_y{}'}{v_x}$　　よって　$v_y{}' = -\dfrac{1}{\sqrt{3}}v_x$

$e = -\dfrac{v_y{}'}{v_y} = -\dfrac{-\dfrac{1}{\sqrt{3}}v_x}{\sqrt{3}\,v_x} = \dfrac{1}{3}$　答

ドリル

問 a（教 p.58）一直線上を運動する小球 A，B が衝突，または合体，分裂する。次の各場合について，衝突，合体，分裂後の小球 A の速度 $v_1{}'$〔m/s〕を求めよ。なお，右向きを正の向きとする。

考え方　速度の正負に注意して，運動量保存則の式を立てる。

解説&解答　(1)　運動量保存則より
$1.0 \times 5.0 + 2.0 \times 3.0 = 1.0 \times v_1{}' + 2.0 \times 4.0$
ゆえに　$v_1{}' = \mathbf{3.0\,m/s}$　答

(2)　運動量保存則より
$4.0 \times 2.0 + 3.0 \times (-2.0) = 4.0 \times v_1{}' + 3.0 \times 1.2$
ゆえに　$v_1{}' = \mathbf{-0.40\,m/s}$　答

第❶編 力と運動

(3) 運動量保存則より

$1.0 \times 4.8 + 5.0 \times 0 = (1.0 + 5.0) \times v_1'$

ゆえに $v_1' = \mathbf{0.80\,m/s}$ 答

(4) 運動量保存則より

$(6.0 + 2.0) \times 4.0 = 6.0 \times v_1' + 2.0 \times 10$

ゆえに $v_1' = \mathbf{2.0\,m/s}$ 答

問b （教 p.58）　なめらかな水平面上を運動する小球A, Bが衝突する。次の各場合について，衝突後の小球Aの速さ v_1' [m/s]，および小球Bの速さ v_2' [m/s]を求めよ。

(1) 　　　　　　　　　　　　　　(2)

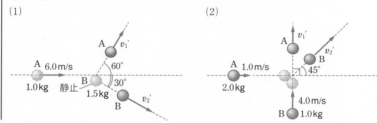

考え方　水平面上に互いに垂直な x, y 軸をとり，運動量を x 成分と y 成分に分解して考える。

解説&解答　(1) 図のように x, y 軸を定める。

x 成分について，運動量保存則より

$1.0 \times 6.0 + 1.5 \times 0 = 1.0 \times v_1' \cos 60° + 1.5 \times v_2' \cos 30°$ ……①

y 成分について，運動量保存則より

$1.0 \times 0 + 1.5 \times 0 = 1.0 \times v_1' \sin 60° + 1.5 \times (-v_2' \sin 30°)$ ……②

②式より $v_2' = \dfrac{\sqrt{3}}{1.5} v_1'$ ……③

これを①式に代入して

$1.0 \times 6.0 + 1.5 \times 0 = 1.0 \times v_1' \times \dfrac{1}{2} + 1.5 \times \dfrac{\sqrt{3}}{1.5} v_1' \times \dfrac{\sqrt{3}}{2}$

よって　$v_1' = 3.0\,\text{m/s}$　答

③式より　$v_2' = \dfrac{\sqrt{3}}{1.5} \times 3.0 ≒ 3.5\,\text{m/s}$　答

(2)　図のように x, y 軸を定める。

x 成分について，運動量保存則より

$2.0 \times 1.0 + 1.0 \times 0 = 2.0 \times 0 + 1.0 \times v_2'\cos45°$　……④

y 成分について，運動量保存則より

$2.0 \times 0 + 1.0 \times 4.0 = 2.0 \times v_1' + 1.0 \times v_2'\sin45°$　……⑤

④式より　$v_2' = 2\sqrt{2} ≒ 2.8\,\text{m/s}$　答

これを⑤式に代入して

$2.0 \times 0 + 1.0 \times 4.0 = 2.0 \times v_1' + 1.0 \times 2$

よって　$v_1' = 1.0\,\text{m/s}$　答

問 c
（教 p.59）
一直線上を運動する小球 A が小球 B，あるいは床に衝突する。次の各場合について，2 物体の間の反発係数を求めよ。

(1)　　　　　　　　　　　　　　　　　　(2)

考え方　正の向きを定め，速度の正負に注意して，反発係数の式を立てる。

解説&解答　(1)　右向きを正とする。反発係数の式「$e = -\dfrac{v_1' - v_2'}{v_1 - v_2}$」より

$e = -\dfrac{(-1.8) - 4.6}{3.0 - (-5.0)} = 0.80$　答

(2)　鉛直下向きを正とする。反発係数の式「$e = -\dfrac{v'}{v}$」より

$e = -\dfrac{-4.5}{6.0} = 0.75$　答

問 d
(**教** p.59)

一直線上を運動する小球 A，B が衝突する。次の各場合について，衝突後の小球 A の速度 v_1'〔m/s〕，および小球 B の速度 v_2'〔m/s〕を求めよ。なお，右向きを正の向きとする。

(1)　2 球の間の反発係数が 0.60　　　(2)　2 球の間の反発係数が 0.20

(3)　2 球の間の反発係数が 1.0　　　(4)　2 球の間の反発係数が 1.0

考え方　運動量保存則の式と反発係数の式の 2 式を立て，2 式の連立方程式を解く。

解説&解答　(1)　運動量保存則より
$$4.0 \times 8.0 + 2.0 \times 5.0 = 4.0 \times v_1' + 2.0 \times v_2'$$

反発係数の式「$e = -\dfrac{v_1' - v_2'}{v_1 - v_2}$」より　$0.60 = -\dfrac{v_1' - v_2'}{8.0 - 5.0}$

上記 2 式を連立して v_1'，v_2' について解くと
$$v_1' = \textbf{6.4 m/s},\ v_2' = \textbf{8.2 m/s}\ \boxed{答}$$

(2)　運動量保存則より
$$1.0 \times 2.4 + 3.0 \times (-2.6) = 1.0 \times v_1' + 3.0 \times v_2'$$

反発係数の式「$e = -\dfrac{v_1' - v_2'}{v_1 - v_2}$」より　$0.20 = -\dfrac{v_1' - v_2'}{2.4 - (-2.6)}$

上記 2 式を連立して v_1'，v_2' について解くと
$$v_1' = \textbf{-2.1 m/s},\ v_2' = \textbf{-1.1 m/s}\ \boxed{答}$$

(3)　運動量保存則より
$$5.0 \times 6.0 + 2.0 \times (-1.0) = 5.0 \times v_1' + 2.0 \times v_2'$$

反発係数の式「$e = -\dfrac{v_1' - v_2'}{v_1 - v_2}$」より　$1.0 = -\dfrac{v_1' - v_2'}{6.0 - (-1.0)}$

上記 2 式を連立して v_1'，v_2' について解くと
$$v_1' = \textbf{2.0 m/s},\ v_2' = \textbf{9.0 m/s}\ \boxed{答}$$

(4)　運動量保存則より
$$m \times 7.0 + m \times (-4.0) = mv_1' + mv_2'$$

反発係数の式「$e = -\dfrac{v_1' - v_2'}{v_1 - v_2}$」より　$1.0 = -\dfrac{v_1' - v_2'}{7.0 - (-4.0)}$

上記 2 式を連立して v_1'，v_2' について解くと
$$v_1' = \textbf{-4.0 m/s},\ v_2' = \textbf{7.0 m/s}\ \boxed{答}$$

問18
(教 p.61)　一直線上を 4.0 m/s の速さで進む質量 1.0 kg の小球 A が，静止している質量 1.5 kg の小球 B と正面衝突し，一体となって進み始めた。この過程での力学的エネルギーの変化 ΔE〔J〕を求めよ。

考え方　衝突前後での力学的エネルギーの変化を求める。

解説&解答　一体となった後の速さを V〔m/s〕とすると，運動量保存則より

衝突前
A(1.0 kg)　4.0 m/s　B(1.5 kg)

衝突後
A B　V

$$1.0 \times 4.0 + 1.5 \times 0$$
$$= (1.0 + 1.5) \times V$$

よって　$V = 1.6$ m/s
したがって

$$\Delta E = \frac{1}{2} \times (1.0 + 1.5) \times 1.6^2 - \left(\frac{1}{2} \times 1.0 \times 4.0^2 + \frac{1}{2} \times 1.5 \times 0^2 \right)$$
$$= 3.2 - 8.0 = \mathbf{-4.8 J}　\text{答}$$

　演 習 問 題　**教 p.62 〜 p.63**

1　力積と運動量に関する実験を行った。静止している質量 m〔kg〕の台車 A に，一直線上を速さ v〔m/s〕で進む同じ質量の台車 B を衝突させる。台車に内蔵された力センサーにより台車の運動を調べると，台車 A にはたらく力の大きさ f〔N〕と経過時間 t〔s〕の関係を表すグラフは図のようになった。

(1)　図の斜線部分の面積は何と等しいと考えられるか。次の選択肢から選べ。
　①台車 A がされる仕事　　　　②衝突後の台車 A の運動量の大きさ
　③衝突前の台車 B の運動エネルギー　④台車 A に力がはたらいている間の平均の加速度
(2)　斜線部分の面積が mv となったとする。台車間の反発係数はいくらか。

考え方　(1)　運動量と力積の関係に着目する。
　　　　(2)　正の向きを定め，運動量保存則と反発係数の式の 2 式を立てる。

解説&解答　(1)　台車 A にはたらく力の大きさ f と経過時間 t の関係を表すグラフと時間軸とで囲まれた斜線部分の面積は，台車 A が受けた力積の大きさを表す。力積は運動量の変化に等しく，台車 A は最初静止していたので，図の斜線部分の面積は，衝突後の台車 A の運動量の大きさに等しいとわかる。よって，正しいのは②。　**答**

(2)　台車 B が初めに進む向きを正とし，衝突後の台車 A，B の速度をそれぞれ v_1'，v_2'〔m/s〕とする。
　　　(1)より $mv_1' = mv$ であるから $v_1' = v$ となる。運動量保存則より
　　　$m \times 0 + mv = mv + mv_2'$　　よって　$v_2' = 0$
　　　反発係数の式「$e = -\dfrac{v_1' - v_2'}{v_1 - v_2}$」より　$e = -\dfrac{v - 0}{0 - v} = 1$　**答**

2　質量1.4kgの台Aがなめらかで水平な床の上に置かれている。この台Aの上面に，質量0.60kgの小物体Bが上面と同じ高さの水平面から乗り移った。小物体Bが台Aの上面を動きだすと同時に，台Aも床の上を動きだし，やがて，小物体Bと台Aは一体となって動き続けたとする。乗り移った瞬間の小物体Bの速さを0.70m/s，台Aの上面と小物体Bとの間の動摩擦係数を0.25，重力加速度の大きさを9.8m/s^{2}とする。

(1)　一体となった後の小物体Bと台Aの速さV〔m/s〕を求めよ。

(2)　一体になるまでに小物体Bが失った運動量の大きさは，動摩擦力が小物体Bに与えた力積の大きさに等しい。このことを用いて，小物体Bが台Aに乗り移ってから一体になるまでの時間$\varDelta t$〔s〕を求めよ。

考え方　運動量保存則（(44)式）$m_1v_1 + m_2v_2 = m_1v_1' + m_2v_2'$　を用いる。
　　　　　動摩擦力の大きさF'は，動摩擦係数をμ'とすると
　　　　　$F' = \mu'N = \mu'mg$である。

解説&解答　(1)　運動量保存則より
$$0.60 \times 0.70 = (0.60 + 1.4) \times V$$
よって　$V = \bf{0.21\,m/s}$　**答**

(2)　小物体Bが失った運動量の大きさは
$$0.60 \times 0.70 - 0.60 \times 0.21 = 0.294\,\text{kg·m/s}　\cdots\cdots①$$
動摩擦力の大きさF'は
$$F' = \mu'mg = 0.25 \times 0.60 \times 9.8 = 1.47\,\text{N}$$
よって，動摩擦力が小物体Bに与えた力積の大きさ$F'\varDelta t$は
$$F'\varDelta t = 1.47 \times \varDelta t　\cdots\cdots②$$
①，②式より
$$0.294 = 1.47 \times \varDelta t　　よって　\varDelta t = \bf{0.20\,s}　**答**$$

3　総質量M〔kg〕のロケットが速さV〔m/s〕で進んでいる。燃焼ガスをすべて瞬間的に後方へ噴射したとき，噴射後のロケットの速さV'〔m/s〕を求めよ。噴射した燃焼ガスの質量をm〔kg〕，ロケットに対する燃焼ガスの相対的な速さをu〔m/s〕とする。

考え方　相対速度の式から求めたロケットの速度を用いて，運動量保存則の式を立てる。

第①編
力と運動

解説&解答 ロケットの進む向きを正，地上で静止している人から見た燃焼ガスの速度を v〔m/s〕とすると，相対速度の式「$\vec{v_{AB}} = \vec{v_B} - \vec{v_A}$」より

$$-u = v - V' \qquad よって \quad v = -u + V'$$

したがって，運動量保存則より

$$MV = (M-m)V' + m(-u+V')$$

よって $\quad V' = V + \dfrac{m}{M}u$〔m/s〕 **答**

4 床面から $10\,\mathrm{m}$ の高さの地点から，小球を速さ $5.0\,\mathrm{m/s}$ で水平に投げ出した。図のように x，y 軸を定める。重力加速度の大きさを $9.8\,\mathrm{m/s^2}$ とする。

(1) 小球が床面に達する直前の，速度の x 成分と y 成分 v_x，v_y〔m/s〕をそれぞれ求めよ。

(2) 小球が床面からはねかえった直後の，速度の x 成分と y 成分 $v_x{}'$，$v_y{}'$〔m/s〕をそれぞれ求めよ。小球と床面との間の反発係数を 0.70 とし，床面はなめらかであるとする。

(3) 小球がはねかえった後に達する最高点の高さ h〔m〕を求めよ。

考え方 水平方向は等速直線運動であり，衝突前後の速度変化はないので，$v_x{}' = v_x$ （53式）。　鉛直方向は等加速度直線運動であり，衝突前後の速度変化は反発係数 e による。$v_y{}' = -ev_y$ （53式）

解説&解答 (1) 水平投射では水平方向の速度成分は変わらないので

$$v_x = 5.0\,\mathrm{m/s} \quad \textbf{答}$$

また，床面に達するまでの時間を t〔s〕とすると

$$10 = \frac{1}{2} \times 9.8 \times t^2 \quad より \quad t = \frac{10}{7}\,\mathrm{s}$$

したがって，床面に達する直前の速度の y 成分の大きさは

$$gt = 9.8 \times \frac{10}{7} = 14\,\mathrm{m/s}（鉛直下向き）$$

y 軸の正の向きは鉛直上向きであるから $\quad v_y = -14\,\mathrm{m/s}$ **答**

(2) 床はなめらかであるから，衝突の際に速度の x 成分の変化はない。

よって $\quad v_x{}' = v_x = 5.0\,\mathrm{m/s}$ **答**

また $\quad v_y{}' = -ev_y = -0.70 \times (-14) = 9.8\,\mathrm{m/s}$ **答**

(3) はねかえった後，小球の鉛直方向の運動は，初速度 v_0 が $9.8\,\mathrm{m/s}$ の鉛直投げ上げ運動である。最高点での速度 v_h は $0\,\mathrm{m/s}$ であるから，(11)式より

$$0^2 - 9.8^2 = 2 \times (-9.8) \times h \quad よって \quad h = 4.9\,\mathrm{m} \quad \textbf{答}$$

5 なめらかな水平面上に質量 M〔kg〕の物体が静止している。これに質量 m〔kg〕の弾丸を速さ v〔m/s〕で水平に打ちこんだところ、弾丸は物体と一体になり、一定の速さで進んだ。

(1) 一体となった後の速さ V〔m/s〕を求めよ。

(2) このとき失われた運動エネルギー ΔE〔J〕を、M, m, v を用いて表せ。

(3) 弾丸がめりこんだ距離を l〔m〕とする。弾丸が物体にめりこむときに受ける抵抗力の大きさ f〔N〕を M, m, v, l を用いて表せ。このとき、f は一定の値をとるものとする。

考え方 (1) 正の向きを定め、運動量保存則の式を立てる。

(2)(3) 運動エネルギーと仕事の関係に着目する。

解説&解答 (1) 弾丸が初めに進む向きを正とすると、運動量保存則より

$$M \times 0 + mv = (M + m)V \quad \text{よって} \quad V = \frac{m}{M + m}v\text{〔m/s〕} \quad \boxed{答}$$

(2) 失われた運動エネルギーは、(1)の結果を代入して

$$\Delta E = \left| \frac{1}{2}(M + m)V^2 - \left(\frac{1}{2}M \times 0^2 + \frac{1}{2}mv^2\right) \right|$$

$$= \left| \frac{1}{2}(M + m)\left(\frac{m}{M + m}v\right)^2 - \left(\frac{1}{2}M \times 0^2 + \frac{1}{2}mv^2\right) \right|$$

$$= \left| -\frac{Mmv^2}{2(M + m)} \right| = \frac{Mmv^2}{2(M + m)}\text{〔J〕} \quad \boxed{答}$$

(3) 弾丸が物体と一体となるまでに物体が移動した距離を L〔m〕とすると、物体にはたらく抵抗力の仕事と、弾丸にはたらく抵抗力の仕事の和は $fL - f(L + l) = -fl$ となり、これが物体と弾丸の運動エネルギーの変化 $-\Delta E$ に等しい。

$$-fl = -\frac{Mmv^2}{2(M + m)} \quad \text{よって} \quad f = \frac{Mmv^2}{2(M + m)l}\text{〔N〕} \quad \boxed{答}$$

6 図のように、曲面と水平面からなる質量 4.0 kg の台 B が、なめらかな床の上に置かれている。ここで、台 B の水平面から高さ 0.50 m の曲面上から、質量 1.0 kg の小球 A を静かにすべらせた。この後、小球 A が台 B の

水平面上を動いているときの、床に対する小球 A と台 B の速さ v_A, v_B〔m/s〕をそれぞれ求めよ。小球 A と台 B の間に摩擦はなく、運動の前後で力学的エネルギーが保存されているとしてよい。また、重力加速度の大きさを 9.8 m/s^2 とする。

考え方 図1での小球 A の位置エネルギーと、図2での A, B の運動エネルギーの総和は等しい。また、図2で運動量の総和は 0 である。

解説&解答　図1と図2とで，力学的エネルギー保存則が成りたつから

$$1.0 \times 9.8 \times 0.50 = \frac{1}{2} \times 1.0 \times v_A{}^2 + \frac{1}{2} \times 4.0 \times v_B{}^2 \quad \cdots\cdots ①$$

運動量保存則より　$0 = 1.0 \times v_A + 4.0 \times (-v_B) \quad \cdots\cdots ②$

①式と②式より　$v_A = 2.8\,\text{m/s}, \ v_B = 0.70\,\text{m/s}$　**答**

考 考えてみよう！ ・・・・・・・・・・・・・・・・・・・・・・

7　一直線上において，速さ v〔m/s〕で進む質量 m_1〔kg〕の小球 A を，静止する質量 m_2〔kg〕の小球 B に衝突させた。衝突前に小球 A が進む向きを正の向きとし，衝突は弾性衝突であるとする。

(1)　衝突後の小球 A の速度 v_1'〔m/s〕を求めよ。

　　求めた v_1' の式についての P さんと Q さんの会話文を読んで，次の問いに答えよ。

　　P さん：「衝突後に小球 A が静止することはあるのかな。」

　　Q さん：「v_1' の式を見ると，　1　のときに小球 A が静止することがわかるね。」

　　P さん：「　1　ではないとき，衝突後の小球 A が進む向きはどうなるかな。」

　　Q さん：「v_1' の式に v が含まれているから，衝突後の小球 A の進む向きは，衝突前の小球 A が進む向きと同じなんじゃないかな。」

(2)　　1　に当てはまる適切な式を答えよ。

(3)　下線部は間違っている。その理由と，衝突の前後で小球 A が進む向きが変わるのはどのようなときか説明してみよう。

考え方　(1)　衝突後の小球 B の速度を文字におき，運動量保存則の式と反発係数の式の2式を立てる。

　　　(2)(3)　v_1' が正・負・0 のどれになるかを決めるのは，式のどの部分かを考える。

解説&解答　(1)　衝突後の小球 B の速度を v_2'〔m/s〕とすると，運動量保存則より

$$m_1 v + m_2 \times 0 = m_1 v_1' + m_2 v_2' \quad \cdots\cdots ①$$

弾性衝突（$e = 1$）であるから，反発係数の式「$e = -\dfrac{v_1' - v_2'}{v_1 - v_2}$」より

$$1 = -\frac{v_1' - v_2'}{v - 0} \quad \cdots\cdots ②$$

①，②式より v_2' を消去して v_1' について解くと

$$v_1' = \frac{m_1 - m_2}{m_1 + m_2} v \,[\text{m/s}]$$　**答**

(2)　$v > 0$ かつ $m_1 + m_2 > 0$ より，$v_1' = 0$ となるのは $m_1 - m_2 = 0$ のときである。　よって　$m_1 = m_2$　**答**

(3)　v は速さを表しており，v_1' の向きを決める要素ではないため間違っている。向きを決めるのは $\dfrac{m_1 - m_2}{m_1 + m_2}$ の部分で，$m_1 < m_2$ のとき，$v_1' < 0$ となるので，進む向きが変わる。　**答**

第1編　力と運動

第4章　円運動と万有引力

教 p.64 ～ p.104

1　等速円運動

A　角速度

物体が円周上を一定の速さで回る運動を**等速円運動**という。

円運動をする物体の単位時間当たりの回転角を**角速度**という。角の単位に**ラジアン**（記号 **rad**）を用い、時間 t〔s〕の間の回転角を θ〔rad〕とすると（右図ⓑ）、これらと角速度 ω の関係は

ⓐ 1秒当たり

ⓑ t〔s〕間

$$\omega = \frac{\theta}{t}, \quad \theta = \omega t \quad 角速度\,\omega\,の単位は\textbf{ラジアン毎秒}（記号\ \textbf{rad/s}）\tag{58}$$

等速円運動の円の半径を r〔m〕、物体の速さを v〔m/s〕とすると、時間 t の間に物体が移動する距離 l〔m〕は $l = r\theta$ と表されるから

$$v = \frac{l}{t} = r\frac{\theta}{t}\tag{59}$$

となり、(59)式に(58)式を代入すると、次の式が得られる。

$$v = r\omega\tag{60}$$

等速円運動は、角速度が一定の円運動ともいえる。等速円運動をする物体の速度の方向は、円の接線方向であり、円の中心を向く方向に対し垂直である。

参考　弧度法

半径と等しい長さの円弧に対する中心角を**1ラジアン**（記号 rad）という（右図ⓐ）。このような角度の表し方を**弧度法**という。半径を r〔m〕、円弧の長さを l〔m〕、中心角を θ〔rad〕とすると、次のようになる。

$$\theta = \frac{l}{r} \quad これより \quad l = r\theta$$

$l = 2\pi r$ のとき、$\theta = 2\pi$ より、$360° = 2\pi\,\text{rad}$ であるから

$$1° = \frac{\pi}{180}\,\text{rad} \quad あるいは \quad 1\,\text{rad} = \frac{180°}{\pi}(≒ 57.3°)$$

B　周期と回転数

等速円運動する物体が1回転する時間を**周期**という。等速円運動の半径を r〔m〕、角速度を ω〔rad/s〕、速さを v〔m/s〕、周期を T〔s〕とすると、次の式が得られる。

$$T = \frac{2\pi r}{v} = \frac{2\pi}{\omega} \tag{61}$$

1秒当たりの回転の回数を**回転数**という。回転数の単位には**ヘルツ**（記号 **Hz**）を用いる。回転数 n〔Hz〕と周期 T の関係は次のようになる。

$$n = \frac{1}{T} \tag{62}$$

また，(61)，(62)式より，ω と n の関係は次のようになる。

$$\omega = 2\pi n \tag{63}$$

C 等速円運動の加速度

等速円運動では，速度の大きさ（速さ）は一定だが，その向きは常に変化している。つまり，加速度 $\vec{a}$〔m/s²〕が生じている。半径 r〔m〕の円周上を角速度 ω〔rad/s〕で等速円運動する物体が，時間 Δt〔s〕の間に角 $\Delta\theta$〔rad〕（$= \omega\Delta t$）だけ回転し，速度が $\vec{v}$〔m/s〕から $\vec{v'}$〔m/s〕になったとする（**教** p.67 図 52 参照）。経過時間 Δt を短くしていくと，$\Delta\vec{v} = \vec{v'} - \vec{v}$ は円の中心を向く。よって，等速円運動の加速度 $\vec{a} = \dfrac{\Delta\vec{v}}{\Delta t}$ は，円の中心方向を向き，その大きさは $a = \dfrac{\Delta v}{\Delta t} = v\omega$ となる。これに(60)式を代入すると

$$a = r\omega^2 = \frac{v^2}{r} \tag{64}$$

となる。つまり，等速円運動の加速度は，大きさは変化せず，向きは常に円の中心を向くように変化する。

D 等速円運動に必要な力

等速円運動をしている物体の質量を m〔kg〕，受けている力を $\vec{F}$〔N〕とすると，運動方程式 $m\vec{a} = \vec{F}$ から，物体は円の中心へ向かう向きに一定の大きさの力を受けていることがわかる（**教** p.68 図 53 参照）。この力を**向心力**という。

向心力の大きさを F〔N〕とし(64)式を用いると，等速円運動の中心方向に対する運動方程式は次のように表すことができる。

$$mr\omega^2 = F \qquad \text{または} \quad m\frac{v^2}{r} = F \tag{65}$$

等速円運動の式

周期　　$T = \dfrac{2\pi r}{v} = \dfrac{2\pi}{\omega}$

速さ　　$v = r\omega$

加速度の大きさ　$a = r\omega^2 = \dfrac{v^2}{r}$

運動方程式（中心方向）

$mr\omega^2 = F$　または　$m\dfrac{v^2}{r} = F$

r〔m〕	半径	ω〔rad/s〕	角速度	a〔m/s²〕	加速度の大きさ
v〔m/s〕	速さ	T〔s〕	周期	m〔kg〕　質量　F〔N〕	向心力

2 慣性力

A 慣性力

右図のように電車を一定の加速度 $\vec{a}$ で走らせると糸は斜めに傾く。これは，小球の慣性によるものである。このとき，小球にはたらいている力は，糸が引く力 $\vec{S_2}$〔N〕と重力 $m\vec{g}$〔N〕である。

地上に静止している観測者 A は，これら2力の合力 $\vec{F} = \vec{S_2} + m\vec{g}$ によって小球が加速度 $\vec{a}$〔m/s²〕の運動をしていると考え，運動方程式 $m\vec{a} = \vec{F}$ を立てることができる。

一方，電車内の観測者 B にとっては，小球は合力 $\vec{F}$ を受けながら静止して見えるので，慣性の法則は成りたたない。しかし，この場合でも，小球には合力 $\vec{F}$ のほかに，これとつりあう力 $-m\vec{a}$〔N〕がはたらいていると考えれば，慣性の法則が成りたつようにみえる。この $-m\vec{a}$ は小球の慣性にもとづくみかけの力で，**慣性力**という。

▲電車が等加速度運動をしている場合の2人の観測者の立場

ⓐ A の立場では小球は $\vec{S_2}$ と $m\vec{g}$ の合力 $\vec{F}$ によって加速度 $\vec{a}$ の運動をしている。

ⓑ B の立場では小球は静止している。$\vec{a}$ と反対向きの力 $-m\vec{a}$ を考えると，この力と，$\vec{S_2}$ と $m\vec{g}$ の合力 $\vec{F}$ とのつりあいの式を立てることができる。

加速度 $\vec{a}$ で運動する観測者が，力 $\vec{F}$ を受けて運動する質量 m の物体を観測するとき，その加速度を $\vec{a'}$ とする。このとき，実際にはたらく力 $\vec{F}$ のほかに慣性力 $-m\vec{a}$ を考えれば，運動方程式は次のようになる。

$$m\vec{a'} = \vec{F} + (-m\vec{a}) \tag{66}$$

B 遠心力

下図のような，なめらかな回転板上での，質量 m〔kg〕の小球の等速円運動を考える。

ⓐ 静止している観測者 A

ⓑ 小球とともに回転する観測者 B

　地上に静止している観測者 A から見ると，小球にはたらく水平方向の力は，ばねの弾性力(大きさ F〔N〕)のみであり(同図ⓐ)，等速円運動の半径を r〔m〕，角速度を ω〔rad/s〕，速さを v〔m/s〕とすると，次の運動方程式が成りたつ。

$$mr\omega^2 = F \qquad \text{または} \quad m\frac{v^2}{r} = F \tag{65式}$$

　一方，小球とともに回転している観測者 B から見ると，小球が静止して見えるので，小球にはたらく水平方向の力は，弾性力だけでなく，それとつりあう外向きの慣性力がはたらいていると観測する(同図ⓑ)。このような，物体とともに円運動する立場から見たときの慣性力を，特に**遠心力**という。遠心力の向きは，向心力の向き(等速円運動の加速度の向き)と逆向きで，その大きさ f〔N〕は次の式で表される。

$$f = mr\omega^2 \qquad \text{または} \quad f = m\frac{v^2}{r} \tag{67}$$

3 単振動

A 単振動

　ばねにおもりをつけ，つりあいの位置より下に引いてから手をはなすと，おもりは往復運動を始める。**教 p.79 図 57** ⓑのように，ばねにつけたおもりの往復運動は，等速円運動を真横から見た運動と同じ運動のように見える。このような一直線上の振動を**単振動**という。単振動において，振動の中心から振動の端までの長さ A〔m〕を**振幅**，1 回の振動に要する時間 T〔s〕を**周期**，1 秒当たりの往復回数 f〔Hz〕を**振動数**という。周期 T と振動数 f は，等速円運動の周期と回転数の関係と同じであるから，⑥式と同じ関係が成りたつ。

$$f = \frac{1}{T} \tag{68}$$

B 単振動の変位・速度・加速度

❶**変位**　次ページ図ⓐのように半径 A〔m〕，角速度 ω〔rad/s〕の等速円運動をしている物体 P を考え，P から x 軸に下ろした垂線の交点(正射影)を Q とする。Q は，時刻 0 に原点 O を x 軸の正の向きに出発したとすると，t〔s〕後における Q の変位(座標)x〔m〕は次のように表される。

$$x = A\sin\omega t \tag{69}$$

　横軸に時間 t，縦軸に変位 x をとって⑥式を表すと，同図ⓑのような x-t 図が得られる。このような曲線を**正弦曲線**という。ここで，ω〔rad/s〕を単振動の**角振動数**といい，⑥式の角度を表す部分 ωt〔rad〕を**位相**という。位相が 2π rad 進むごとに 1 回の振動が行われる。⑥，⑥式より，角振動数 ω と，周期 T〔s〕および振動数 f〔Hz〕の間には次の関係が成りたつ。

$$\omega = \frac{2\pi}{T} = 2\pi f \tag{70}$$

❷**速度と加速度**　Qの速度v[m/s]は，Pの速度（大きさ$A\omega$[m/s]）のx成分で表せる。

$$v = A\omega\cos\omega t \tag{71}$$

Qの加速度a[m/s²]は，Pの加速度（大きさ$A\omega^2$[m/s²]）のx成分で表せる。

$$a = -A\omega^2\sin\omega t \tag{72}$$

(69), (72)式から　$a = -\omega^2 x$ (73)

▲単振動の変位・速度・加速度

C 単振動に必要な力

質量 m〔kg〕の物体が，x 軸上を原点 O を中心として角振動数 ω〔rad/s〕で単振動しているとき，物体にはたらいている力を F〔N〕とすると，運動方程式「$ma = F$」と(73)式より，次の式が得られる。

$$F = ma = -m\omega^2 x \tag{74}$$

$m\omega^2$ は正の定数であるから，$m\omega^2 = K$ とおくと，(74)式は

$$\boldsymbol{F = -Kx} \quad (K：正の定数) \tag{75}$$

となり，F は変位 x に比例することがわかる。また，F と x は正負が反対であるから，F は常に振動の中心 O に向く。単振動を起こすこのような力を**復元力**という。

一般に，単振動の運動方程式は次のように表すことができる。

$$\boldsymbol{ma = -Kx} \tag{76}$$

単振動の角振動数 ω〔rad/s〕は，$m\omega^2 = K$ より

$$\omega = \sqrt{\frac{K}{m}} \tag{77}$$

と表される。また，単振動の周期 T〔s〕は，(77)式と(70)式より次のようになる。

$$T = 2\pi\sqrt{\frac{m}{K}} \tag{78}$$

単振動の式

運動方程式　$ma = -Kx$　（K：正の定数）
変位　　　$x = A\sin\omega t$
速度　　　$v = A\omega\cos\omega t$
加速度　　$a = -A\omega^2\sin\omega t = -\omega^2 x$

$\omega = \sqrt{\dfrac{K}{m}}$

m〔kg〕　質量　　t〔s〕　時間　　A〔m〕　振幅
x〔m〕　変位　　v〔m/s〕　速度　　a〔m/s²〕　加速度
ω〔rad/s〕　角振動数

D ばね振り子

軽いばねに小球をつけたものを**ばね振り子**という。

❶水平ばね振り子　自然の長さのときの小球の位置を O とし，点 O を原点として x 軸をとり，ばねが伸びる向き（右図の右向き）を正の向きとする。

小球の質量を m〔kg〕，ばね定数を k〔N/m〕とすると，変位が x〔m〕のとき小球にはたらく水平方向の力 F〔N〕は $F = -kx$ となり，復元力である。よって，小球の加速度を a〔m/s²〕として運動方程式を書くと

$$ma = -kx \qquad (79)$$

となる。したがって，小球は点 O を中心として振幅 A の単振動をする。

また，周期 T〔s〕は，(78)式より

$$T = 2\pi\sqrt{\frac{m}{k}} \qquad (80)$$

となる。ばね振り子の振動の周期 T は，振幅 A によらず，質量 m とばね定数 k のみで決まることがわかる。

❷鉛直ばね振り子　小球がつりあいの位置で静止しているときのばねの伸びを d〔m〕とする（次図ⓐ）。このとき小球にはたらく力は，負の向きに大きさ kd〔N〕の弾性力と正の向きに大きさ mg〔N〕の重力の２力であり，これらがつりあっている。したがって，次の式が成りたつ。

$$-kd + mg = 0 \qquad (81)$$

ⓐ つりあいの位置　ⓑ 手をはなす　ⓒ $x>0$ のとき　ⓓ $-d<x<0$ のとき　ⓔ $x<-d$ のとき

力のつりあいの式 $-kd + mg = 0$

$F = -k(x+d) + mg = -kx - kd + mg = -kx < 0$

$F = -k(d-|x|) + mg = kd - kx + mg = -kx > 0$

$F = k(|x|-d) + mg = -kx - kd + mg = -kx > 0$

（$x<0$ のとき，$|x| = -x$）

　小球を上下に振動させる。つりあいの位置を原点 O として，変位 x〔m〕（$x>0$）のときに小球にはたらく力は（図ⓒ），負の向きに大きさ $k(x+d)$〔N〕の弾性力と正の向きに大きさ mg〔N〕の重力の２力である。したがって，小球の運動方程式は次のようになる。

$$ma = -k(x+d) + mg = -kx \qquad (82)$$

$x<0$ の場合についても同じ運動方程式が得られる（図ⓓ，ⓔ）。これは，小球がつりあいの位置（原点 O）を中心として単振動をすることを表している。また，周期 T〔s〕は水平ばね振り子の場合と同じく(80)式で表される。

E 単振り子

軽い糸に小球をつるして，鉛直面内で振動させたものを**単振り子**という。

糸の長さを l〔m〕，小球の質量を m〔kg〕とする。小球にはたらく力は，糸が引く力（大きさ S〔N〕）と重力（大きさ mg〔N〕）であり，糸が引く力は小球の運動方向に垂直である。

小球を最下点 O へ引きもどすはたらきをするのは，重力の接線方向の成分 F〔N〕である（右図）。糸が鉛直方向となす角を θ〔rad〕（反時計回りを正），小球の点 O からの円弧にそった変位を x〔m〕（右向きを正）とする。振れが小さいとき，単振り子は一直線上を往復するとみなせるので

$$F = -mg\sin\theta \fallingdotseq -\frac{mg}{l}x \tag{83}$$

したがって，小球は F が復元力となって単振動をすると考えてよい。また，この振動の周期 T〔s〕は，(78)式で $K = \frac{mg}{l}$ とおくと

$$T = 2\pi\sqrt{\frac{l}{g}} \tag{84}$$

振れが小さいとき，周期は糸の長さと重力加速度の大きさだけで決まり，振幅に無関係である。これを，振り子の**等時性**という。

4 万有引力

A 惑星の運動

かつて人々は，太陽や惑星を含む天体は地球を中心に回転しているという**天動説**を信じていた。

16世紀半ば，コペルニクスは天動説に対し，地球も惑星も太陽を中心に円運動するという**地動説**を唱えた。地動説を用いると，惑星の複雑な運動を単純に説明することができる（**教** p.90 図 63）。その後，ケプラーは，惑星がだ円軌道を運行していることに気づいて，次の結論を得た。これを**ケプラーの法則**という（**教** p.91 図 64, 65）。

ケプラーの法則
第一法則　惑星は太陽を1つの焦点とするだ円上を運動する
第二法則　惑星と太陽とを結ぶ線分が単位時間当たりに通過する面積は一定である（面積速度一定の法則）
第三法則　惑星の公転周期 T の2乗と軌道だ円の長半径（半長軸の長さ）a の3乗の比は，すべての惑星で一定になる $$\frac{T^2}{a^3} = k \quad (k \text{ は定数}) \tag{85}$$

B　万有引力

　ケプラーの法則の発見から約半世紀後，ニュートンは，惑星の公転は惑星に太陽が引力を及ぼすためと考えた。

▲太陽が惑星に及ぼす力

　右図のように，惑星の公転軌道を近似的に円と考えると，ケプラーの第二法則から，惑星は等速円運動をする。太陽が惑星に及ぼす力 F 〔N〕が向心力であるから，惑星の質量を m 〔kg〕，角速度を ω 〔rad/s〕，軌道半径を r 〔m〕とすると，運動方程式

$$mr\omega^2 = F \qquad (86)$$

が成りたつ。ここで，公転周期を T 〔s〕とすると，(61)式より $\omega = \dfrac{2\pi}{T}$ であるから，これを(86)式に代入すると

$$mr\left(\frac{2\pi}{T}\right)^2 = F \qquad (87)$$

となる。さらにケプラーの第三法則より

$$\frac{T^2}{r^3} = k \quad (k \text{ は定数}) \qquad (88)$$

が成りたつので，(87)，(88)式より

$$F = mr\frac{4\pi^2}{kr^3} = \frac{4\pi^2}{k}\cdot\frac{m}{r^2} \qquad (89)$$

となり，惑星にはたらく向心力の大きさ F は，惑星の質量 m に比例し，軌道半径 r の2乗に反比例することがわかる。一方，作用反作用の法則から考えると，太陽も惑星から，大きさが等しく向きが反対の引力を受けており，それは太陽の質量にも比例していると考えられる。この引力はすべての物体の間ではたらくので，**万有引力**といわれる。ニュートンは，

2つの物体が及ぼしあう万有引力の大きさ F は，2物体の
質量 m_1，m_2 の積に比例し，距離 r の2乗に反比例する

と結論づけた。これを**万有引力の法則**といい，(91)式で表される。G は物体によらない定数で，**万有引力定数**とよばれる。

$$G = 6.67 \times 10^{-11} \text{N·m}^2\text{/kg}^2 \qquad (90)$$

万有引力の法則

$$F = G\frac{m_1 m_2}{r^2} \qquad (91)$$

F 〔N〕	万有引力の大きさ
G 〔N·m²/kg²〕	万有引力定数
m_1，m_2 〔kg〕	物体1と2の質量
r 〔m〕	物体1と2の距離

C 重力

地球が地球上の物体に及ぼす引力は，地球各部が及ぼす万有引力の合力で，これは地球の全質量が地球の中心(重心)に集まったときに及ぼす万有引力に等しい。

物体を地上から見ると，物体には万有引力のほかに，地球の自転による遠心力がはたらくが，万有引力に比べ無視できるほど小さいので，通常は，重力は万有引力と等しく，重力の方向(鉛直線)は地球の中心を通る，と考えてよい。

地球を質量 M〔kg〕，半径 R〔m〕の球とし，地上での重力加速度の大きさを g〔m/s²〕とする。地上の質量 m〔kg〕の物体にはたらく重力は万有引力と等しいと考えると，(91)式より

$$mg = G\frac{Mm}{R^2} \tag{92}$$

となる。したがって，次の式が得られる。

$$g = \frac{GM}{R^2} \quad\text{または}\quad GM = gR^2 \tag{93}$$

D 万有引力による位置エネルギー

重力がする仕事と同様に，万有引力がする仕事も経路に関係なく，始点と終点の位置だけで決まる。したがって，万有引力も保存力であり，位置エネルギー，すなわち**万有引力による位置エネルギー**を考えることができる(**教** p.97 図 68 ⓑ)。

万有引力による位置エネルギー

$$U = -G\frac{Mm}{r} \tag{94}$$

Point
無限遠を基準としているので無限遠で $U = 0$ となる。

U〔J〕	万有引力による位置エネルギー(基準点:無限遠)
G〔N·m²/kg²〕	万有引力定数
M, m〔kg〕	物体の質量
r〔m〕	物体(の重心)間の距離

E 万有引力を受ける物体の運動

❶力学的エネルギーの保存 質量 m〔kg〕の物体が，静止している質量 M〔kg〕の物体からの万有引力だけを受けて，速さ v〔m/s〕で運動しているときは，力学的エネルギー保存則が成りたつ。よって，物体間の距離を r〔m〕とすると，次の式が成りたつ。

$$\frac{1}{2}mv^2 + \left(-G\frac{Mm}{r}\right) = \text{一定} \tag{95}$$

❷宇宙速度　ニュートンは，物体を高い山から十分な大きさの初速度で水平に発射すると，地球のまわりを回り続けるであろうと考えた。その最小の初速度の大きさを**第一宇宙速度**（約7.91 km/s）という。

初速度が第一宇宙速度より大きくなると，物体の軌道はだ円を描くようになる。さらに初速度が大きくなると，物体は無限の遠方に飛んでいく。このときの最小の初速度の大きさを**第二宇宙速度**（約11.2 km/s）という。初速度の大きさが第二宇宙速度をこえると，軌道は双曲線になる。

───○ 問　題 ○───

問19
(教 p.65)　半径8.0 mの円周上を等速円運動する物体が5.0秒間で180°回転した。この物体の角速度 ω 〔rad/s〕，速さ v 〔m/s〕を求めよ。

考え方　角速度 ω は単位時間当たりの回転角のことで　$\omega = \dfrac{\theta}{t}$

　　　　　$v = r\omega$　（速さと半径と角速度の関係）

解説&解答　$t = 5.0\,\text{s}$ で $\theta = 180° = \pi$ 〔rad〕の回転だから

$$\omega = \frac{\theta}{t} = \frac{\pi}{5.0} = 0.20\pi \fallingdotseq \textbf{0.63 rad/s}　\boxed{答}$$

$$v = r\omega = 8.0 \times 0.20\pi = 1.6\pi \fallingdotseq \textbf{5.0 m/s}　\boxed{答}$$

問20
(教 p.66)　半径0.40 mの円周上を1分間に15回転する等速円運動を考える。このときの，周期 T 〔s〕，回転数 n 〔Hz〕，角速度 ω 〔rad/s〕，速さ v 〔m/s〕を求めよ。

考え方　周期 T と角速度 ω の関係は　$T = \dfrac{2\pi}{\omega}$　……①

　　　　　周期 T と回転数 n の関係は　$n = \dfrac{1}{T}$　……②

解説&解答　1分間に15回転するので　$T = \dfrac{60}{15} = \textbf{4.0 s}$　$\boxed{答}$

②式より　$n = \dfrac{1}{T} = \dfrac{1}{4.0} = \textbf{0.25 Hz}$　$\boxed{答}$

①式より　$\omega = \dfrac{2\pi}{T} = \dfrac{2\pi}{4.0} = 0.50\pi \fallingdotseq \textbf{1.6 rad/s}$　$\boxed{答}$

(60)式より　$v = r\omega = 0.40 \times 0.50\pi = 0.20\pi \fallingdotseq \textbf{0.63 m/s}$　$\boxed{答}$

問21
(教 p.67)　半径 5.0×10^2 m の円周上を，60 m/s の速さで等速円運動している飛行機の，角速度 ω 〔rad/s〕および加速度の大きさ a 〔m/s²〕を求めよ。

考え方　速さ v と半径 r，角速度 ω の関係は　$v = r\omega$　……①

　　　　　加速度の大きさ a と速さ v，角速度 ω の関係は　$a = v\omega$　……②

（解説&解答）　①式より　$\omega = \dfrac{v}{r} = \dfrac{60}{5.0 \times 10^2} = 0.12\,\text{rad/s}$　**答**

②式より　$a = v\omega = 60 \times 0.12 = 7.2\,\text{m/s}^2$　**答**

考 問22
（教 p.68）　等速円運動をしている物体の質量と，円運動の半径を変えずに，角速度や速さを2倍にするためには，何倍の向心力が必要か。

（考え方）　向心力 F と質量 m，角速度 ω，半径 r の関係は $F = mr\omega^2$　……①

（解説&解答）　①式に　$\omega = \dfrac{v}{r}$　を代入すると　$F = m\dfrac{v^2}{r}$　……②

①式より，角速度 ω を2倍にすると，向心力 F は，**4倍。**　**答**

②式より，速さ v を2倍にすると，向心力 F は，**4倍。**　**答**

例題12
（教 p.69）　自然の長さ 0.15 m，ばね定数 20 N/m の軽いばねの一端に質量 0.50 kg の小球を取りつけ，ばねの他端を中心にしてなめらかな水平面上で等速円運動をさせたところ，ばねの長さは 0.25 m となった。
(1) このときのばねの弾性力の大きさ F〔N〕を求めよ。
(2) 等速円運動の速さ v〔m/s〕，加速度の大きさ a〔m/s²〕，周期 T〔s〕を求めよ。

（考え方）　ばねの弾性力が，等速円運動の向心力の役割をしている。

（解説&解答）　(1) ばねの伸びは　$0.25 - 0.15 = 0.10\,\text{m}$

であるから，「$F = kx$」より

$F = 20 \times 0.10 = 2.0\,\text{N}$　**答**

(2) 等速円運動の中心方向の運動方程式

「$m\dfrac{v^2}{r} = F$」（⑥式）より

$0.50 \times \dfrac{v^2}{0.25} = 2.0$　よって

$v = \sqrt{\dfrac{2.0 \times 0.25}{0.50}} = 1.0\,\text{m/s}$　**答**

「$a = \dfrac{v^2}{r}$」（⑥式）より　$a = \dfrac{1.0^2}{0.25} = 4.0\,\text{m/s}^2$　**答**

「$T = \dfrac{2\pi r}{v}$」（⑥式）より　$T = \dfrac{2 \times 3.14 \times 0.25}{1.0} \fallingdotseq 1.6\,\text{s}$　**答**

類題12
（教 p.69）　水平なあらい回転台に置かれた質量 2.0 kg の物体が，回転台とともに半径 0.20 m の等速円運動をしている。物体と回転台との間の静止摩擦係数を 0.25，重力加速度の大きさを 9.8 m/s² とする。
(1) 等速円運動の角速度が 1.5 rad/s であるとき，物体にはたらく静止摩擦力の大きさ F〔N〕を求めよ。
(2) 角速度を徐々に大きくしていくと，物体が回転台上をすべり始めたとする。このときの角速度 $\omega_{\max}$〔rad/s〕を求めよ。

考え方 等速円運動の中心方向の運動方程式は $F = mr\omega^2$ ……①
最大摩擦力を F_0，静止摩擦係数を μ とすると
$F_0 = \mu N$ ……② である。

解説&解答 (1) 物体にはたらく静止摩擦力が向心力 F のはたらきをしているので，①式より
$$F = mr\omega^2 = 2.0 \times 0.20 \times 1.5^2 = \mathbf{0.90\,N} \quad 答$$

(2) すべり始める直前，向心力は最大摩擦力 F_0 となっている。
②式より $F_0 = \mu N = \mu mg = 0.25 \times 2.0 \times 9.8 = 4.9\,N$
したがって，①式より
$$2.0 \times 0.20 \times \omega_{max}^2 = 4.9 \quad よって \quad \omega_{max} = \mathbf{3.5\,rad/s} \quad 答$$

例題13 (教 p.70) 長さ l〔m〕の軽い糸の上端を固定し，下端につるした質量 m〔kg〕の小球を，水平面内で等速円運動させる（これを**円錐振り子**という）。糸が鉛直方向と θ の角をなすとき，糸が小球を引く力の大きさ S〔N〕と，小球の等速円運動の周期 T〔s〕をそれぞれ求めよ。重力加速度の大きさを g〔m/s²〕，円周率を π とする。

考え方 糸が引く力と重力の合力が，等速円運動の向心力の役割をしている。

解説&解答 等速円運動の半径を r〔m〕，角速度を ω〔rad/s〕とする。

小球には，重力 mg〔N〕と糸が引く力 S〔N〕がはたらき，小球はこの合力を向心力として水平面内を等速円運動している。よって，運動方程式は，次のようになる。

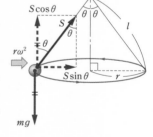

水平方向：$mr\omega^2 = S\sin\theta$ ……①
鉛直方向：$0 = S\cos\theta - mg$ ……②

②式より $S = \dfrac{mg}{\cos\theta}$〔N〕 答

これを①式に代入すると $mr\omega^2 = mg\tan\theta$

ここで，$r = l\sin\theta$ より $\omega = \sqrt{\dfrac{g}{l\cos\theta}}$

「$T = \dfrac{2\pi}{\omega}$」（(61)式）より $T = 2\pi\sqrt{\dfrac{l\cos\theta}{g}}$〔s〕 答

〈別解〉 **遠心力**（教 p.76）**を用いた考え方** 小球とともに回転する立場で考えると，小球にはたらく力は，重力 mg〔N〕，糸が引く力 S〔N〕，遠心力 $mr\omega^2$〔N〕であり，これらがつりあって静止しているように見える。

よって，力のつりあいの式は次のようになる。

水平方向：$S\sin\theta - mr\omega^2 = 0$

鉛直方向：$S\cos\theta - mg = 0$

これを解くと，同じ答えが得られる。

類題13
(教 p.70)

自然の長さ l 〔m〕，ばね定数 k 〔N/m〕の軽いばねの上端を固定し，下端につるした質量 m 〔kg〕の小球を水平面内で等速円運動させたところ，ばねは鉛直方向と θ の角をなしていたとする。このとき，ばねの伸び x 〔m〕と，小球の角速度 ω 〔rad/s〕をそれぞれ求めよ。重力加速度の大きさを g 〔m/s²〕とする。

考え方 弾性力と重力の合力が，等速円運動の向心力の役割をしている。

解説&解答 小球にはたらく力は右図のようになる。鉛直方向の運動方程式より

$$0 = kx\cos\theta - mg$$

よって $x = \dfrac{mg}{k\cos\theta}$ 〔m〕 **答**

等速円運動の半径を r 〔m〕とすると，水平方向の運動方程式は

$$mr\omega^2 = kx\sin\theta$$

これに半径 $r = (l+x)\sin\theta$ と x の式を代入すると

$$m\left(l + \frac{mg}{k\cos\theta}\right)\sin\theta\cdot\omega^2 = k\sin\theta\cdot\frac{mg}{k\cos\theta}$$

よって $\omega = \sqrt{\dfrac{kg}{kl\cos\theta + mg}}$ 〔rad/s〕 **答**

例題14
(教 p.74)

エレベーターの天井に軽いばねはかりを固定し，質量 0.50 kg の物体をつるした状態でエレベーターを上昇させた。エレベーターが(1)～(3)の状態で，エレベーター内から見て物体が静止していたとするとき，ばねはかりが示す目盛り F' 〔N〕を求めよ。重力加速度の大きさを 9.8 m/s² とする。

(1) 上向きの加速度(大きさ 0.80 m/s²)で加速中

(2) 等速度で上昇中

(3) 下向きの加速度(大きさ 0.80 m/s²)で減速中

考え方 エレベーター内の人から見ると，エレベーターの加速度の向きとは反対に慣性力がはたらくように見える。

第**①**編 力と運動

(解説&解答) エレベーター内の人から見た立場で考える。

(1) 物体には，ばねはかりが物体を引く弾性力
（上向き），重力（下向き），慣性力（下向き）の
3力がはたらき，これらがつりあって静止し
ているように見える。したがって，力のつり
あいより

$$F' - 0.50 \times 9.8 - 0.50 \times 0.80 = 0$$

よって

$$F' = 0.50 \times 9.8 + 0.50 \times 0.80 = \textbf{5.3N} \quad \boxed{答}$$

〈別解〉 地上に静止している人から見た立場で考えると，物体には，
ばねはかりが物体を引く力と重力がはたらき，物体はこの合力によ
って鉛直上向きに加速度 $0.80\,\text{m/s}^2$ で運動しているように見える。
よって，運動方程式より

$$0.50 \times 0.80 = F' + (-0.50 \times 9.8)$$

これを解くと，上と同じ答えが得られる。

(2) 慣性力がはたらかないので，ばねはかりの
目盛りは物体の重さ（重力の大きさ）を正しく
示す。よって

$$F' = 0.50 \times 9.8 = \textbf{4.9N} \quad \boxed{答}$$

(3) 慣性力は，(1)とは逆に上向きにはたらく。
(1)と同様に考えて

$$F' = 0.50 \times 9.8 - 0.50 \times 0.80$$
$$= \textbf{4.5N} \quad \boxed{答}$$

類題14
(教) p.74 エレベーターの天井に軽いばねを固定し，質量 $0.10\,\text{kg}$ の物体をつるした
状態でエレベーターを運動させたところ，ばねの伸びが $0.042\,\text{m}$ になり，
エレベーター内から見て物体が静止していたとする。ばねのばね定数を
$20\,\text{N/m}$，重力加速度の大きさを $9.8\,\text{m/s}^2$ とする。

(1) エレベーター内の人から見たときに，物体が受けているとみなせる慣
性力の大きさ $F\,[\text{N}]$ と向きを求めよ。

(2) エレベーターの加速度の大きさ $a\,[\text{m/s}^2]$ と向きを求めよ。

(考え方) 弾性力 F' とばねの伸び x の関係は，ばね定数を k とすると

$$F' = kx \quad \cdots\cdots①$$

(解説&解答) (1) 物体には，ばねはかりが物体を引く弾性力 F'，重力 mg，慣性
力 F の3力がはたらいている。下向きを正とすると

①式より　$F' = -kx = -20 \times 0.042 = -0.84\,\text{N}$

また，重力 $mg = 0.10 \times 9.8 = 0.98\,\text{N}$

3力がつりあっていることより　$F' + mg + F = 0$

したがって　$-0.84 + 0.98 + F = 0$

よって　$F = 0.84 - 0.98 = -0.14\,\text{N}$

大きさ **0.14 N**，向きは**鉛直上向き**　答

(2)　エレベーターの加速度の向きは，慣性力の逆向きであるから，**鉛直下向き**である。　答

地上に静止している人から見た立場で運動方程式を考える（下向きを正とする）と，物体にはたらく力は弾性力 F' と重力 mg の2力なので

$$0.10a = 0.98 - 0.84$$

よって，$a = \dfrac{0.14}{0.10} = 1.4\,\text{m/s}^2$　答

例題15
教 p.75

図のように，水平に等加速度直線運動をする電車の中で，天井から質量 m〔kg〕のおもりをつるした軽いひもが鉛直に対して θ 傾いて静止していた。このとき，ひもがおもりを引く力の大きさ S〔N〕，および，地上から見た電車の加速度の大きさ a〔m/s²〕をそれぞれ求めよ。重力加速度の大きさを g〔m/s²〕とする。

考え方　電車内の人から見ると，電車の加速度の向きとは反対に慣性力がはたらくように見える。

解説&解答　電車内の人から見た立場で考えると，おもりには，重力 $m\vec{g}$，ひもが引く力 $\vec{S}$，慣性力 $\vec{f}$ の3力がはたらき，これらがつりあって静止しているように見える。

地上の人から見た電車の加速度を $\vec{a}$ とすると，$\vec{f} = -m\vec{a}$ である。

よって，水平方向，鉛直方向の力のつりあいの式は次のようになる。

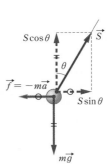

水平方向：$S\sin\theta - ma = 0$　……①
鉛直方向：$S\cos\theta - mg = 0$　……②

②式より　$S = \dfrac{mg}{\cos\theta}$〔N〕　答

これを①式に代入して整理すると

$$a = \frac{S\sin\theta}{m} = \frac{mg\sin\theta}{m\cos\theta} = g\tan\theta\,\text{〔m/s}^2\text{〕}　答$$

〈別解〉　地上に静止している人の立場で考えると，おもりには，重力 $m\vec{g}$ とひもが引く力 $\vec{S}$ がはたらき，おもりはこの合力によって水

平方向に加速度 $\vec{a}$ で運動しているように
見える。よって，運動方程式は

$$m\vec{a} = m\vec{g} + \vec{S}$$

となる。これを水平方向，鉛直方向につい
てそれぞれ書くと

水平方向：$ma = S\sin\theta$

鉛直方向：$0 = S\cos\theta - mg$

これを解くと，同じ答えが得られる。

類題15 （教 p.75）

水平に等加速度直線運動をする電車の中で，天井から軽いひもで質量 m 〔kg〕のおもりをつるし，静止させた。地上から見た電車の加速度の大きさを a 〔m/s²〕，重力加速度の大きさを g 〔m/s²〕とする。

(1) ひもが鉛直方向となす角を θ とするとき，$\tan\theta$ を求めよ。

(2) ひもがおもりを引く力の大きさ S 〔N〕を，m, a, g を用いて表せ。

考え方 電車内の人から見た立場で考えると，おもりにはたらく力は，重力，ひもがおもりを引く力，慣性力の3力である。

解説&解答 (1) 右図より

$$\tan\theta = \frac{ma}{mg} = \frac{a}{g} \quad \boxed{答}$$

(2) $S^2 = (mg)^2 + (ma)^2$ より

$$S = m\sqrt{g^2 + a^2} \ \text{〔N〕} \quad \boxed{答}$$

問23 （教 p.76）

半径 100 m の円形の道路上を，自動車が一定の速さ 54 km/h で進むとき，自動車に乗っている質量 60 kg の人にはたらく遠心力の大きさは何 N か。

考え方 遠心力の式「$f = m\dfrac{v^2}{r}$」（67式）を用いる。

解説&解答 速さは $54\,\text{km/h} = \dfrac{54\,\text{km}}{1\,\text{h}} = \dfrac{54 \times 10^3\,\text{m}}{3600\,\text{s}} = 15\,\text{m/s}$

67式より $f = 60 \times \dfrac{15^2}{100} = 135 ≒ \mathbf{1.4 \times 10^2\,N}$ $\boxed{答}$

例題16 （教 p.78）

図の半径 r 〔m〕のなめらかな半円筒の内面の最下点 A に向かって，質量 m 〔kg〕の小球を水平方向に速さ v_0 〔m/s〕ですべらせた。重力加速度の大きさを g 〔m/s²〕とする。

(1) 小球が図の点 B を通るときの速さ v_B 〔m/s〕と，面から受ける垂直抗力の大きさ N_B 〔N〕を求めよ。

(2) 小球が半円筒の最高点 C を通過するためには，v_0 がある大きさ v_{min} 以上である必要がある。v_{min} 〔m/s〕を求めよ。

(考え方) (2)　垂直抗力が0にならなければ，小球は面から離れない。

(解説&解答) (1)　点Aを含む水平面を重
力による位置エネルギーの
基準水平面とすると，点A
と点B間での力学的エネ
ルギー保存則より

$$\frac{1}{2}mv_0^2 = \frac{1}{2}mv_B^2$$
$$+ mgr(1 + \cos\theta)$$

よって　$v_B = \sqrt{v_0^2 - 2gr(1 + \cos\theta)}$ 〔m/s〕　……①　答

小球とともに円運動する立場で考えると，半円筒の中心方向には
たらく力のつりあいより

$$mg\cos\theta + N_B - m\frac{v_B^2}{r} = 0 \quad ……②$$

①，②式より　$N_B = m\dfrac{v_0^2}{r} - mg(2 + 3\cos\theta)$ 〔N〕　……③　答

(2)　点Cで小球が受ける垂直抗力の大きさ N_C〔N〕は，③式で $\theta = 0$

とおくと $\cos\theta = 1$ なので　$N_C = m\dfrac{v_0^2}{r} - 5mg$

$N_C \geqq 0$ であれば，小球は半円筒を離れずに点Cを通過できる。

よって　$m\dfrac{v_{min}^2}{r} - 5mg = 0$　より　$v_{min} = \sqrt{5gr}$〔m/s〕　答

(類題16) (教 p.78)　図のように，水平な床に固定された半径 r〔m〕のな
めらかな半円筒の頂点Aから質量 m〔kg〕の小球を
静かにすべらせたところ，図の点Bで小球は円筒
面を離れたとする。このとき，$\cos\theta_0$ の値を求めよ。

(考え方)　力学的エネルギー保存則を考える。

(解説&解答)　床を含む水平面を重力に
よる位置エネルギーの基
準水平面とする。点Bで
の小球の速さを v_B〔m/s〕，
重力加速度の大きさを g
〔m/s²〕とすると，点Aと
点B間での力学的エネ
ルギー保存則より

$$mgr = \frac{1}{2}mv_{\rm B}^2 + mgr\cos\theta_0$$

よって $v_{\rm B} = \sqrt{2gr(1 - \cos\theta_0)}$ ……①

小球とともに円運動する立場で考えると，点Bで小球にはたらく力は，重力，垂直抗力，遠心力，接線方向の慣性力である。垂直抗力を $N_{\rm B}$〔N〕とすると，半円筒の中心方向にはたらく力のつりあいより

$$m\frac{v_{\rm B}^2}{r} + N_{\rm B} - mg\cos\theta_0 = 0 \quad\text{……②}$$

①，②式より $N_{\rm B} = mg(3\cos\theta_0 - 2)$

小球は点Bで円筒面から離れたので，$N_{\rm B} = 0$ より $\cos\theta_0 = \dfrac{2}{3}$ 答

問24 （教 p.80） 時刻 t〔s〕における変位 x〔m〕が $x = 0.50\sin 4.0\pi t$ と表される単振動の，振幅 A〔m〕，周期 T〔s〕，振動数 f〔Hz〕をそれぞれ求めよ。

考え方 単振動の変位と時間の基本式 $x = A\sin\omega t$ と比較する。

解説&解答 $x = 0.50\sin 4.0\pi t = A\sin\omega t$

振幅 $A = \textbf{0.50 m}$ 答

角振動数 $\omega = 4.0\pi$〔rad/s〕 $= 2\pi f$ よって $f = \textbf{2.0 Hz}$ 答

周期 $T = \dfrac{1}{f} = \textbf{0.50 s}$ 答

問25 （教 p.81） 時刻 t〔s〕における変位 x〔m〕が $x = 2.0\sin 0.40t$ と表される単振動を考える。

(1) 時刻 t〔s〕における速度 v〔m/s〕と加速度 a〔m/s²〕を，t を用いて表せ。

(2) 速度が正の向きに最大になるときの変位 x_1〔m〕と加速度 a_1〔m/s²〕を求めよ。

(3) 加速度が正の向きに最大になるときの変位 x_2〔m〕と速度 v_2〔m/s〕を求めよ。

考え方 t〔s〕後における変位（座標）x〔m〕は $x = A\sin\omega t$

解説&解答 (1) $x = 2.0\sin 0.40t$ と，$x = A\sin\omega t$ を比較して

振幅 $A = 2.0$ m また，角振動数 $\omega = 0.40$ rad/s

よって，時刻 t〔s〕における速度 v〔m/s〕は

$v = A\omega\cos\omega t = 2.0 \times 0.40\cos 0.40t$

$= \textbf{0.80}\cos\textbf{0.40}\textit{t}$ **〔m/s〕** ……① 答

また，時刻 t〔s〕における加速度 a〔m/s²〕は

$a = -A\omega^2\sin\omega t = -2.0 \times 0.40^2 \times \sin 0.40t$

$= \textbf{-0.32}\sin\textbf{0.40}\textit{t}$ **〔m/s²〕** ……② 答

(2) 速度が最大になるのは，①式より $0.40t = 2\pi n$（n は整数）のときである。

このとき $x_1 = 2.0 \sin 2\pi n = \mathbf{0\,m}$ 答

$a_1 = -0.32 \sin 2\pi n = \mathbf{0\,m/s^2}$ 答

(3) 加速度が最大になるのは，②式より $0.40t = \dfrac{3\pi}{2} + 2\pi n$（$n$ は整数）のときである。

このとき $x_2 = 2.0 \sin\left(\dfrac{3\pi}{2} + 2\pi n\right) = \mathbf{-2.0\,m}$ 答

$v_2 = 0.80 \cos\left(\dfrac{3\pi}{2} + 2\pi n\right) = \mathbf{0\,m/s}$ 答

問26
(教 p.82)

一直線上を運動する質量 $0.30\,\text{kg}$ の物体が，変位 $x\,\text{[m]}$ のとき $F = -30x$ で表される力 $F\,\text{[N]}$ を受けて単振動をしている。この単振動の角振動数 ω [rad/s] と周期 $T\,\text{[s]}$ を求めよ。

（考え方） F は復元力である。単振動の運動方程式は，$ma = -Kx$ と表され，$K = 30\,\text{N/m}$ である。

（解説&解答） $\omega = \sqrt{\dfrac{K}{m}} = \sqrt{\dfrac{30}{0.30}} = \mathbf{10\,rad/s}$ 答

$T = \dfrac{2\pi}{\omega} = \dfrac{2\pi}{10} = 0.20\pi \fallingdotseq \mathbf{0.63\,s}$ 答

問27
(教 p.84)

ばね定数 $50\,\text{N/m}$ の軽いばねの一端に質量 $2.0\,\text{kg}$ の小球をつけたばね振り子を，なめらかな水平面上に置いて他端を固定し，ばねを伸ばしてから静かに手をはなす。このとき，小球の振動の周期 $T\,\text{[s]}$ を求めよ。

（考え方） ばね振り子の周期は $T = 2\pi\sqrt{\dfrac{m}{k}}$ ……①である。

（解説&解答） ①式に，$k = 50\,\text{N/m}$，$m = 2.0\,\text{kg}$ を代入すると

$T = 2\pi\sqrt{\dfrac{2.0}{50}} = \dfrac{2\pi}{5} = 0.40\pi \fallingdotseq \mathbf{1.3\,s}$ 答

問28
(教 p.84)

図のように，なめらかな水平面上の質量 $m\,\text{[kg]}$ の小球に，ばね定数 k_1，$k_2\,\text{[N/m]}$ の軽いばねが連結され，どちらも自然の長さである。小球を面にそって少し右に動かしてからはなしたときの，小球の振動の周期 $T\,\text{[s]}$ を求めよ。円周率を π とする。

ばね定数 k_1　質量 m　ばね定数 k_2

（考え方） 物体にはたらいている力を $F\,\text{[N]}$ とすると，運動方程式は

$F = ma = -kx$ （k は，正の定数）

（解説&解答） 小球の静止の位置を原点 O とし，右向きを正にとる。

小球にはたらく（水平向きの）力 F は，変位が $x\,\text{[m]}$ のとき

$F = -k_1 x - k_2 x = -(k_1 + k_2)x$

よって，単振動をする。

$T = 2\pi\sqrt{\dfrac{m}{k_1 + k_2}}\,\text{[s]}$ 答

第**①**編 力と運動

例題17
(教) p.86
軽いばねの一端に質量 0.80 kg の小球をつけたばね振り子を鉛直につるしたところ,ばねは 9.8 cm 伸びて静止した。重力加速度の大きさを $9.8\,\mathrm{m/s^2}$ とする。

(1) ばね定数 k〔N/m〕を求めよ。

(2) ばねが自然の長さになるように手で支えてから手を静かにはなしたところ,小球は単振動を始めた。このとき,単振動の振幅 A〔m〕,周期 T〔s〕,速さの最大値 v〔m/s〕を求めよ。

考え方 ばね振り子では,つりあいの位置が振動の中心となる。

解説&解答
(1) つりあいの位置での力のつりあいより
$$-k(9.8 \times 10^{-2}) + 0.80 \times 9.8 = 0$$
よって $k = \dfrac{0.80 \times 9.8}{9.8 \times 10^{-2}} = \mathbf{80\,N/m}$ **答**

(2) 小球はつりあいの位置を中心として単振動をする。よって,その振幅は
$$A = 9.8\,\mathrm{cm} = \mathbf{9.8 \times 10^{-2}\,m}$$ **答**

「$T = 2\pi\sqrt{\dfrac{m}{k}}$」(⑧式)より
$$T = 2\pi\sqrt{\dfrac{0.80}{80}} \fallingdotseq \mathbf{0.63\,s}$$ **答**

※ $m = 0.80\,\mathrm{kg}$, $g = 9.8\,\mathrm{m/s^2}$, $x_0 = 9.8 \times 10^{-2}\,\mathrm{m}$

速さの最大値は「$A\omega\left(\omega = \sqrt{\dfrac{k}{m}}\right.$ は角振動数$\left.\right)$」で与えられるから
$$v = (9.8 \times 10^{-2}) \times \sqrt{\dfrac{80}{0.80}} = \mathbf{0.98\,m/s}$$ **答**

〈別解〉 v は力学的エネルギー保存則を用いて求めることもできる。自然の長さの位置と,振動の中心(つりあいの位置)の間での力学的エネルギー保存則より(振動の中心を重力による位置エネルギーの基準水平面とする)
$$0.80 \times 9.8 \times (9.8 \times 10^{-2})$$
$$= \dfrac{1}{2} \times 0.80 \times v^2 + \dfrac{1}{2} \times 80 \times (9.8 \times 10^{-2})^2$$
これを解くと v が求められる。

類題17
(教) p.86
ばね定数 k〔N/m〕の軽いばねの一端に,質量 m〔kg〕の小球をつけたばね振り子を鉛直につるした。重力加速度の大きさを g〔m/s²〕とする。

(1) 小球がつりあいの位置で静止しているときのばねの伸び x_0〔m〕を求めよ。

(2) ばねの伸びを $3x_0$〔m〕にし,手を静かにはなしたところ,小球は単振動を始めた。このとき,単振動の振幅 A〔m〕,周期 T〔s〕,速さの最大値 v〔m/s〕を,k,m,g で表せ。円周率を π とする。

考え方 小球はつりあいの位置を中心として単振動をする。

解説&解答 (1) 小球にはたらく重力とばねからの力の2力はつりあっているから(右図②)

$$mg - kx_0 = 0$$

よって

$$x_0 = \frac{mg}{k} \ \text{[m]} \quad \boxed{答}$$

(2) 小球はつりあいの位置(同図②)を中心として単振動するので,その振幅Aは

$$A = 3x_0 - x_0 = 2x_0 = \frac{2mg}{k} \ \text{[m]} \quad \boxed{答}$$

$$T = 2\pi\sqrt{\frac{m}{k}} \ \text{[s]} \quad \boxed{答}$$

$$v = A\omega = A \cdot \frac{2\pi}{T} = \frac{2mg}{k} \cdot 2\pi \cdot \frac{1}{2\pi}\sqrt{\frac{k}{m}}$$

$$= 2g\sqrt{\frac{m}{k}} \ \text{[m/s]} \quad \boxed{答}$$

問29
(教 p.88) 糸の長さが5.0mである単振り子の周期は何秒か。重力加速度の大きさを9.8m/s² とする。

考え方 単振り子の長さと周期の関係は,次の式で表される。

$$T = 2\pi\sqrt{\frac{l}{g}} \quad \cdots\cdots ①$$

解説&解答 ①式より $T = 2\pi\sqrt{\dfrac{5.0}{9.8}} = \dfrac{10}{7}\pi \fallingdotseq 4.5\,\text{s}$ **答**

考 問30
(教 p.88) 月面での重力加速度の大きさは,地球上のおよそ6分の1である。月面で単振り子を振らせたときの周期は,同じ単振り子を地球上で振らせたときの周期のおよそ何倍になるか。答えの根号はそのままでよい。

考え方 問29の単振り子の長さと周期の関係の①式で考える。重力加速度が大きくなるほど,周期は短くなる。

解説&解答 地球上と月面での重力加速度の大きさをそれぞれg, g' [m/s²]とし,単振り子の地球上と月面での周期をそれぞれT, T' [s]とすると

$$T = 2\pi\sqrt{\frac{l}{g}}, \quad T' = 2\pi\sqrt{\frac{l}{g'}} = 2\pi\sqrt{\frac{l}{g/6}} = 2\pi\sqrt{\frac{6l}{g}} = \sqrt{6}\,T$$

したがって $\sqrt{6}$ **倍** **答**

第①編 力と運動

問31
(教 p.92)
図のようなだ円軌道を周回する物体を考える。太陽から図の点 P までの距離を 1.5 天文単位，点 Q までの距離を 2.5 天文単位とする。このとき，物体が点 Q を通過するときの速さは，点 P を通過するときの速さの何倍か。

考え方 太陽と物体を結ぶ線分の長さを r，物体の速度の大きさを v，線分と速度がなす角を θ とすると，ケプラーの第二法則より，面積速度 $\dfrac{1}{2}rv\sin\theta$ ……① が一定である。物体は太陽に近づくほど速さを増す。

解説&解答 点 Q，P での物体の速さをそれぞれ v_Q，v_P とし，太陽から点 Q，P までの距離をそれぞれ r_Q，r_P〔天文単位〕とする。点 Q と点 P における面積速度が等しいから，①式より

$$\frac{1}{2}r_Q v_Q \sin 90° = \frac{1}{2}r_P v_P \sin 90°$$

したがって $\dfrac{r_P}{r_Q} = \dfrac{v_Q}{v_P}$

$\dfrac{r_P}{r_Q} = \dfrac{1.5}{2.5}$ であるから $\dfrac{v_Q}{v_P} = \dfrac{r_P}{r_Q} = \dfrac{1.5}{2.5} = $ **0.60 倍** 答

問32
(教 p.92)
ハレー彗星は，太陽を1つの焦点とするだ円軌道上を運動する。軌道だ円の長半径を 18 天文単位とする。地球の公転軌道の長半径が 1.0 天文単位，公転周期が 1.0 年であることを用いて，ハレー彗星の公転周期が何年になるか求めよ。

考え方 ケプラーの第三法則より，惑星の公転周期 T と軌道だ円の長半径 a（半長軸の長さ）の関係は，次の式で表される。

$$\left\lceil \frac{T^2}{a^3} = k \quad (k \text{ は定数}) \right\rfloor \quad \text{……①}$$

解説&解答 ハレー彗星と地球の公転周期をそれぞれ T_H，$T_E (= 1.0 \text{ 年})$ とし，軌道だ円の長半径をそれぞれ $a_H (= 18 \text{ 天文単位})$，$a_E (= 1 \text{ 天文単位})$ とする。

①式から $\dfrac{T_H^2}{a_H^3} = \dfrac{T_E^2}{a_E^3}$

これに，数値を代入して $\dfrac{T_H^2}{18^3} = \dfrac{1.0^2}{1.0^3}$

よって $T_H = \sqrt{18^3} = 54\sqrt{2} \fallingdotseq $ **76 年** 答

第❶編 力と運動

問33
(教 p.94)

質量 2.0×10^{30} kg の太陽と質量 6.0×10^{24} kg の地球とが及ぼしあう万有引力の大きさは何 N か。地球と太陽の距離を 1.5×10^{11} m，万有引力定数を 6.7×10^{-11} N·m²/kg² とする。

考え方 万有引力の法則((91)式)を用いる。

解説&解答 $F = G\dfrac{m_1 m_2}{r^2} = (6.7 \times 10^{-11}) \times \dfrac{(2.0 \times 10^{30}) \times (6.0 \times 10^{24})}{(1.5 \times 10^{11})^2}$

$\fallingdotseq 3.6 \times 10^{22}$ N 答

考 問34
(教 p.96)

火星の半径は地球の半径の 0.5 倍，火星の質量は地球の質量の 0.1 倍であるとする。地球上での重力加速度の大きさを g [m/s²] として，火星の表面上での重力加速度の大きさ g' [m/s²] は g の何倍になるか求めよ。

考え方 地上の物体にはたらく重力が万有引力と等しいとして得られた式(93)を用いる。

解説&解答 地球と火星の質量を M, M' [kg]，半径を R, R' [m]，万有引力定数 G [N·m²/kg²] とすると

$$g = \frac{GM}{R^2}, \quad g' = \frac{GM'}{R'^2} \qquad \text{よって} \quad \frac{g'}{g} = \frac{M'}{M}\left(\frac{R}{R'}\right)^2$$

ここで，$R' = 0.5R$, $M' = 0.1M$ より $\dfrac{g'}{g} = \dfrac{0.1}{0.5^2} = 0.4$

よって **0.4 倍** 答

例題18
(教 p.96)

惑星が，質量 M [kg] の太陽を中心として半径 r [m] の等速円運動をしているとする。このとき，惑星の等速円運動の速さ v [m/s] と周期 T [s] を求めよ。万有引力定数を G [N·m²/kg²]，円周率を π とする。

考え方 万有引力「$F = G\dfrac{m_1 m_2}{r^2}$」が向心力となり，惑星は半径 r の等速円運動をする。

解説&解答 惑星の質量を m [kg] とする。

万有引力が向心力となっているので，運動方程式「$m\dfrac{v^2}{r} = F$」((65)式)，および万有引力の式「$F = G\dfrac{m_1 m_2}{r^2}$」((91)式)より

$$m\frac{v^2}{r} = G\frac{Mm}{r^2} \qquad \text{よって} \quad v = \sqrt{\frac{GM}{r}} \text{ [m/s]} \quad 答$$

「$T = \dfrac{2\pi r}{v}$」((61)式)より $T = 2\pi r\sqrt{\dfrac{r}{GM}}$ [s] 答

類題18
(教 p.96)

半径 R [m] の地球を中心として，等速円運動をしている人工衛星がある。等速円運動の半径を r [m]，周期を T [s] とすると，ケプラーの第三法則より，「$\dfrac{T^2}{r^3} = k$」(k は定数)が成りたつ。地上での重力加速度の大きさを g [m/s²]，円周率を π として，定数 k を R, g を用いて表せ。

(考え方) 等速円運動の速さを求め，周期 T を r を用いて表す。

(解説&解答) 地球の質量を M〔kg〕，人工衛星の質量を m〔kg〕，等速円運動の速さを v〔m/s〕とする。万有引力が向心力となっているので，万有引力定数を G〔N·m²/kg²〕として，運動方程式は

$$m\frac{v^2}{r} = G\frac{Mm}{r^2} \quad より \quad v = \sqrt{\frac{GM}{r}}\,〔m/s〕$$

よって $\quad T = \frac{2\pi r}{v} = 2\pi r\sqrt{\frac{r}{GM}}$〔s〕

したがって $\quad k = \frac{T^2}{r^3} = \frac{4\pi^2}{GM}$〔s²/m³〕

「$GM = gR^2$」（93式）より

$$k = \frac{4\pi^2}{GM} = \frac{4\pi^2}{gR^2}\,〔s²/m³〕 \quad 答$$

考 **問35**
（教 p.96）静止衛星とは，地上から見て静止しているように見える人工衛星であり，静止衛星の周期は 24 時間となる。静止衛星より高い高度で等速円運動する人工衛星と，低い高度で等速円運動する人工衛星の周期は，静止衛星の周期と比べてそれぞれどうなるだろうか。理由とともに答えよ。

(考え方) 静止衛星の周期は，地球の自転周期と一致している必要がある。

(解説&解答) **ケプラーの第三法則より，円運動の半径が大きいほど，周期も大きくなる。よって，静止衛星より高い高度の人工衛星の周期は，静止衛星の周期より大きく，低い高度の人工衛星の周期は，静止衛星より り小さい。 答**

例題19
（教p.100）地球の半径を R〔m〕，重力加速度の大きさを g〔m/s²〕とする。
(1) 地球の表面すれすれの円軌道を回っている物体の速さ（第一宇宙速度） v_1〔m/s〕を求めよ。
(2) 地上から打ち上げた人工衛星が，無限の遠方へ飛んでいくための最小の初速度の大きさ（第二宇宙速度） v_2〔m/s〕を求めよ。

(考え方) (1) 物体は万有引力を向心力として等速円運動している。
(2) 無限の遠方に飛んでいくためには，無限遠で速さが 0 以上であればよい。

(解説&解答) (1) 地球の質量を M〔kg〕，物体の質量を m〔kg〕とする。
万有引力が向心力となり，地表での万有引力は重力 mg と等しいので，運動方程式「$m\frac{v^2}{r} = F$」（65式）より

$$m\frac{v_1^2}{R} = mg \quad よって \quad v_1 = \sqrt{gR}\,〔m/s〕 \quad 答$$

注）$g = 9.8$ m/s²，$R = 6.4 \times 10^6$ m を代入すると
$$v_1 = \sqrt{9.8 \times (6.4 \times 10^6)} \fallingdotseq 7.9 \times 10^3\,m/s = 7.9\,km/s$$

(2)　無限遠の地点で速さが 0 にな
ればよい。
無限遠の地点を万有引力による
位置エネルギーの基準点とし，
人工衛星の質量を m〔kg〕とす
ると，力学的エネルギー保存則
「$\frac{1}{2}mv^2+\left(-G\frac{Mm}{r}\right)=$ 一定」
((95)式）より

$$\frac{1}{2}mv_2^2+\left(-G\frac{Mm}{R}\right)=0$$

よって　$v_2=\sqrt{\dfrac{2GM}{R}}$〔m/s〕

これに「$GM=gR^2$」((93)式）を代入して
$$v_2=\sqrt{2gR}\,\textbf{(m/s)}\quad\boxed{答}$$
注) $g=9.8\,\text{m/s}^2,\ R=6.4\times10^6\,\text{m}$ を代入すると
$$v_2=\sqrt{2\times9.8\times(6.4\times10^6)}\fallingdotseq1.1\times10^4\,\text{m/s}=11\,\text{km/s}$$

類題19
(教p.100)

質量 m〔kg〕の人工衛星が，地球を中心として半径 r〔m〕の円軌道を回って
いる。地球の質量を M〔kg〕，万有引力定数を G〔N·m²/kg²〕とし，無限遠
を万有引力による位置エネルギーの基準点とする。
(1)　人工衛星がもつ運動エネルギー K〔J〕と，万有引力による位置エネル
ギー U〔J〕を求めよ。
(2)　軌道上で人工衛星にエネルギーを与えて瞬間的に加速させ，地球から
無限の遠方へ飛ばすことを考える。このとき，人工衛星に与えるべき最
小のエネルギー E〔J〕を求めよ。

考え方　(1)　万有引力を向心力として，運動方程式を立てる。
(2)　例題19(2)と同様に，無限遠の地点を基準点として，力学的エ
ネルギー保存則を用いる。

解説&解答　(1)　人工衛星の速さを v〔m/s〕として，(65)，(91)式より運動方程式を
立てると
$$m\frac{v^2}{r}=G\frac{Mm}{r^2}\quad よって\quad v=\sqrt{\frac{GM}{r}}\,\text{(m/s)}$$
したがって　$K=\dfrac{1}{2}mv^2=\dfrac{1}{2}m\cdot\dfrac{GM}{r}=\boldsymbol{G\dfrac{Mm}{2r}}\textbf{(J)}\quad\boxed{答}$

また　$U=\boldsymbol{-G\dfrac{Mm}{r}}\textbf{(J)}\quad\boxed{答}$

(2)　無限遠の地点で人工衛星の力学的エネルギーが 0J になればよ
いから
$$G\frac{Mm}{2r}+\left(-G\frac{Mm}{r}\right)+E=0\quad よって\quad E=\boldsymbol{G\frac{Mm}{2r}}\textbf{(J)}\quad\boxed{答}$$

第①編 力と運動

思考学習　人工衛星の公転周期と地上からの高さ　数 p.102

次の表は，S さんが地球の周囲を回る人工衛星のデータを調べてまとめたものである。S さんは，「人工衛星は地球を中心とした等速円運動をしている」と仮定して，人工衛星の運動について考察した。

人工衛星	質量(kg)	地上からの高さ(km)	公転周期(分)
A	1.7×10^3	5.5×10^2	96
B	1.5×10^3	2.0×10^4	720
C	2.4×10^3	3.6×10^4	1440

考察1　地上から見て静止しているように見える人工衛星を静止衛星という。静止衛星は A 〜 C のうちどれと考えられるか。理由とともに答えよ。

考察2　S さんは，運動方程式を立てて，人工衛星の運動を考察しようと考えた。人工衛星の運動方程式を書け。ただし，人工衛星の質量を m〔kg〕，地上からの高さを h〔m〕，公転周期を T〔s〕とし，地球の質量を M〔kg〕，半径を R〔m〕，また，万有引力定数を G〔N・m²/kg²〕，円周率を π とする。

また，運動方程式を整理すると，次の式が得られる。空欄(ア)〜(ウ)を式または数値で埋めよ。

$$\frac{T^{\boxed{ア}}}{(h+R)^{\boxed{イ}}} = \boxed{ウ}$$

考察3　考察2の運動方程式を整理して得られた式より，S さんは人工衛星の周期 T について考察した。次のうち，適切な考察を選べ。

〔選択肢〕
①地上からの高さ h だけで決まり，高さ h が大きいほど周期 T は短くなる
②地上からの高さ h だけで決まり，高さ h が小さいほど周期 T は短くなる
③人工衛星の質量 m と地上からの高さ h によって決まり，質量 m が小さいほど，また，高さ h が小さいほど周期 T は短くなる

考察4　考察3と表より，静止衛星の地上からの高さについてどのようなことがいえるか。理由とともに説明せよ。

考え方　万有引力による等速円運動では，周期が決まると，半径も 1 つに定まる。静止衛星の公転周期は地球の自転周期と等しいことから，運動方程式を用いて半径について考察する。

解説&解答　**考察1**　静止衛星が地上から見て静止しているように見えるのは，地球の自転周期と同じ周期で，地球のまわりを公転しているからである。地球の自転周期は
24(時間) × 60(分) = 1440(分)
なので，人工衛星 C が静止衛星と考えられる。　**答**

第
①
編

力と運動

考察2　等速円運動の半径は $r = h + R$ 〔m〕と表される。等速円運
動の角速度を ω 〔rad/s〕とすると，等速円運動の運動方程式
「$mr\omega^2 = F$」，および万有引力の式「$F = G\dfrac{Mm}{r^2}$」より

$$m \cdot (h + R) \cdot \omega^2 = G\frac{Mm}{(h + R)^2}$$

これに $\omega = \dfrac{2\pi}{T}$ を代入すると

$$m \cdot (h + R) \cdot \left(\frac{2\pi}{T}\right)^2 = G\frac{Mm}{(h + R)^2} \quad \boxed{答}$$

よって　$\dfrac{T^2}{(h + R)^3} = \dfrac{4\pi^2}{GM}$ ……ⓐ

$\boxed{答}$　(ア) 2　(イ) 3　(ウ) $\dfrac{4\pi^2}{GM}$

考察3　ⓐ式の右辺と地球の半径 R は定数であるから，公転周期
T は地上からの高さ h だけで決まる。また，h が小さいほ
ど T は短くなる。よって　② $\boxed{答}$

考察4　**考察3**より，公転周期 T が決まれば，地上からの高さ h
が1つに定まる。静止衛星の公転周期は，必ず地球の自転
周期 (1日) に等しいので，地上からの高さもすべて等しく，
表より，その高さは 3.6×10^4 km であることがわかる。 $\boxed{答}$

 演 習 問 題　　　　　　　　　　　　　　　　　 📖 **p.103 ～ p.104**

1　自然の長さ 0.10 m，ばね定数 30 N/m の軽いばね
の一端に質量 0.50 kg の小球を取りつけ，ばねの他
端を中心にしてなめらかな水平面上で等速円運動を
させた。このときの角速度が 6.0 rad/s であったと
きの，ばねの伸び x 〔m〕を求めよ。

考え方　等速円運動の運動方程式は，$mr\omega^2 = F$ ……① である。

解説&解答　このときの小球の円運動の半径を r 〔m〕として，運動方程式を立て
ると，①式より，$mr\omega^2 = F$ である。
この式に，$m = 0.50$ kg，$r = (0.10 + x)$ 〔m〕，$\omega = 6.0$ rad/s，
$F = kx = 30x$ 〔N〕を代入して

$$0.50 \times (0.10 + x) \times 6.0^2 = 30x \quad よって\quad x = \mathbf{0.15}\,\mathbf{m} \quad \boxed{答}$$

2 図のように，電車内の水平な床の上に傾きの角 θ のなめらかな斜面を固定して置き，その上に台車をのせる。地面に静止した人から見た電車の加速度を a〔m/s²〕（右向きを正とする），重力加速度の大きさを g〔m/s²〕とする。

(1) 車内の人から見たときの，台車の斜面方向の加速度 a'〔m/s²〕を求めよ。斜面方向下向きを正の向きとする。

(2) 電車の加速度 a がある値 a_0 であったとき，車内の人から見て台車は静止しているように見えた。a_0〔m/s²〕を求めよ。

考え方 慣性力がはたらいている場合の運動方程式は

$$ma' = F + (-ma) \quad \cdots\cdots ① \quad である。$$

解説&解答 (1) 台車の質量を m〔kg〕とする。
電車内の人から見ると台車には，右図のように，重力 mg〔N〕，慣性力 ma〔N〕，斜面からの垂直抗力 N〔N〕の3力がはたらいている。

斜面方向の成分の和は $(mg\sin\theta - ma\cos\theta)$〔N〕であるから，運動方程式（①式）は

$$ma' = mg\sin\theta - ma\cos\theta$$

よって $a' = g\sin\theta - a\cos\theta$〔m/s²〕　**答**

(2) 車内の人から見て，台車が静止しているように見えるときは $a' = 0$ であり，このときの電車の加速度 a が求める a_0 である。

$$a' = g\sin\theta - a_0\cos\theta = 0 \quad よって \quad a_0 = g\tan\theta \text{〔m/s²〕} \quad \textbf{答}$$

3 点Oに固定した長さ $2r$〔m〕の軽い糸に，質量 m〔kg〕の小球をつける。糸がたるまないように小球を水平の位置Aまで持ち上げ，静かにはなす。小球が最下点Bを通る瞬間，糸はBの真上 r〔m〕の距離の点Cにある釘に触れ，その後，小球は点Cを中心とする円運動を始める。重力加速度の大きさを g〔m/s²〕とする。

(1) 小球が点Bを通るときの，小球の速さ v_B〔m/s〕を求めよ。

(2) 小球が点Bを通る直前の糸が小球を引く力の大きさ T_{B1}〔N〕と，点Bを通った直後の糸が小球を引く力の大きさ T_{B2}〔N〕を求めよ。

(3) 小球が点Dを通るときの，小球の速さ v_D〔m/s〕と糸が小球を引く力の大きさ T_D〔N〕を求めよ。鉛直方向と CD のなす角（図の∠BCD）を θ とする。

(4) 小球が点Eに達したとき，糸がたるんだとする。鉛直方向と CE のなす角（図の∠BCE）を θ_0 とするとき，$\cos\theta_0$ を求めよ（分数で答えてよい）。

考え方 点Aと点B，点D，点Eでの力学的エネルギー保存則を考える。

第❶編　力と運動

(解説&解答)　点 B を位置エネルギーの高さの基準水平面とする。

(1)　点 A，B での小球の力学的エネルギー保存則より

$$mg \times 2r = \frac{1}{2}mv_B^2 \qquad よって \quad v_B = 2\sqrt{gr} \text{ (m/s)} \quad 答$$

(2)　小球とともに円運動する立場で考えると，点 B を通る直前に

小球にはたらく遠心力は下向きで大きさ $m\dfrac{v_B^2}{2r}$ (N) で，点 B を通

過した直後に大きさ $m\dfrac{v_B^2}{r}$ (N) となる。

力のつりあいの式より

$$T_{B1} = mg + m\frac{v_B^2}{2r} = mg + m \cdot \frac{4gr}{2r} = 3mg \text{ (N)} \quad 答$$

$$T_{B2} = mg + m\frac{v_B^2}{r} = mg + m \cdot \frac{4gr}{r} = 5mg \text{ (N)} \quad 答$$

(3)　点 B を基準とした点 D の高さは

$r - r\cos\theta = r(1 - \cos\theta)$ (m) であるから

点 A と点 D との力学的エネルギー保存則より

$$mg \times 2r = mgr(1 - \cos\theta) + \frac{1}{2}mv_D^2$$

よって　$v_D = \sqrt{2gr(1 + \cos\theta)}$ (m/s)　答

円運動の中心方向の運動方程式は

$$m\frac{v_D^2}{r} = T_D - mg\cos\theta$$

よって　$T_D = mg(2 + 3\cos\theta)$ (N)　答

(4)　小球が点 E に達したとき，糸を引く力が 0 となるから

$$mg(2 + 3\cos\theta_0) = 0 \qquad よって \quad \cos\theta_0 = -\frac{2}{3} \quad 答$$

4　図のように，傾きの角 θ のなめらかな斜面上にば
ね定数 k (N/m) の軽いばねの一端を固定し，他端に
質量 m (kg) の小球をつなぐ。小球は斜面の方向に
そってのみ運動するとする。また，重力加速度の大
きさを g (m/s²) とする。

(1)　小球が斜面上に静止しているときのばねの伸び
x_0 (m) を求めよ。

(2)　ばねの伸びが x (m) であるとき，小球にはたらく斜面方向の力 F (N) を k，x，
x_0 を用いて表せ。斜面方向下向きを正とする。

(3)　小球を手で支え，ばねを自然の長さにしてから手を静かにはなすと，小球は振
動を始めた。このとき，振動の周期 T (s) と，小球の速さの最大値 v_{max} (m/s) を m，
k，x_0 を用いて表せ。円周率を π とする。

(考え方)　斜面に静止しているとき，小球にはたらく重力の斜面方向の成分と，
　　　　　ばねから受ける力がつりあっている。

(解説&解答)　(1)　小球にはたらく重力の斜面方向の成分は　$mg\sin\theta$〔N〕で，こ
れとばねから受ける力 kx_0〔N〕とでつりあっているから

$$mg\sin\theta - kx_0 = 0 \quad よって \quad x_0 = \frac{mg\sin\theta}{k}〔\text{m}〕 \ 答$$

(2)　$F = mg\sin\theta - kx = kx_0 - kx = -\,k(x - x_0)$〔N〕 答

(3)　(2)で求めた F の式から，このときの小球の運動は，$x = x_0$〔m〕
を振動の中心とした，振幅 x_0〔m〕，周期 $T = 2\pi\sqrt{\dfrac{m}{k}}$〔s〕の単振動
であることがわかる。

$$v_{\max} = x_0\omega = x_0\cdot\frac{2\pi}{T} = x_0\cdot 2\pi\cdot\frac{1}{2\pi}\cdot\sqrt{\frac{k}{m}}$$
$$= x_0\sqrt{\frac{k}{m}}〔\text{m/s}〕 \ 答$$

5　図のように，地球(質量 M〔kg〕)のまわりを
半径 r〔m〕の円状の軌道1で周回する人工衛星
(質量 m〔kg〕)がある。軌道1上の点Pにおい
て，人工衛星にエネルギーを与えて瞬間的に加
速したところ，人工衛星は地球を焦点とするだ
円状の軌道2に移行した。万有引力定数を
G〔N・m²/kg²〕とする。

(1)　軌道1を周回しているときの，人工衛星の
速さ v_1〔m/s〕と周期 T_1〔s〕を求めよ。円周率を π とする。
(2)　軌道2に移行後の人工衛星の周期 T_2〔s〕は T_1 の何倍か。
(3)　軌道2に移行後，図の点P，Qでの人工衛星の速さをそれぞれ v_{P}，v_{Q}〔m/s〕と
する。このとき，v_{P} は v_{Q} の何倍か。
(4)　v_{P}，v_{Q} を求めよ。
(5)　軌道1から軌道2に移行する際に人工衛星に与えたエネルギー E〔J〕を求めよ。

(考え方)　軌道1では等速円運動をしている。軌道2の周期はケプラーの第三
法則から，速さはケプラーの第二法則と力学的エネルギー保存則か
ら求める。

(解説&解答)　(1)　万有引力が向心力となっているので，運動方程式より

$$m\frac{v_1^{\,2}}{r} = G\frac{Mm}{r^2} \quad よって \quad v_1 = \sqrt{\frac{GM}{r}}〔\text{m/s}〕 \ 答$$

また　$T_1 = \dfrac{2\pi r}{v_1} = 2\pi r\sqrt{\dfrac{r}{GM}}$〔s〕 答

(2)　軌道2の長半径は $\dfrac{3r + r}{2} = 2r$〔m〕であるから，ケプラーの第
三法則より

$$\frac{T_1^{\,2}}{r^3} = \frac{T_2^{\,2}}{(2r)^3} \quad これより \quad \frac{T_2}{T_1} = 2\sqrt{2} \quad よって \quad \boldsymbol{2\sqrt{2}\ 倍} \ 答$$

(3)　ケプラーの第二法則より，点 P，Q における面積速度は等しいので

$$\frac{1}{2}rv_P = \frac{1}{2} \times 3r \times v_Q \qquad これより \quad \frac{v_P}{v_Q} = 3$$

よって　**3 倍**　答

(4)　点 P，Q での力学的エネルギーは等しいから

$$\frac{1}{2}mv_P^2 + \left(-G\frac{Mm}{r}\right) = \frac{1}{2}mv_Q^2 + \left(-G\frac{Mm}{3r}\right)$$

上式と，$v_P = 3v_Q$ より

$$v_P = \sqrt{\frac{3GM}{2r}}\,(\text{m/s}),\ v_Q = \sqrt{\frac{GM}{6r}}\,(\text{m/s})\quad 答$$

(5)　軌道 1，2 のときの力学的エネルギーをそれぞれ E_1，E_2〔J〕とすると

$$E_1 = \frac{1}{2}mv_1^2 + \left(-G\frac{Mm}{r}\right),\ E_2 = \frac{1}{2}mv_P^2 + \left(-G\frac{Mm}{r}\right)$$

よって

$$E = E_2 - E_1 = \frac{1}{2}mv_P^2 - \frac{1}{2}mv_1^2$$

$$= \frac{1}{2}m \cdot \frac{3GM}{2r} - \frac{1}{2}m \cdot \frac{GM}{r} = G\frac{Mm}{4r}\,(\text{J})\quad 答$$

考 考えてみよう！ ・・・・・・・・・・・・・・・・・・・・・・

6　高速道路のカーブで，路面が水平よりもやや傾いているのはなぜだろうか。また，その路面は，カーブの内側と外側のどちらが高くなるように傾いているだろうか。理由とともに説明してみよう。

考え方　車とともにカーブを曲がる立場で考え，遠心力を含めて路面に平行な方向の力について考える。

解説&解答　車とともにカーブを曲がる立場で考えると，車にはカーブの外側に向かって遠心力がはたらく。カーブの外側が高くなるように路面を傾けると，重力と遠心力の合力が路面に対して垂直に近づき，路面に平行でカーブの外側方向の力が小さくなり，車が外に飛び出しにくくなる。以上の理由により，路面は，カーブの外側が高くなるように傾いている。　答

第 1 章　気体のエネルギーと状態変化 教 p.106 〜 p.138

1 気体の法則

A 気体の圧力

気体が単位面積当たりに及ぼす力のことを，気体の**圧力**という。面積が S 〔m²〕の面を気体が大きさ F 〔N〕の力で押しているとき，圧力 p は次の式で表される。

$$p = \frac{F}{S} \tag{1}$$

面積 1 m² 当たりに 1 N の力が加わるときの圧力を **1 パスカル**（記号 **Pa**）という。1 Pa = 1 N/m² である。

気体の圧力のうち，特に大気による圧力を**大気圧**という。大気圧などは，**気圧**（記号 **atm**）という単位を用いて表すこともある。1 atm ≒ 1.013 × 10⁵ Pa である。

B ボイル・シャルルの法則

❶ボイルの法則　気体の圧力と体積の間には，次の関係が成りたつ。これを**ボイルの法則**という（**教 p.107 図2, 3**）。

　温度が一定のとき，一定質量の気体の体積 V は圧力 p に反比例する

$$pV = 一定 \tag{2}$$

❷シャルルの法則　0℃, t 〔℃〕のときの気体の体積をそれぞれ V_0 〔m³〕, V 〔m³〕とすると，次の式が成りたつ。

$$V = V_0 + \frac{t}{273}V_0 = \frac{273+t}{273}V_0 \tag{3}$$

ここで，絶対温度 T 〔K〕とセルシウス温度 t 〔℃〕の関係 $T = t + 273$ を用いると

$$V = \frac{T}{273}V_0 \quad より \quad \frac{V}{T} = \frac{V_0}{T_0} \quad （ただし \quad T_0 = 273） \tag{4}$$

つまり，次の関係が成りたつ。これを**シャルルの法則**という（**教 p.109 図4, 5**）。

　圧力が一定のとき，一定質量の気体の体積 V は絶対温度 T に比例する

$$\frac{V}{T} = 一定 \tag{5}$$

❸ボイル・シャルルの法則　ボイルの法則とシャルルの法則は，1 つにまとめて考えることができる。これを**ボイル・シャルルの法則**という。

　一定質量の気体の体積 V は，圧力 p に反比例し，絶対温度 T に比例する

分子間にはたらく力や分子の大きさが無視でき，ボイル・シャルルの法則に正確に従う気体を**理想気体**という。

ボイル・シャルルの法則

$$\frac{pV}{T} = 一定 \tag{6}$$

p〔Pa〕　圧力　　　V〔m³〕　体積
T〔K〕　絶対温度

C 理想気体の状態方程式

　原子・分子・イオンなどの粒子 6.02×10^{23} 個の集まりを 1 **モル**(記号 mol)といい,これを単位として表した物質の量を**物質量**という。また, 6.02×10^{23}/mol を**アボガドロ定数**という。

　温度と圧力が,それぞれ 273 K($= 0$ °C), 1.013×10^5 Pa($= 1$ atm)の状態において,物質量 1 mol 当たりの理想気体の体積は,気体の種類によらず 2.24×10^{-2} m³/mol($= 22.4$ L/mol)である。よって,物質量 n〔mol〕の理想気体を考えると

$$\frac{pV}{T} = \frac{(1.013 \times 10^5\,\text{Pa}) \times (2.24 \times 10^{-2}\,\text{m}^3/\text{mol} \times n)}{273\,\text{K}} \fallingdotseq 8.31\,\frac{\text{Pa·m}^3}{\text{mol·K}} \times n \tag{7}$$

ここで,定数 $R = 8.31\,\dfrac{\text{Pa·m}^3}{\text{mol·K}} = 8.31\,\text{J/(mol·K)}$ とおくと,(8)式が得られる。これを**理想気体の状態方程式**といい,R を**気体定数**という。

理想気体の状態方程式

$$pV = nRT \tag{8}$$

p〔Pa〕　圧力　　　　　V〔m³〕　体積　　　n〔mol〕　物質量
R〔J/(mol·K)〕　気体定数　　　T〔K〕　絶対温度

---

2 気体分子の運動

A 分子運動と圧力

　1 辺の長さ L〔m〕,体積 V〔m³〕($= L^3$)の立方体の容器に質量 m〔kg〕の分子 N 個からなる理想気体を入れる。**教** p.115 図 6 ⓐのように x, y, z 軸をとり,x 軸に垂直な壁 S が受ける圧力を考える。分子は,他の分子とは衝突せず,容器の壁に衝突するまでは等速直線運動をしていると仮定する。また,分子と壁との衝突は弾性衝突とし,衝突の前後で分子の速度の大きさは変わらないとする。

❶ 1 回の衝突で壁 S が分子から受ける力積　壁 S に衝突する直前の分子の速度を $\vec{v} = (v_x, v_y, v_z)$ とする(同図ⓑ)。衝突直後の分子の速度は $\vec{v}' = (-v_x, v_y, v_z)$ となる。よって,壁 S との衝突による分子の運動量の変化,すなわち,分子が壁 S から受ける力積は

$$m\vec{v}' - m\vec{v} = (-2mv_x,\ 0,\ 0) \tag{9}$$

作用反作用の法則より,壁 S は分子から反対向きの力積を受けるので,その大きさ

は $2mv_x$〔N·s〕で，壁と垂直な向き（x 軸の正の向き）である（同図ⓒ）。

❷分子が再び壁 S と衝突するまでの時間　x 軸方向のみに着目すると，壁 S と衝突した後，再び壁 S と衝突するまで，分子は距離 $2 \times L$〔m〕を速さ v_x〔m〕で進む。したがって，衝突の周期（同じ壁に再び衝突するまでの時間）は，$\dfrac{2L}{v_x}$〔s〕となる（**教 p.115 図 7**）。

❸壁 S が 1 つの分子から受ける平均の力　壁 S は，1 つの分子から $\dfrac{2L}{v_x}$ の周期で大きさ $2mv_x$ の力積を受ける。時間 t〔s〕の間に分子が壁 S に衝突する回数は

$t \div \dfrac{2L}{v_x} = \dfrac{v_x t}{2L}$ であるから，時間 t の間に壁 S が 1 つの分子から受ける力積の合計は

$$2mv_x \times \frac{v_x t}{2L} = \frac{mv_x{}^2}{L} t \tag{10}$$

となる。この間に壁 S が 1 つの分子から受ける平均の力の大きさを $\overline{f}$〔N〕とすると，(10)式は $\overline{f}t$ に等しい（**教 p.115 図 8**）。したがって，$\overline{f}$ は

$$\overline{f} = \frac{mv_x{}^2}{L} \tag{11}$$

と表すことができる。

❹壁 S が N 個の分子から受ける圧力　壁 S が N 個の分子から受ける平均の力の大きさ F〔N〕は，気体分子全体の $v_x{}^2$ の平均を $\overline{v_x{}^2}$ とすると，(11)式より

$$F = N \times \frac{m\overline{v_x{}^2}}{L} = \frac{Nm\overline{v_x{}^2}}{L} \tag{12}$$

となる。気体の圧力 p〔Pa〕は，$L^3 = V$ を用いて，次のように表される。

$$p = \frac{F}{L^2} = \frac{Nm\overline{v_x{}^2}}{L^3} = \frac{Nm\overline{v_x{}^2}}{V} \tag{13}$$

ここで，$\overline{v_x{}^2}$ について考える。**教 p.116 図 9** のように，1 個の分子の速度に対して $v^2 = v_x{}^2 + v_y{}^2 + v_z{}^2$ が成りたち，それぞれの平均に対しても

$$\overline{v^2} = \overline{v_x{}^2} + \overline{v_y{}^2} + \overline{v_z{}^2} \tag{14}$$

の関係が成りたつ。また，N はきわめて大きく，すべての分子は特定の方向にかたよることなく不規則に運動しているから，どの方向の平均値も等しい。つまり

$$\overline{v_x{}^2} = \overline{v_y{}^2} = \overline{v_z{}^2} \tag{15}$$

と考えることができる。(14)，(15)式より

$$\overline{v_x{}^2} = \frac{1}{3}\overline{v^2} \tag{16}$$

が導かれる。これを(13)式に代入すると，圧力 p に対する次の式が得られる。

$$p = \frac{Nm\overline{v^2}}{3V} \tag{17}$$

これは巨視的な量である圧力 p が，個々の分子の微視的な量を用いて表されることを示している。

B 平均運動エネルギーと絶対温度

(17)式を変形すると

$$pV = \frac{Nm\overline{v^2}}{3} \tag{18}$$

となる。(18)式と，理想気体の状態方程式「$pV = nRT$」((8)式)を比較すると

$$\frac{Nm\overline{v^2}}{3} = nRT \tag{19}$$

の関係が得られる。この式を変形して，気体分子1個当たりの平均運動エネルギーを求める。気体分子の個数 N は，物質量 n〔mol〕とアボガドロ定数 N_A によって $N = nN_A$ と表されることを用いると，(19)式より

$$\frac{1}{2}m\overline{v^2} = \frac{3nRT}{2N} = \frac{3}{2} \times \frac{R}{N_A} \times T = \frac{3}{2}kT \tag{20}$$

ここで，定数 k は，気体定数 R をアボガドロ定数 N_A でわったもので，**ボルツマン定数**という。

$$k = \frac{R}{N_A} = \frac{8.31\,\text{J/(mol·K)}}{6.02 \times 10^{23}/\text{mol}} \doteqdot 1.38 \times 10^{-23}\,\text{J/K} \tag{21}$$

(20)式から，理想気体では平均運動エネルギーが気体の種類によらず，温度だけで決まり，絶対温度に比例することがわかる。

気体のモル質量(1mol 当たりの質量)を M〔kg/mol〕とすると，$mN_A = M$ であるから，(20)式より，次の式が得られる。

$$\sqrt{\overline{v^2}} = \sqrt{\frac{3R}{mN_A}T} = \sqrt{\frac{3R}{M}T} \tag{22}$$

これを**二乗平均速度**(または根平均二乗速度)といい，分子の速さを表すひとつのめやすとなる(**教** p.118 表1)。

C 単原子分子と二原子分子

ヘリウム(He)のように1個の原子からなる分子を**単原子分子**，酸素(O_2)のように2個の原子からなる分子を**二原子分子**という。二原子分子理想気体の場合，分子の運動には，並進運動のほかに回転運動や振動運動がある。

3 気体の状態変化

A 内部エネルギー

❶**内部エネルギー**　物質を構成する粒子(原子・分子・イオン)は，熱運動による運動エネルギーをもっている。また，粒子どうしは互いに力を及ぼしあっている。この力は保存力であり，位置エネルギーをもっている。これらのエネルギーの，物体中のすべての粒子についての総和を，物体の**内部エネルギー**という。

❷**気体の内部エネルギー**　実在の気体では，分子どうしがある距離より離れると引きあう向きに，近づくとしりぞけあう向きに力がはたらく。一方，理想気体では，分子

間にはたらく力は無視できるので，位置エネルギーは0である。したがって，内部エネルギーは気体分子の熱運動による運動エネルギーの合計と考えてよい。

⑳式より，絶対温度 T〔K〕の単原子分子理想気体1mol当たりの内部エネルギーは $N_A \times \frac{1}{2}\overline{mv^2} = \frac{3}{2}RT$　になる。したがって，n〔mol〕の単原子分子理想気体の内部エネルギー U〔J〕は，次の式で表される。

単原子分子理想気体の内部エネルギー

$$U = \frac{3}{2}nRT \qquad (23)$$

| U〔J〕 | 内部エネルギー | R〔J/(mol·K)〕 | 気体定数 |
| n〔mol〕 | 物質量 | T〔K〕 | 絶対温度 |

つまり，単原子分子理想気体の内部エネルギーは絶対温度と物質量（分子の個数）に比例する。温度が ΔT〔K〕だけ高くなったとき，内部エネルギーが ΔU〔J〕だけ増加したとすると，⑳式から次の関係が成りたつ。

$$\Delta U = \frac{3}{2}nR(T+\Delta T) - \frac{3}{2}nRT = \frac{3}{2}nR\Delta T \qquad (24)$$

B 熱力学第一法則

物体の内部エネルギーが増加するのは，次の2つの場合である。

①外部から熱量を受け取る　②外部から仕事をされる

このとき，次の関係が成りたつ。これを**熱力学第一法則**という。

物体の内部エネルギーの変化 ΔU〔J〕は，物体が受け取った熱量 Q〔J〕と，物体がされた仕事 W〔J〕の和に等しい

熱力学第一法則

$$\Delta U = Q + W \qquad (25)$$

ΔU〔J〕　内部エネルギーの変化
Q〔J〕　物体が受け取った熱量
W〔J〕　物体がされた仕事

内部エネルギー $U \to U + \Delta U$

熱量 Q と仕事 W の符号に注意。気体の場合は…　**注意！**

Q { 気体が熱を吸収（吸熱）→ $Q>0$ ／ 気体が熱を放出（放熱）→ $Q<0$ }

W { 気体が圧縮されて体積が減少 → $W>0$ ／ 気体が膨張して体積が増加 → $W<0$ }

C 気体の状態変化

❶**定積変化**　体積を一定に保って行う状態の変化を**定積変化**（または**等積変化**）という。

教 p.124 図11のように，ピストンを固定した円筒内の気体に熱量 Q〔J〕を与える定積変化では，気体は仕事をされないから，与えた熱量だけ気体の内部エネルギーが増加する。つまり

$$W = 0 \quad \text{(26)} \qquad\qquad \Delta U = Q \quad \text{(27)}$$

この結果，気体の温度は上昇し，圧力も大きくなる。

❷**定圧変化** 圧力を一定に保って行う状態の変化を**定圧変化**(または**等圧変化**)という。

教 p.124 図 12 のように，ピストンが Δl〔m〕移動し，気体が $\Delta V = S\Delta l$〔m³〕膨張したとすると，気体が外部にした仕事 W'〔J〕は

$$W' = pS \cdot \Delta l = p\Delta V \tag{28}$$

であり，これは同図の斜線で示した面積に等しい。気体がされた仕事は $W = -W'$ であるから，次の式が成りたつ。

$$W = -p\Delta V \quad \text{(29)} \qquad\qquad \Delta U = Q + W = Q - p\Delta V \quad \text{(30)}$$

(27)，(30)式から，同じ熱量を加えたときの気体の温度上昇は，定積変化の場合より定圧変化の場合のほうが小さいことがわかる。

❸**等温変化** 温度を一定に保って行う状態の変化を**等温変化**という。理想気体をゆっくり等温変化させる場合(**教** p.125 図 13)，気体の圧力は体積に反比例する(ボイルの法則)。

理想気体の等温変化では，外部と熱のやりとりをしても気体の内部エネルギーは変化しないので，次の式が成りたつ。

$$\Delta U = 0 \quad \text{(31)} \qquad\qquad Q = -W (= W') \quad \text{(32)}$$

理想気体の等温膨張では，吸収した熱量をすべて膨張の際の仕事に使い，等温圧縮では，圧縮の際にされた仕事をすべて熱量として外部に放出する。

❹**断熱変化** 熱の出入りがないようにして行う状態の変化を**断熱変化**という。このときは次の式が成りたつ。

$$Q = 0 \quad \text{(33)} \qquad\qquad \Delta U = W \quad \text{(34)}$$

教 p.126 図 14 のように気体を断熱膨張させたとき，気体がされた仕事 W は負であるから，$\Delta U < 0$ である。つまり，内部エネルギーが減少するので，温度が下がる。反対に，気体を断熱圧縮したとき，内部エネルギーが増加するので，温度が上がる。

D 気体のモル比熱

物質 1mol の温度を 1K 高めるのに必要な熱量を**モル比熱**(または**モル熱容量**)という。物質 n〔mol〕の温度を ΔT〔K〕高めるのに必要な熱量 Q〔J〕は，モル比熱 C〔J/(mol·K)〕を用いて次のように表される。

$$Q = nC\Delta T \tag{35}$$

❶**定積モル比熱** 体積を一定に保つ場合のモル比熱を**定積モル比熱**(または**定容モル比熱**)といい，C_V〔J/(mol·K)〕で表す。このとき，外部から与えた熱量はすべて内部エネルギーの増加になることから，次の式が成りたつ。

$$\Delta U = nC_V\Delta T \tag{36}$$

❷**定圧モル比熱** 圧力を一定に保つ場合のモル比熱を**定圧モル比熱**といい，C_p〔J/(mol·K)〕で表す。(35)式よりこのときに外部から与えた熱量は

$$Q = nC_p\Delta T \tag{37}$$

定圧変化なので，理想気体がされた仕事は(8)式を用いて

$$W = -p\varDelta V = -nR\varDelta T \tag{38}$$

理想気体の内部エネルギーは変化の過程に関係なく，温度だけで定まるから熱力学第一法則((25)式)に(36)〜(38)式を代入して

$$nC_V\varDelta T = nC_p\varDelta T - nR\varDelta T$$

両辺を $n\varDelta T$ でわると

$$C_p = C_V + R \tag{39}$$

これを**マイヤーの関係**という。気体の種類に関係なく，理想気体の定圧モル比熱は定積モル比熱より気体定数 R だけ大きくなる。

❸単原子分子理想気体のモル比熱　単原子分子理想気体の定積モル比熱は(24)，(36)式より，また定圧モル比熱は，(39)，(40)式より，次のようになる。

$$C_V = \frac{3}{2}R \ \ (\fallingdotseq 12.5\,\mathrm{J/(mol \cdot K)}) \tag{40}$$

$$C_p = \frac{5}{2}R \ \ (\fallingdotseq 20.8\,\mathrm{J/(mol \cdot K)}) \tag{41}$$

❹比熱比　定圧モル比熱 C_p と定積モル比熱 C_V の比

$$\overset{\text{ガンマ}}{\gamma} = \frac{C_p}{C_V} \tag{42}$$

のことを**比熱比**という。単原子分子理想気体では次のようになる。

$$\gamma = \frac{\dfrac{5}{2}R}{\dfrac{3}{2}R} = \frac{5}{3} \tag{43}$$

❺ポアソンの法則　理想気体を同じ状態からゆっくり膨張させる場合，等温膨張では気体の温度は変わらないが，断熱膨張では気体の温度が下がる。これをふまえると，理想気体での等温変化と断熱変化を表す

▲断熱変化と等温変化

p-V 図は右図のようになる。理想気体では，ゆっくり断熱変化するときの圧力 p〔Pa〕と体積 V〔m³〕に

$$pV^\gamma = \text{一定} \tag{44}$$

の関係があることが知られている。これを**ポアソンの法則**という。

E　熱機関と熱効率

❶熱機関　熱の吸収，放出をくり返して熱を仕事に変換する装置を**熱機関**という。

　教 p.133 図16 のような定積変化と定圧変化を組み合わせたサイクルでは，1回のくり返しで，気体は高温の物体から熱量 $Q_\mathrm{in} = Q_\mathrm{AB} + Q_\mathrm{BC}$ を吸収し，低温の物体へ熱量 $Q_\mathrm{out} = Q_\mathrm{CD} + Q_\mathrm{DA}$ を放出する。また，気体は外部に対し実質的に仕事 $W' = W_\mathrm{BC}' - W_\mathrm{DA}$ をし，その大きさは同図ⓑの経路で囲まれた斜線部分の面積に等しい。

❷熱効率　一般に熱機関は，高温の物体から熱量 Q_in〔J〕を吸収し，その一部を仕事

W'〔J〕に変換して残りの熱量 Q_{out}〔J〕を低温の物体に放出する。サイクルを1周するともとの状態にもどるので内部エネルギーの変化 ΔU は0である。気体が吸収した熱量は $Q = Q_{in} - Q_{out}$，気体がされた仕事は $W = -W'$ であるから，熱力学第一法則より

$$\Delta U = (Q_{in} - Q_{out}) - W' = 0 \tag{45}$$

となる。したがって

$$W' = Q_{in} - Q_{out} \tag{46}$$

の関係がある。1サイクルで，高温の物体から吸収した熱量 Q_{in} のうち，仕事 W' に変換された割合 e を**熱効率**（または**熱機関の効率**）という。

熱効率

$$e = \frac{W'}{Q_{in}} = \frac{Q_{in} - Q_{out}}{Q_{in}} \tag{47}$$

e　熱効率　　　　　W'〔J〕　熱機関がした仕事

Q_{in}〔J〕　高温の物体から吸収した熱量

Q_{out}〔J〕　低温の物体へ放出した熱量

（$Q_{out} = Q_{in} - W'$）

熱機関は必ず低温の物体へ熱量 Q_{out} を放出する。よって，常に $e < 1$ となる（**教** p.135 表3）。

F　熱力学第二法則

熱は，高温の物体から低温の物体へ移動し，自然に低温の物体から高温の物体へ移動することはない。これを**熱力学第二法則**という。熱力学第二法則は，「熱をすべて仕事に変える，すなわち，熱効率が1（100％）の熱機関（これを**第二種永久機関**という）は存在しない」と表現することもある。

◦━━━━━━━━━━◦ **問　題** ◦━━━━━━━━━━◦

問1
（**教** p.107）

なめらかに動く軽いピストン付きの容器に気体を閉じこめ，ピストンが鉛直方向に動くように立てる。このピストンにおもりを静かにのせたとき，閉じこめた気体の圧力は何 Pa になるか。おもりの質量を 10kg，ピストンの断面積を 4.9×10^{-3} m²，大気圧を 1.0×10^5 Pa，重力加速度の大きさを 9.8 m/s² とする。

考え方　閉じこめた気体の圧力による力は，大気圧による力とおもりの重力の和とつりあう。

解説&解答　気体の圧力を p〔Pa〕，大気圧を p_0〔Pa〕，おもりの質量を m〔kg〕，ピストンの断面積を S〔m²〕，重力加速度を g〔m/s²〕とすると，ピストンにはたらく力のつりあいより，

$$pS - mg - p_0S = 0$$
$$p = p_0 + \frac{mg}{S} = 1.0 \times 10^5 + \frac{10 \times 9.8}{4.9 \times 10^{-3}}$$
$$= (1.0 \times 10^5) + (2.0 \times 10^4) = \mathbf{1.2 \times 10^5\,Pa} \quad 答$$

問2
(教p.107)
圧力 1.0×10^5 Pa，体積 $0.55\,m^3$ の気体の温度を一定に保って，体積を $0.50\,m^3$ にする。このときの圧力は何 Pa か。

（考え方）ボイルの法則((2)式)を使う。

（解説&解答）求める圧力を p 〔Pa〕とすると，ボイルの法則「$pV = $一定」((2)式)より
$$(1.0 \times 10^5) \times 0.55 = p \times 0.50$$
よって　$p = \frac{0.55}{0.50} \times 1.0 \times 10^5 = \mathbf{1.1 \times 10^5\,Pa}$　答

問3
(教p.109)
温度 300 K，体積 $1.0\,m^3$ の気体の圧力を一定に保って，温度を 360 K にする。このときの体積は何 m^3 か。

（考え方）シャルルの法則((5)式)を使う。

（解説&解答）求める体積を V 〔m^3〕とすると，シャルルの法則「$\frac{V}{T} = $一定」((5)式)より
$$\frac{1.0}{300} = \frac{V}{360} \quad よって \quad V = \frac{360}{300} = \mathbf{1.2\,m^3}$$　答

考　問4
(教p.109)
卓球ボールには空気口がなく，後から空気を足せない。球がへこんだ場合，どのようにして直せばよいか。ただし，球内の圧力は一定と仮定してよい。

（考え方）球内の圧力は一定と仮定するのでシャルルの法則((5)式)が成りたつと考えてよい。

（解説&解答）**球を湯の中に入れ，中の空気を温めると，シャルルの法則により，中の空気の体積が増加するため，へこみを直すことができる。**　答

問5
(教p.110)
圧力 1.0×10^5 Pa，体積 $1.5\,m^3$，温度 300 K の理想気体がある。気体の体積を $1.0\,m^3$，温度を 320 K にしたとき，気体の圧力は何 Pa か。

（考え方）ボイル・シャルルの法則((6)式)を使う。

（解説&解答）求める圧力を p 〔Pa〕とおく。

ボイル・シャルルの法則「$\frac{pV}{T} = $一定」((6)式)より
$$\frac{(1.0 \times 10^5) \times 1.5}{300} = \frac{p \times 1.0}{320}$$
$$p = \frac{(1.0 \times 10^5) \times 1.5 \times 320}{1.0 \times 300} = \mathbf{1.6 \times 10^5\,Pa}$$　答

思考学習 夜空に浮かぶランタン 　　　数 **p.110**

ランタンを夜空に飛ばすお祭りに参加した S さんは，その原理に興味をもった。

考察1 ランタンが浮かぶのは，ランタン内部の空気が温められて膨張し，空気の密度が小さくなるからである。お祭りの日，地上の気温は 21℃，ランタン内部の空気の温度は 80℃であった。一定質量の空気の温度を，圧力一定のまま 21℃から 80℃まで変化させると，体積と密度はそれぞれ何倍になるか。ただし，空気は理想気体として扱ってよい。

考察2 ランタンの容積は 0.20 m³ であった。気温 21℃での空気の密度を 1.2 kg/m³ とすると，ランタン本体（空気を除く）の質量は何 g 以下だったと考えられるか。ランタン内外の空気の圧力は等しいとする。

考え方 （ランタンにはたらく浮力）≧（ランタン本体にはたらく重力）＋（ランタン内の空気にはたらく重力）となるとき，ランタンは浮く。

解説&解答 **考察1** ランタン内部の空気の質量を M〔kg〕とし，21℃と80℃のときのこの空気の体積と密度を，それぞれ V_0，V_1〔m³〕，ρ_0，ρ_1〔kg/m³〕とする。

21℃＝294K，80℃＝353K であるから，シャルルの法則より $\dfrac{V_0}{294} = \dfrac{V_1}{353}$

よって $\dfrac{V_1}{V_0} = \dfrac{353}{294} = 1.200\cdots ≒ \mathbf{1.20 倍}$ **答**

また，$\rho_0 = \dfrac{M}{V_0}$，$\rho_1 = \dfrac{M}{V_1}$ より

$\dfrac{\rho_1}{\rho_0} = \dfrac{V_0}{V_1} = \dfrac{294}{353} = 0.8328\cdots ≒ \mathbf{0.833 倍}$ **答**

考察2 ランタン本体の質量を m〔kg〕，ランタン内の空気の質量を M_1〔kg〕，ランタンにはたらく空気の浮力を f〔N〕，重力加速度の大きさを g〔m/s²〕とする。

考察1 の結果より

$M_1 = \rho_1 \times 0.20 = 0.833\,\rho_0 \times 0.20 = 0.833 \times 1.2 \times 0.20$
$≒ 0.20\,\text{kg}$

浮力は $f = 1.2 \times 0.20 \times g = 0.24g$〔N〕

ランタンが浮かぶには $f ≧ (M_1 + m)g$ を満たせばよい。

M_1，f の計算結果を代入して

$0.24g ≧ (0.20 + m)g$

ゆえに $m ≦ 0.24 - 0.20 = 0.04\,\text{kg} = \mathbf{40\,g}$ **答**

例題 1
(教p.111)

なめらかに動くピストン付きの容器に理想気体を閉じこめ，図のように水平な床の上に置く。このときの気体の圧力は 1.0×10^5 Pa，体積は $0.45\,\mathrm{m}^3$，温度は 2.7×10^2 K であった。容器を

温めたところピストンは右に移動し，ストッパーで止められた状態になった。温めた後の気体の体積は $0.50\,\mathrm{m}^3$，温度は 3.6×10^2 K であった。

(1) 温めた後の気体の圧力 p_1〔Pa〕を求めよ。

(2) その後，気体を放置したところ，ピストンは左に動き始めた。ピストンが動き始めたときの気体の圧力 p_2〔Pa〕と温度 T_2〔K〕を求めよ。

考え方 気体の圧力・体積・温度についての情報を整理して，ボイル・シャルルの法則を用いる。

解説&解答

(1) ボイル・シャルルの法則より $\dfrac{(1.0 \times 10^5) \times 0.45}{2.7 \times 10^2} = \dfrac{p_1 \times 0.50}{3.6 \times 10^2}$

よって $p_1 = \dfrac{(1.0 \times 10^5) \times 0.45}{2.7 \times 10^2} \times \dfrac{3.6 \times 10^2}{0.50} = \mathbf{1.2 \times 10^5\,Pa}$ **答**

(2) 気体の圧力がもとの値にもどったとき，ピストンは動き始める。

よって $p_2 = \mathbf{1.0 \times 10^5\,Pa}$ **答**

最初の状態と比較すると，2つの状態で圧力が等しいので，シャルルの法則より

$$\frac{0.45}{2.7 \times 10^2} = \frac{0.50}{T_2}$$

よって $T_2 = (2.7 \times 10^2) \times \dfrac{0.50}{0.45} = \mathbf{3.0 \times 10^2\,K}$ **答**

注)気体の出入りがなければ，どの状態と比較してもよい。(1)と(2)の状態を比較して，ボイル・シャルルの法則から T_2 を求めることもできる。

類題 1
(教p.111)

なめらかに動くピストン付きの容器に理想気体を閉じこめる。初め，容器を@のように水平な床の上に置いたところ，気体の圧力，体積，温度はそれぞれ p_0〔Pa〕，V_0〔m³〕，T_0〔K〕であった。

次に，容器を⑥のように鉛直方向に立てたところ，気体の体積は $\dfrac{3}{4} V_0$〔m³〕になった。このときの気体の圧力 p〔Pa〕と温度 T〔K〕を求めよ。ピストンの質量を m〔kg〕，断面積を S〔m²〕，重力加速度の大きさを g〔m/s²〕とする。

考え方 ボイル・シャルルの法則((6)式)を使う。

(解説&解答) ⓐの状態では，大気圧と容器内の気体の圧力 p_0〔Pa〕がつりあっている。よって，大気圧は p_0〔Pa〕である。
ⓑの状態では，ピストンにはたらく力のつりあいより

$$pS - p_0S - mg = 0$$

よって　$p = p_0 + \dfrac{mg}{S}$〔Pa〕　答

また，ボイル・シャルルの法則より

$$\frac{p_0V_0}{T_0} = \frac{p \times \dfrac{3}{4}V_0}{T}$$

よって　$T = \left(p_0 + \dfrac{mg}{S}\right) \times \dfrac{3}{4}V_0 \times \dfrac{T_0}{p_0V_0} = \dfrac{3(p_0S + mg)}{4p_0S}T_0$〔K〕　答

問6
(教p.113)
圧力 1.66×10^5 Pa，温度 300 K，物質量 0.20 mol の理想気体が占める体積は何 m^3 か。気体定数を 8.3 J/(mol·K) とする。

(考え方) 理想気体の状態方程式（(8)式）を使う。

(解説&解答) 求める体積を V〔m^3〕とすると，理想気体の状態方程式より

$$(1.66 \times 10^5) \times V = 0.20 \times 8.3 \times 300$$

よって　$V = \dfrac{0.20 \times 8.3 \times 300}{1.66 \times 10^5} = 3.0 \times 10^{-3}$ m^3　答

問7
(教p.119)
理想気体とみなすことのできる He ガスがある。温度が 273℃のときの He 1 原子当たりの平均運動エネルギーは，温度が 0℃のときに比べて何倍になるか。

(考え方) 気体分子1個当たりの平均運動エネルギーの式（(20)式）を用いる。

(解説&解答) 平均運動エネルギーは $\dfrac{1}{2}m\overline{v^2} = \dfrac{3}{2}kT$ より，温度 T に比例するので，

$$\frac{273 + 273}{273} = 2 \quad \text{ゆえに } \mathbf{2 倍} \quad 答$$

例題2
(教p.121)
それぞれ 0.62 m^3，0.21 m^3 の容積をもつ容器 A，B をコックのついた細管でつなぎ，A には温度が 3.0×10^2 K，物質量が 15 mol，B には温度が 4.0×10^2 K，物質量が 10 mol の単原子分子理想気体を入れる。コックを開いて十分な時間がたったときの温度 T〔K〕と圧力 p〔Pa〕を求めよ。ただし，容器と周囲との熱のやりとりはなく，気体の内部エネルギーの合計は一定に保たれるとする。また，細管の体積は無視する。気体定数を 8.3 J/(mol·K) とする。

A	B
0.62 m^3	0.21 m^3
3.0×10^2 K	4.0×10^2 K
15 mol	10 mol

(考え方) 気体の混合で，外部と熱のやりとりがなければ全体の内部エネルギーは保存される。単原子分子理想気体とあることから，(23)式を用いてよい。

第❷編
熱と気体

解説&解答　内部エネルギー「$U = \dfrac{3}{2}nRT$」(㉓式)の合計が一定であるから

$$\frac{3}{2} \times 15 \times 8.3 \times (3.0 \times 10^2) + \frac{3}{2} \times 10 \times 8.3 \times (4.0 \times 10^2)$$

$$= \frac{3}{2} \times (15 + 10) \times 8.3 \times T$$

よって

$$T = \frac{15 \times (3.0 \times 10^2) + 10 \times (4.0 \times 10^2)}{15 + 10} = \textbf{3.4} \times \textbf{10}^2\,\textbf{K}\quad \boxed{答}$$

混合後の気体の状態方程式「$pV = nRT$」((8)式)は

$$p \times (0.62 + 0.21) = (15 + 10) \times 8.3 \times (3.4 \times 10^2)$$

よって

$$p = \frac{(15 + 10) \times 8.3 \times (3.4 \times 10^2)}{0.62 + 0.21} = \textbf{8.5} \times \textbf{10}^4\,\textbf{Pa}\quad \boxed{答}$$

類題2
(教)p.121

それぞれ 0.24 m³，0.40 m³ の容積をもつ容器 A，B をコックのついた細管でつなぎ，A には温度が 3.2×10^2 K，物質量が 20 mol の単原子分子理想気体を入れ，B は真空にする。コックを開いて十分な時間がたった

ときの温度 T〔K〕と圧力 p〔Pa〕を求めよ。ただし，容器と周囲との熱のやりとりはなく，気体の内部エネルギーの合計は一定に保たれるとする。また，細管の体積は無視する。気体定数を 8.3 J/(mol·K) とする。

考え方　単原子分子理想気体の内部エネルギーの式(㉓式)を用いる。

解説&解答　内部エネルギー「$U = \dfrac{3}{2}nRT$」(㉓式)の合計が一定であるから

$$\frac{3}{2} \times 20 \times 8.3 \times (3.2 \times 10^2) = \frac{3}{2} \times 20 \times 8.3 \times T$$

よって　$T = \textbf{3.2} \times \textbf{10}^2\,\textbf{K}\quad \boxed{答}$

また，混合後の気体の状態方程式「$pV = nRT$」((8)式)より

$$p \times (0.24 + 0.40) = 20 \times 8.3 \times (3.2 \times 10^2)$$

よって

$$p = \frac{20 \times 8.3 \times (3.2 \times 10^2)}{0.64} = \textbf{8.3} \times \textbf{10}^4\,\textbf{Pa}\quad \boxed{答}$$

問8
(教)p.124

気体に対し，体積を一定に保った状態で 75 J の熱量を与えた。このとき，気体がされた仕事 W〔J〕と，内部エネルギーの変化 ΔU〔J〕を求めよ。

考え方　体積を一定に保って行う状態変化なので定積変化である。

解説&解答　定積変化の式(㉖式，㉗式)より　$W = \textbf{0\,J}\quad \boxed{答}$

$$\Delta U = Q = \textbf{75\,J}\quad \boxed{答}$$

問9 （教p.125）
気体に対し，一定の圧力 $1.0 \times 10^5\,\mathrm{Pa}$ のまま，75 J の熱量を与えたところ，気体は $3.0 \times 10^{-4}\,\mathrm{m^3}$ だけ膨張した。このとき，気体がされた仕事 W〔J〕と，内部エネルギーの変化 ΔU〔J〕を求めよ。

考え方　圧力を一定に保って行う状態変化なので定圧変化である。

解説&解答　定圧変化では，気体がした仕事は「$W' = p\Delta V$」(㉘式)で与えられるので

$$W' = (1.0 \times 10^5) \times (3.0 \times 10^{-4}) = 30\,\mathrm{J}$$
$$W = -W' = -30\,\mathbf{J}\quad 答$$
$$「\Delta U = Q + W」より\quad \Delta U = 75 + (-30) = 45\,\mathbf{J}\quad 答$$

問10 （教p.125）
理想気体に対し，温度一定のまま 75 J の熱量を与えた。このとき，気体がされた仕事 W〔J〕と，内部エネルギーの変化 ΔU〔J〕を求めよ。

考え方　等温変化なので，㉛，㉜式を用いる。

解説&解答　等温変化の式(㉛式，㉜式)より　$\Delta U = 0\,\mathbf{J}$　答
$$W = -Q = -75\,\mathbf{J}\quad 答$$

問11 （教p.126）
断熱容器に気体を入れ，気体を膨張させた。気体がした仕事が 65 J のとき，内部エネルギーの変化は何 J か。

考え方　断熱変化なので，㉝，㉞式を用いる。

解説&解答　断熱変化なので，㉝式より　$Q = 0\,\mathrm{J}$
また，気体がされた仕事 $W = -65\,\mathrm{J}$ である。
よって，㉞式より　$\Delta U = W = -65\,\mathbf{J}$　答

例題3 （教p.127）
なめらかに動くピストンがついた容器に n〔mol〕の単原子分子理想気体を閉じこめたところ，温度が T_0〔K〕になった。この気体に対し次のような操作をしたときの，気体の内部エネルギーの変化 ΔU〔J〕，気体がされた仕事 W〔J〕，気体が受け取った熱量 Q〔J〕をそれぞれ求めよ。気体定数を R〔J/(mol·K)〕とする。
(1) 体積を一定に保ったまま，温度を T_1〔K〕に変化させた。
(2) 圧力を一定に保ったまま，温度を T_1〔K〕に変化させた。

考え方　気体がされた仕事は定積変化では 0 J であり，定圧変化では「$W = -p\Delta V$」より求められる。

解説&解答　(1) 定積変化であるので，気体と外部の間に仕事のやりとりはない。
$$W = 0\,\mathbf{J}\quad 答$$
単原子分子理想気体であるから，「$\Delta U = \dfrac{3}{2}nR\Delta T$」(㉔式)より
$$\Delta U = \frac{3}{2}nR(T_1 - T_0)\,〔\mathbf{J}〕\quad 答$$
熱力学第一法則「$\Delta U = Q + W$」(㉕式)より

$$Q = \Delta U - W = \frac{3}{2} nR(T_1 - T_0) \text{ (J)} \quad \boxed{答}$$

(2)　気体の圧力を p_0〔Pa〕，変化前後での気体の体積をそれぞれ V_0, V_1〔m³〕とすると，理想気体の状態方程式「$pV = nRT$」（(8)式）より

変化前：$p_0 V_0 = nRT_0$ ......①

変化後：$p_0 V_1 = nRT_1$ ......②

「$W = -p \Delta V$」（(29)式）より

$$W = -p_0(V_1 - V_0)$$

これに①，②式を代入して

$$W = -nR(T_1 - T_0) \text{ (J)} \quad \boxed{答}$$

温度変化は(1)と同じなので，ΔU も等しい。

$$\Delta U = \frac{3}{2} nR(T_1 - T_0) \text{ (J)} \quad \boxed{答}$$

熱力学第一法則「$\Delta U = Q + W$」（(25)式）より

$$Q = \Delta U - W = \frac{3}{2} nR(T_1 - T_0) - \{-nR(T_1 - T_0)\}$$

$$= \frac{5}{2} nR(T_1 - T_0) \text{ (J)} \quad \boxed{答}$$

類題 3
(教p.127)　なめらかに動くピストンがついた容器に単原子分子理想気体を閉じこめたところ，気体の圧力が p_0〔Pa〕，体積が V_0〔m³〕になった。この気体に対し次のような操作をしたときの，気体の内部エネルギーの変化 ΔU〔J〕，気体がされた仕事 W〔J〕，気体が受け取った熱量 Q〔J〕をそれぞれ求めよ。

(1)　体積を一定に保ったまま加熱し，圧力を Δp〔Pa〕上昇させた。

(2)　圧力を一定に保ったまま加熱し，体積を ΔV〔m³〕増やした。

考え方　変化前・変化後のそれぞれで，理想気体の状態方程式を立てる。

解説&解答　変化前の温度を T_0〔K〕，温度変化を ΔT〔K〕，気体の物質量を n〔mol〕，気体定数を R〔J/(mol·K)〕とする。

(1)　変化前，変化後のそれぞれについて状態方程式を立てると

$$p_0 V_0 = nRT_0 \qquad\qquad \text{......①}$$

$$(p_0 + \Delta p) V_0 = nR(T_0 + \Delta T) \qquad \text{......②}$$

②式－①式より　$\Delta p V_0 = nR \Delta T$

気体の内部エネルギーの変化は，「$\Delta U = \frac{3}{2} nR \Delta T$」（(24)式）より

$$\Delta U = \frac{3}{2} nR \Delta T = \frac{3}{2} \Delta p V_0 \text{ (J)} \quad \boxed{答}$$

定積変化より，気体がされた仕事　$W = 0 \text{ J} \quad \boxed{答}$

気体が受け取った熱量は　$Q = \Delta U = \frac{3}{2} \Delta p V_0 \text{ (J)} \quad \boxed{答}$

(2)　変化後について状態方程式を立てると

$$p_0(V_0 + \Delta V) = nR(T_0 + \Delta T) \qquad \text{......③}$$

③式－①式より　$p_0 \Delta V = nR\Delta T$

気体の内部エネルギーの変化は，「$\Delta U = \dfrac{3}{2}nR\Delta T$」(㉔式)より

$$\Delta U = \dfrac{3}{2}nR\Delta T = \dfrac{3}{2}\boldsymbol{p_0 \Delta V} \text{〔J〕}　\text{答}$$

定圧変化より，気体がされた仕事　$W = -\boldsymbol{p_0 \Delta V}$ 〔J〕　答

気体が受け取った熱量は

$$Q = \Delta U - W = \dfrac{3}{2}p_0 \Delta V - (-p_0 \Delta V)$$

$$= \dfrac{5}{2}\boldsymbol{p_0 \Delta V} \text{〔J〕}　\text{答}$$

ドリル

問 a
(教p.129)

n〔mol〕の単原子分子理想気体を，(1)～(6)の $p-V$ 図のように状態変化させた。状態 A での気体の温度を T〔K〕とする。また，気体定数を R〔J/(mol·K)〕とする。n, R, T, Q_0 の文字を使って，気体の内部エネルギーの変化 ΔU〔J〕，気体がされた仕事 W〔J〕，気体が受け取った熱量 Q〔J〕をそれぞれ求めよ。

(1)

(2)

(3)

(4)

(5) 等温変化, Q_0〔J〕の熱量を与える

(6) 断熱変化, 熱の出入りはない

考え方 状態Bでの温度を T_B として，まず T_B を求める。次に，内部エネルギーの変化の式（㉔式），各状態変化の式を用いる。

解説&解答 (1) ボイル・シャルルの法則より　$\dfrac{pV}{T} = \dfrac{2pV}{T_B}$

よって　$T_B = 2T$

㉔式に T_B を代入して　$\Delta U = \dfrac{3}{2}nR(T_B - T) = \dfrac{3}{2}nRT$〔J〕 **答**

定積変化なので㉖，㉗式より

$W = 0$ **J**,　$Q = \Delta U = \dfrac{3}{2}nRT$〔J〕 **答**

(2) ボイル・シャルルの法則より　$\dfrac{pV}{T} = \dfrac{\frac{1}{3}pV}{T_B}$

よって　$T_B = \dfrac{1}{3}T$

㉔式に T_B を代入して　$\Delta U = \dfrac{3}{2}nR(T_B - T) = -nRT$〔J〕 **答**

定積変化なので㉖，㉗式より

$W = 0$ **J**,　$Q = \Delta U = -nRT$〔J〕 **答**

(3) シャルルの法則より　$\dfrac{V}{T} = \dfrac{3V}{T_B}$　　よって　$T_B = 3T$

㉔式より　$\Delta U = \dfrac{3}{2}nR(T_B - T) = 3nRT$〔J〕 **答**

定圧変化なので㉙式と，理想気体の状態方程式（⑻式）より

$W = -p(3V - V) = -2pV = -2nRT$〔J〕 **答**

熱力学第一法則（㉕式）より

$Q = \Delta U - W = 3nRT - (-2nRT) = 5nRT$〔J〕 **答**

(4) シャルルの法則より　$\dfrac{V}{T} = \dfrac{\frac{1}{2}V}{T_B}$　　よって　$T_B = \dfrac{1}{2}T$

㉔式より　$\Delta U = \dfrac{3}{2}nR(T_B - T) = -\dfrac{3}{4}nRT$〔J〕 **答**

定圧変化なので㉙式と，理想気体の状態方程式（⑻式）より

$W = -p\left(\dfrac{1}{2}V - V\right) = \dfrac{1}{2}pV = \dfrac{1}{2}nRT$〔J〕 **答**

熱力学第一法則（㉕式）より

$Q = \Delta U - W = -\dfrac{3}{4}nRT - \dfrac{1}{2}nRT = -\dfrac{5}{4}nRT$〔J〕 **答**

(5) 等温変化であるから㉛式より　$\Delta U = 0$ **J** **答**

Q_0〔J〕の熱を与えたので　$Q = Q_0$〔J〕 **答**

熱力学第一法則（㉕式）より

$W = \Delta U - Q = 0 - Q_0 = -Q_0$〔J〕 **答**

(6)　ボイル・シャルルの法則より　$\dfrac{pV}{T}=\dfrac{0.51p\times1.5V}{T_B}$

よって　$T_B=0.765T$

(24)式に T_B を代入して

$$\Delta U=\frac{3}{2}nR(T_B-T)\doteqdot-0.35nRT \ \text{〔J〕} \ \boxed{答}$$

断熱変化なので(33)，(34)式より

$$Q=0\text{J}, \ W=\Delta U=-0.35nRT \ \text{〔J〕} \ \boxed{答}$$

問 b
(教 p.129)

単原子分子理想気体に対して次のいずれかの
操作を十分ゆっくりと行い，体積を2倍にし
たい。

操作1　圧力を一定に保ったまま膨張させる
操作2　温度を一定に保ったまま膨張させる
操作3　外部との熱のやりとりを遮断して膨
　　　　張させる

(1)　操作後の理想気体の温度をそれぞれ T_1，T_2，T_3 とするとき，これら
の大小関係を求めよ。
(2)　操作中に理想気体がした仕事をそれぞれ W_1'，W_2'，W_3' とするとき，
これらの大小関係を求めよ。
(3)　操作中に理想気体が吸収した熱量をそれぞれ Q_1，Q_2，Q_3 とするとき，
これらの大小関係を求めよ。

考え方　p-V 図上でグラフが V 軸との間につくる面積が，気体がする仕事
に等しいことを用いて仕事の大小関係を求める。また，(1)(2)の結果
と熱力学第一法則から気体が吸収した熱量の大小関係を求める。

解説&解答　(1)　操作後の気体の体積はいずれの場合も等しいので，p-V 図上
で上にある点ほど温度が高い。よって　$T_3<T_2<T_1$　\boxed{答}
(2)　p-V 図の面積の大小より　$W_3'<W_2'<W_1'$　\boxed{答}
(3)　操作前後での内部エネルギーの変化をそれぞれ ΔU_1，ΔU_2，ΔU_3
とおくと，「$\Delta U=\dfrac{3}{2}nR\Delta T$」と(1)の結果より　$\Delta U_3<\Delta U_2<\Delta U_1$
上式と(2)の結果，および熱力学第一法則
「$Q=\Delta U+W'$」（教 p.122 参考）より　$Q_3<Q_2<Q_1$　\boxed{答}

問12
(教 p.130)

ある理想気体 1.5 mol に，体積一定のもとで熱量 75J を与えたところ，温
度が 4.0K 上昇した。この気体の定積モル比熱は何 J/(mol・K)か。

考え方　モル比熱の式「$Q=nC_V\Delta T$」（(35)式）を用いる。
解説&解答　定積モル比熱を C_V〔J/(mol・K)〕とすると「$Q=nC_V\Delta T$」（(35)式）より
$$75=1.5\times C_V\times4.0 \quad よって \quad C_V\doteqdot13\text{J/(mol・K)} \ \boxed{答}$$

第❷編 熱と気体

問13
(教)p.131)
ある理想気体 $1.5\,\mathrm{mol}$ に，圧力一定のもとで熱量 $63\,\mathrm{J}$ を与えたところ，温度が $2.0\,\mathrm{K}$ 上昇した。この気体の定圧モル比熱 $C_p\,[\mathrm{J/(mol \cdot K)}]$ と定積モル比熱 $C_V\,[\mathrm{J/(mol \cdot K)}]$ を求めよ。気体定数を $8.3\,\mathrm{J/(mol \cdot K)}$ とする。

考え方 「$Q = nC_p\varDelta T$」(37式)とマイヤーの関係(39式)を用いる。

解説&解答 「$Q = nC_p\varDelta T$」(37式)より $63 = 1.5 \times C_p \times 2.0$

よって $C_p = \dfrac{63}{1.5 \times 2.0} = \mathbf{21\,J/(mol \cdot K)}$ **答**

マイヤーの関係「$C_p = C_V + R$」(39式)より

$C_V = C_p - R = 21 - 8.3 = 12.7 \fallingdotseq \mathbf{13\,J/(mol \cdot K)}$ **答**

問14
(教)p.131)
理想気体を断熱圧縮し，体積を $\dfrac{1}{n}$ 倍にしたとき，気体の圧力は何倍になるか。比熱比を γ とする。

考え方 ポアソンの法則(44式)を用いる。

解説&解答 ポアソンの法則「$pV^\gamma = $ 一定」(44式)より，圧力 p は $\dfrac{1}{V^\gamma}$ に比例する。

体積を $\dfrac{1}{n}$ 倍にすると $\dfrac{\dfrac{1}{\left(\dfrac{V}{n}\right)^\gamma}}{\dfrac{1}{V^\gamma}} = n^\gamma$ よって $\boldsymbol{n^\gamma}$ **倍** **答**

問15
(教)p.135)
熱機関が，高温の物体から熱量 $500\,\mathrm{J}$ を吸収し，低温の物体に熱量 $425\,\mathrm{J}$ を放出した。得られた仕事 $W'\,[\mathrm{J}]$ と，熱効率 e を求めよ。

考え方 熱効率の式(46)，(47式)を用いる。

解説&解答 得られた仕事 $W' = Q_{\mathrm{in}} - Q_{\mathrm{out}} = 500 - 425 = \mathbf{75\,J}$ **答**

熱効率 $e = \dfrac{W'}{Q_{\mathrm{in}}} = \dfrac{75}{500} = \mathbf{0.15}$ **答**

例題 4
(教)p.136)
単原子分子理想気体 $n\,[\mathrm{mol}]$ に対して，図の3つの過程をくり返して状態をゆっくり変化させた。状態 A の気体の温度を $T\,[\mathrm{K}]$，気体定数を $R\,[\mathrm{J/(mol \cdot K)}]$ とする。B → C は等温変化であり，その際，気体は外部から $1.4nRT\,[\mathrm{J}]$ の熱量を吸収した。次の各量を n，R，T を用いて表せ。

(1) 状態 B の温度 $T_\mathrm{B}\,[\mathrm{K}]$

(2) A → B で，気体がされた仕事 $W_{\mathrm{AB}}\,[\mathrm{J}]$ と気体が吸収した熱量 $Q_{\mathrm{AB}}\,[\mathrm{J}]$

(3) C → A で，気体がされた仕事 $W_{\mathrm{CA}}\,[\mathrm{J}]$ と気体が吸収した熱量 $Q_{\mathrm{CA}}\,[\mathrm{J}]$

(4) このサイクルを熱機関とみなしたときの熱効率 e（有効数字2桁）

考え方 A → B は定積変化，B → C は等温変化，C → A は定圧変化である。

解説&解答 (1) ボイル・シャルルの法則(6式)より $T_\mathrm{B} = \mathbf{2T}\,[\mathrm{K}]$ **答**

(2)　A → B は定積変化であるから

$$W_{AB} = \mathbf{0\,J}, \quad Q_{AB} = \varDelta U_{AB} = \frac{3}{2}\,\boldsymbol{nRT}\,\text{〔J〕}\quad\boxed{答}$$

(3)　C → A は定圧変化であるから，状態 A での状態方程式
$pV = nRT$ を用いると，気体が外部にした仕事 $W_{CA}{}'$〔J〕は

$$W_{CA}{}' = p(V - 2V) = -pV = -nRT$$

よって，気体がされた仕事は　$W_{CA} = -W_{CA}{}' = \boldsymbol{nRT}\,\text{〔J〕}\quad\boxed{答}$
また，気体が吸収した熱量は，熱力学第一法則(㉕式)より

$$Q_{CA} = \varDelta U_{CA} - W_{CA} = -\frac{3}{2}nRT - nRT = -\frac{5}{2}\,\boldsymbol{nRT}\,\text{〔J〕}\quad\boxed{答}$$

(4)　B → C は等温変化であるから，気体が外部にした仕事 $W_{BC}{}'$〔J〕は

$$W_{BC}{}' = Q_{BC} = 1.4nRT\,\text{〔J〕}$$

よって，熱効率の式「$e = \dfrac{W'}{Q_{\text{in}}}$」(㊸式)より

$$e = \frac{W_{AB}{}' + W_{BC}{}' + W_{CA}{}'}{Q_{AB} + Q_{BC}} = \frac{0 + 1.4nRT - nRT}{(3/2)nRT + 1.4nRT} = \frac{4}{29}$$

$$\fallingdotseq \mathbf{0.14}\quad\boxed{答}$$

類題 4
(教 p.136)

単原子分子理想気体に対して，図の4つの過程をくり返して状態を変化させた。このサイクルを熱機関とみなしたとき，1サイクルでの熱効率 e を有効数字2桁で求めよ。

(**考え方**)　A → B，C → D は定積変化，B → C，D → A は定圧変化である。

(**解説&解答**)　気体定数を R〔J/(mol·K)〕，気体の物質量を n〔mol〕とする。A，B，C，D での温度をそれぞれ T_A，T_B，T_C，T_D〔K〕として状態方程式を立てると

$$A : pV = nRT_A \quad\text{より}\quad T_A = \frac{pV}{nR}\,\text{〔K〕}$$

$$B : 3pV = nRT_B \quad\text{より}\quad T_B = \frac{3pV}{nR}\,\text{〔K〕}$$

$$C : 3p \times 2V = nRT_C \quad\text{より}\quad T_C = \frac{6pV}{nR}\,\text{〔K〕}$$

$$D : p \times 2V = nRT_D \quad\text{より}\quad T_D = \frac{2pV}{nR}\,\text{〔K〕}$$

各過程で気体が得る熱量を $Q_{A \to B}$〔J〕のように表す。
A → B，C → D は定積変化であるから

$$Q_{A \to B} = \frac{3}{2}nR(T_B - T_A) = \frac{3}{2}nR\left(\frac{3pV}{nR} - \frac{pV}{nR}\right) = 3pV$$

$$Q_{C \to D} = \frac{3}{2}nR(T_D - T_C) = \frac{3}{2}nR\left(\frac{2pV}{nR} - \frac{6pV}{nR}\right) = -6pV$$

B → C，D → A は定圧変化であるから

$$Q_{B \to C} = \frac{5}{2} nR(T_C - T_B) = \frac{5}{2} nR \left(\frac{6pV}{nR} - \frac{3pV}{nR} \right) = \frac{15}{2} pV$$

$$Q_{D \to A} = \frac{5}{2} nR(T_A - T_D) = \frac{5}{2} nR \left(\frac{pV}{nR} - \frac{2pV}{nR} \right) = -\frac{5}{2} pV$$

以上より　$Q_{in} = Q_{A \to B} + Q_{B \to C} = \frac{21}{2} pV \,\text{(J)}$

$$Q_{out} = -(Q_{C \to D} + Q_{D \to A}) = \frac{17}{2} pV \,\text{(J)}$$

$e = \dfrac{Q_{in} - Q_{out}}{Q_{in}} = \dfrac{4}{21} \fallingdotseq \mathbf{0.19}$　答

演 習 問 題

教 p.137 〜 p.138

1 　断面積が等しく，なめらかに動くピストン付き容器
A，B内に等量の理想気体を入れ，A，Bを図のよう
に水平な床の上に固定し，ピストンどうしをつなぐ。
このとき，両気体とも圧力は$1.0 \times 10^5\,\text{Pa}$，体積は
$0.60\,\text{m}^3$，温度は$3.0 \times 10^2\,\text{K}$であった。次に，A内の気体の温度を$3.0 \times 10^2\,\text{K}$に保
ったまま，B内の気体の温度を上げたところ，B内の気体の圧力が$1.2 \times 10^5\,\text{Pa}$に
なったとする。
(1)　A内の気体の圧力$p_A\,\text{(Pa)}$を求めよ。
(2)　それぞれの気体の体積V_A，$V_B\,\text{(m}^3\text{)}$を求めよ。
(3)　B内の気体の温度$T_B\,\text{(K)}$を求めよ。

考え方　ボイルの法則((2)式)，ボイル・シャルルの法則((6)式)を用いる。

解説&解答　(1)　ピストンはA，B両方の気体から同じ大きさの力で逆向きに押
　　　　　されている。ピストンの断面積が等しいので，A，Bの気体の圧
　　　　　力は等しい。よって　$p_A = \mathbf{1.2 \times 10^5\,Pa}$　答

(2)　A内の気体について，ボイルの法則より
　　　$(1.0 \times 10^5) \times 0.60 = (1.2 \times 10^5) \times V_A$

　　　$V_A = \dfrac{1.0 \times 10^5}{1.2 \times 10^5} \times 0.60 = \mathbf{0.50\,m^3}$　答

A，Bのピストンは連結されており，ピストンの断面積が等しい
ので，Aの体積が減少した分$(0.60 - 0.50 = 0.10\,\text{m}^3)$だけBの体

積が増加する。よって　$V_B = 0.60 + 0.10 = \mathbf{0.70\,m^3}$　答

(3)　B の気体について，ボイル・シャルルの法則より

$$\frac{(1.0 \times 10^5) \times 0.60}{3.0 \times 10^2} = \frac{(1.2 \times 10^5) \times 0.70}{T_B}$$

$$T_B = \frac{(1.2 \times 10^5) \times 0.70}{(1.0 \times 10^5) \times 0.60} \times 3.0 \times 10^2 = \mathbf{4.2 \times 10^2\,K}$$　答

2　半径 r〔m〕の球形の中空容器の中に，質量 m〔kg〕の分子 N 個からなる気体を入れる。気体分子は器壁と弾性衝突をする。

(1)　1個の分子が速さ v〔m/s〕で器壁の点 P に，点 P と球の中心 O とを結ぶ線（法線）と θ の角をなして衝突した。

　(a)　1回の衝突で分子が壁に与える力積の大きさ I〔N・s〕を求めよ。

　(b)　この分子が時間 t〔s〕の間に壁に衝突する回数 n〔回〕を求めよ。

　(c)　この分子が時間 t〔s〕の間に壁に与える力積の大きさの和 nI を，r，m，v，t で表せ。

(2)　容器内の分子の速さはすべて v だとする。容器内の気体の圧力 p〔Pa〕を，容器の体積を V〔m³〕として，r を用いずに求めよ。

（**考え方**）　気体分子の運動を法線方向と接線方向に分けて考える。

（**解説&解答**）(1)(a)　右図より，衝突前後で気体分子の法線方向の速度は $2v\cos\theta$ 変化する。運動量の変化の大きさが，分子が壁に与える力積の大きさ I と等しいので　$I = \mathbf{2mv\cos\theta}$〔**N・s**〕　答

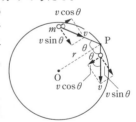

(b)　右下の図より，気体分子が衝突と衝突の間に進む距離は，$2r\cos\theta$〔m〕である。時間 t に進む距離は vt〔m〕であるから，この間に壁に衝突する回数は　$n = \dfrac{vt}{2r\cos\theta}$〔回〕　答

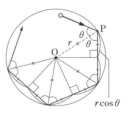

(c)　(1)(a)の結果と(b)の結果から

$$nI = \left(\frac{vt}{2r\cos\theta}\right) \times (2mv\cos\theta)$$

$$= \frac{mv^2}{r}t$$　答

(2)　(c)の結果より，N 個の気体分子が単位時間当たりに壁に与える力積の大きさ，すなわち力の大きさは $\dfrac{Nmv^2}{r}$〔N〕で表される。

$$p = \frac{力}{表面積} = \frac{\dfrac{Nmv^2}{r}}{4\pi r^2} = \frac{Nmv^2}{4\pi r^3} = \frac{Nmv^2}{3 \cdot \dfrac{4\pi r^3}{3}} = \frac{\mathbf{Nmv^2}}{\mathbf{3V}}$$〔**Pa**〕　答

3 気体の状態変化に関する次の会話を読み，空欄に当てはまる適切な文章または語句を下の選択肢から選べ。ただし，同じものをくり返し選んでもよい。

> **Aさん**　自転車の空気入れで，レバーを一気に押しこむと，空気入れの根元が少し温かくなりました。
>
> **Bさん**　一気に押しこむので，押しこんでいる間には熱の出入りがなく， ア 変化とみなせますね。このとき，気体（空気）の内部エネルギーは イ と考えられるので，気体の温度が上がったのではないでしょうか。ところで，レバーを十分にゆっくりと押しこむ場合はどうなるのでしょうか？
>
> **Aさん**　内部の気体は十分にゆっくり変化しているので，温度は一定に保たれ， ウ 変化とみなせます。このとき，気体の内部エネルギーは エ ので，気体がされた仕事はすべて熱として外部に放出されます。

〔選択肢〕
①定積　②定圧　③等温　④断熱　⑤増加する　⑥減少する　⑦変わらない

考え方　断熱変化における熱力学第一法則，等温変化における内部エネルギー変化を考える。

解説＆解答　**（ア）**　熱の出入りがないので，気体は断熱変化していると考えられる。よって　④ **答**

（イ）　断熱圧縮のとき，熱力学第一法則「$\Delta U = Q + W$」において，$Q = 0$，$W > 0$であるから，$\Delta U > 0$，つまり，内部エネルギーは増加する。よって　⑤ **答**

（ウ）　温度が一定に保たれるので，気体は等温変化していると考えられる。よって　③ **答**

（エ）　等温変化では内部エネルギーならびに温度は変化しない。よって　⑦ **答**

4 円筒容器にピストンで単原子分子理想気体を封じ，容器内外の圧力を1.0×10^5Pa，気体の温度を3.0×10^2K，体積を2.0×10^{-3}m³とした。このときの気体の状態をAとして，次の手順で気体の状態を変化させた。

> **過程I**　ピストンを固定したまま気体に熱量を与えたところ，気体の圧力は2.2×10^5Paになった（状態B）。
>
> **過程II**　次に，容器を断熱材で囲み，熱の出入りがないようにしてピストンをゆっくりと操作したところ，気体の圧力は1.0×10^5Paにもどり，体積は3.2×10^{-3}m³になった（状態C）。
>
> **過程III**　断熱材を外し，状態Cで気体を放置したところ，気体はゆっくりと収縮し，状態Aにもどった。

(1)　過程I→II→IIIの変化を，横軸に体積V，縦軸に圧力pをとったグラフに示せ。なお，グラフには変化の向きを示す矢印を入れ，状態A～Cでの横軸と縦軸の値を明記せよ。

(2) 各過程での気体の内部エネルギーの変化 ΔU_{I}〔J〕, ΔU_{II}〔J〕, ΔU_{III}〔J〕を求めよ。

(3) 各過程で気体がされた仕事 W_{I}〔J〕, W_{II}〔J〕, W_{III}〔J〕を求めよ。

(4) 各過程で気体が外部から吸収した熱量 Q_{I}〔J〕, Q_{II}〔J〕, Q_{III}〔J〕を求めよ。

(5) この1サイクルにおける熱効率を有効数字2桁で求めよ。

考え方　状態方程式によって式を書き換えて，与えられた圧力，体積の値を用いて計算する。

解説&解答　(1) A → B は定積変化，B → C は断熱変化，C → A は定圧変化であることから p-V 図は**右図**のようになる。　**答**

(2) 状態 A, B, C の圧力をそれぞれ p_{A}, p_{B}, p_{C}, 体積をそれぞれ V_{A}, V_{B}, V_{C}, 温度をそれぞれ T_{A}, T_{B}, T_{C} とすると，各過程の内部エネルギーの変化は状態方程式より

$$\Delta U_{\mathrm{I}} = \frac{3}{2} nR(T_{\mathrm{B}} - T_{\mathrm{A}}) = \frac{3}{2}(p_{\mathrm{B}} - p_{\mathrm{A}})V_{\mathrm{A}}$$

$$= \frac{3}{2}(2.2 - 1.0) \times 10^5 \times (2.0 \times 10^{-3}) = \mathbf{3.6 \times 10^2\,J}\quad \text{答}$$

$$\Delta U_{\mathrm{II}} = \frac{3}{2} nR(T_{\mathrm{C}} - T_{\mathrm{B}}) = \frac{3}{2}(p_{\mathrm{C}}V_{\mathrm{C}} - p_{\mathrm{B}}V_{\mathrm{B}})$$

$$= \frac{3}{2}\{(1.0 \times 10^5) \times (3.2 \times 10^{-3}) - (2.2 \times 10^5) \times (2.0 \times 10^{-3})\}$$

$$= \mathbf{-1.8 \times 10^2\,J}\quad \text{答}$$

$$\Delta U_{\mathrm{III}} = \frac{3}{2} nR(T_{\mathrm{A}} - T_{\mathrm{C}}) = \frac{3}{2}p_{\mathrm{A}}(V_{\mathrm{A}} - V_{\mathrm{C}})$$

$$= \frac{3}{2}(1.0 \times 10^5) \times (2.0 - 3.2) \times 10^{-3}$$

$$= \mathbf{-1.8 \times 10^2\,J}\quad \text{答}$$

(3) 定積変化であるから　$W_{\mathrm{I}} = \mathbf{0\,J}$　**答**

断熱変化であるから　$W_{\mathrm{II}} = \Delta U_{\mathrm{II}} = \mathbf{-1.8 \times 10^2\,J}$　**答**

定圧変化であるから

$$W_{\mathrm{III}} = -p_{\mathrm{A}}(V_{\mathrm{A}} - V_{\mathrm{C}}) = -(1.0 \times 10^5) \times (2.0 - 3.2) \times 10^{-3}$$

$$= \mathbf{1.2 \times 10^2\,J}\quad \text{答}$$

(4) 熱力学第一法則より　$Q_{\mathrm{I}} = \Delta U_{\mathrm{I}} - W_{\mathrm{I}} = \mathbf{3.6 \times 10^2\,J}$　**答**

断熱変化であるから　$Q_{\mathrm{II}} = \mathbf{0\,J}$　**答**

熱力学第一法則より

$$Q_{\mathrm{III}} = \Delta U_{\mathrm{III}} - W_{\mathrm{III}} = (-1.8 - 1.2) \times 10^2 = \mathbf{-3.0 \times 10^2\,J}\quad \text{答}$$

(5) 1サイクルの間に高温の物体から吸収した Q_{in}〔J〕は

$$Q_{\mathrm{in}} = Q_{\mathrm{I}} = 3.6 \times 10^2\,\text{J}$$

1サイクルの間に気体が外部にした仕事 W'〔J〕は

$$W' = -(W_{\mathrm{I}} + W_{\mathrm{II}} + W_{\mathrm{III}}) = -\{0 + (-1.8) + 1.2\} \times 10^2 = 60\,\mathrm{J}$$

熱効率 e は(47)式より

$$e = \frac{W'}{Q_{\mathrm{in}}} = \frac{60}{3.6 \times 10^2} = \frac{1}{6} \fallingdotseq \mathbf{0.17} \quad \text{答}$$

考 考えてみよう！ ● ● ● ● ● ● ● ● ● ● ● ● ● ● ● ● ●

5 (1) 未開封のスナック菓子を平地から標高の高い所に
持っていくと，袋がはちきれんばかりに膨らむ。A
さんはこの現象を不思議に感じ，物理で学んだ知識
を用いて考察することにした。

(a) 少量の空気を入れて密閉した袋を，東京(気温
30℃，気圧 1010 hPa)から富士山頂(気温 8℃，気圧 650 hPa)まで持ってい
くことを考える。袋がいくらでも膨張できると仮定すると，袋の体積は何倍
に膨張するだろうか。ただし，袋の中の空気は理想気体と考えてよいものと
する。

(b) 実際には袋の体積には上限があり，(a)の状況ほど膨らむことはできない。
富士山頂で袋が上限まで膨らんでいるとき，内部の空気の圧力は周囲の気圧
と比べてどのようになっているだろうか。

(2) 真夏の暑い日，部屋の窓や扉を閉め切って冷蔵庫の扉を開けたままにしてお
くと，室温を下げることができるだろうか。また，冷蔵庫とエアコンとの違い
について，それぞれの熱機関が熱を放出する場所に着目して説明してみよう。

考え方 (1) ボイル・シャルルの法則を用いる。

(2) 熱の出入りに注目する。

解説&解答 (1)(a) 東京と富士山頂での袋の体積をそれぞれ V_0, V_1 [m³] とする
と，ボイル・シャルルの法則より $\dfrac{1010 \times V_0}{273 + 30} = \dfrac{650 \times V_1}{273 + 8}$

よって $\dfrac{V_1}{V_0} = \dfrac{281 \times 1010}{303 \times 650} = 1.441\cdots \fallingdotseq \mathbf{1.44\,倍}$ 答

(b) (a)の状況では，内部の空気の圧力は周囲の気圧と等しい。し
かし，袋の体積に上限がある場合，空気はそれ以上膨張できな
いため，(a)の場合と山頂での状態を比較してボイルの法則を考
えると，**内部の空気の圧力は周囲の気圧より高くなる。** 答

(2) **冷蔵庫は庫内から吸収した熱を室内に放出するので，冷蔵庫の
扉を開けたままにしても室温を下げることはできない。一方，エ
アコンは室内から吸収した熱を室外に放出するので，冷蔵庫とは
違い，室温を下げることができる。** 答

注)冷蔵庫の場合は，室外から供給される電力を消費するので，
その分が熱として室内に放出され，むしろ室温が上がることにな
る。エアコンも電力を消費するが，それ以上に熱を室外に放出す
ることができるので室温を下げることができる。

第1章 波の伝わり方 教 p.140 ～ p.159

1 波と媒質の運動

A 波の表し方

❶波動 ある点で生じた振動が次々と周囲に伝わる現象を**波**または**波動**といい，振動を伝える物質を**媒質**という。また，振動が始まった点を**波源**という。

❷波の発生 振動する媒質の各点を連ねた線を**波形**といい，波形が正弦曲線となる波を**正弦波**という。波源が単振動をする場合，媒質の各点は波源よりも遅れて単振動をし，正弦波が生じる。媒質の各点の，もとの位置からのずれを**変位**という（教 **p.141 図2**）。

❸波の要素 波形の最も高い所を**山**，最も低い所を**谷**，山の高さあるいは谷の深さを**振幅**という。また，波1つ分の長さを**波長**といい，山や谷が進む速さを**波の速さ**という（右図）。

媒質の各点が1回の振動に要する時間 T 〔s〕を**周期**，1秒当たりに振動する回数 f 〔Hz〕を**振動数**という。波の速さを v 〔m/s〕，波長を λ 〔m〕とすると，波は1周期 T 〔s〕の間に，1波長 λ 〔m〕進むので，次のような関係がある。

$$v = f\lambda, \quad f = \frac{1}{T} \tag{1}$$

❹波のグラフ 位置（x）と媒質の変位（y）の関係を表すグラフを y–x 図といい，ある時刻の波形を表す。一方，ある位置での，時間（t）と媒質の変位（y）の関係を表すグラフを y–t 図という。正弦波の場合にはいずれのグラフも正弦曲線で表される（教 **p.142 図4**）。

❺波と媒質の運動 波の進む向きに波形をわずかに進めると，媒質の各点の動きがわかる（教 **p.142 図5**）。正弦波では，媒質の変位方向の運動の速さは，山と谷の位置で0，変位が0の位置で最大となる。

B 横波と縦波

教 **p.143 図6**のように，波の進む向きと媒質の振動方向が垂直になる波を**横波**，波の進む向きと媒質の振動方向が平行になる波を**縦波**という。

縦波は，媒質が密集した部分（**密部**）とまばらな部分（**疎部**）のくり返しが伝わるので，**疎密波**ともいわれる。音波は空気などの媒質の疎密が伝わる縦波である。縦波は固体中・液体中・気体中のいずれでも伝わるが，横波は固体中しか伝わらない。

縦波では，媒質の振動方向が波の進む向きと平行になるので，横波のような波形が見られず，波の状態がわかりにくい。そのため，変位を90度回転させて，縦波を横波のように表すことがある（**教** p.143 図7）。

2　正弦波の式

A　正弦波の式

❶正の向きに進む正弦波　単振動をする波源から，x 軸の正の向きに速さ v〔m/s〕で伝わる正弦波を考える。正弦波の振幅を A〔m〕，周期を T〔s〕，波長を λ〔m〕とし，原点$(x=0)$にある波源の時刻 t〔s〕での変位 y〔m〕は，次の単振動の式で表されるとする。

$$y = A\sin\frac{2\pi}{T}t \quad （\text{教} \text{ p.80 69}, \text{70式より}） \tag{2}$$

ここで，位置 x〔m〕にある媒質の点 P の時刻 t〔s〕における変位 y〔m〕を考える。点 P に原点の振動が伝わるのにかかる時間 t_0〔s〕は $t_0 = \dfrac{x}{v}$〔s〕である。したがって，時刻 t〔s〕での点 P の変位 y〔m〕は，時刻$(t - t_0)$〔s〕での原点の変位と同じである（**教** p.144 図9）。よって，(2)式の t を，$t - t_0$ で置きかえて

$$y = A\sin\frac{2\pi}{T}(t - t_0) = A\sin\frac{2\pi}{T}\left(t - \frac{x}{v}\right) \tag{3}$$

ここで，$v = \dfrac{\lambda}{T}$ であるから，次のような**正弦波の式**が得られる。

> **正弦波の式**
>
> $$y = A\sin 2\pi\left(\frac{t}{T} - \frac{x}{\lambda}\right) \tag{4}$$
>
> | | |
> |---|---|
> | y〔m〕　媒質の変位 | T〔s〕　周期 |
> | A〔m〕　振幅 | x〔m〕　媒質の位置 |
> | t〔s〕　時間 | λ〔m〕　波長 |
>
> 条件① 波が x 軸の正の向きに進むとき
> 　　② 原点$(x=0)$での媒質が，時刻 0 に
> 　　　 $y = 0$ の位置を y 軸の正の向きに通過するとき

❷負の向きに進む正弦波　正弦波の速さを v〔m/s〕，波長を λ〔m〕とし，原点の単振動は(2)式で表されるとする。(2)式の t を，$t + t_0$ で置きかえて

$$y = A\sin\frac{2\pi}{T}(t + t_0) \tag{5}$$

$t_0 = \dfrac{x}{v}$, $v = \dfrac{\lambda}{T}$ であるから

$$y = A\sin\frac{2\pi}{T}\left(t + \frac{x}{v}\right) = A\sin 2\pi\left(\frac{t}{T} + \frac{x}{\lambda}\right) \tag{6}$$

これは，(4)式の−(マイナス)を＋(プラス)で置きかえた式である。

❸**正弦波が伝わるようす**　(4)式で表される x 軸の正の向きに進む正弦波は，**教 p.146 図 11** のように周囲に伝わっていく。同図ⓐのように，t，x がともに決まれば，変位 y は一つに定まる。

❹**正弦波の位相**　媒質がどのような振動状態にあるかを表す量を**位相**という。

正弦波の場合，媒質の各点は単振動をするので，単振動と同様に位相を角で表す。

教 p.147 図 12 ⓐのような正弦波において，点 P_0 からの距離が $|m\lambda|$（m は整数）である点 P_m は点 P_0 と同じ振動を行う。このとき，P_0 と P_m は**同位相**であるといい，位相の差は π の偶数倍となる。

一方，点 P_0 からの距離が $\left|\left(m+\dfrac{1}{2}\right)\lambda\right|$ である点 Q_m は，常に点 P_0 と変位が逆になっている（同図ⓑ）。このとき，P_0 と Q_m は**逆位相**であるといい，位相の差は π の奇数倍となる。

❺**正弦波の一般式**　一般の正弦波では，原点の振動が(2)式のように変位 0 から正の向きに増加し始めるとは限らない。そこで，原点（$x=0$）の，時刻 $t=0$ での位相（**初期位相**）を $\overset{\text{ファイ}}{\phi}$ で表す。これを用いると，正弦波の一般式は次のようになる。

$$x \text{ 軸の正の向きに進む正弦波}：y = A\sin\left\{2\pi\left(\frac{t}{T}-\frac{x}{\lambda}\right)+\phi\right\} \tag{7}$$

$$x \text{ 軸の負の向きに進む正弦波}：y = A\sin\left\{2\pi\left(\frac{t}{T}+\frac{x}{\lambda}\right)+\phi\right\} \tag{8}$$

3 波の伝わり方

A 重ねあわせの原理

2 つの波が出あうと重なりあって波の形が変わるが，その後は波はもとの形を崩さず，何ごともなかったかのように進む。このとき，2 つの波が出あった場所における変位 y は，それぞれの波が単独で伝わるときの変位 y_1，y_2 の和になっており

$$\boldsymbol{y = y_1 + y_2} \tag{9}$$

が成りたつことがわかる。これを波の**重ねあわせの原理**という。重ねあわせによってできた波を**合成波**という。

波が重なりあう現象は，媒質の各点に複数の波の変位が同時に伝わるだけであって，互いに他の波の進行を妨げたり，他の波に影響を与えたりすることはない。これを**波の独立性**という。

B 定在波

反対の向きに同じ速さで進む，波長・振幅の等しい正弦波が重なると，まったく振動しない所（**節**）と大きく振動する所（**腹**）が交互に並び，合成波はどちらにも進んでいないように見える（**教 p.150 図 15**）。このような波を**定在波**（**定常波**）という。一方，波形が進む波を**進行波**という。

C 自由端による反射・固定端による反射

ウェーブマシーンの一端から波を発生させると，波は反対側の端の点まで達し，その点で折り返してもどってくる。このような現象を**反射**といい，反射する前の波を**入射波**，反射した後の波を**反射波**という。

❶自由端と固定端 教p.151 図16ⓐの右端は媒質が自由に振動できる端で，**自由端**という。自由端では波の山がそのまま山として反射される。同図ⓑの右端は媒質が振動できないように固定されており，**固定端**という。固定端では，波の山が反転して谷となって反射される。

❷反射波の波形 反射波を図示する際，自由端の場合は入射波を延長し，自由端を軸に折り返す。固定端の場合は入射波を延長し，上下反転させたのち，固定端を軸に折り返す。

教p.151 図17 のように，入射波が連続的な正弦波の場合，反射波も正弦波となり，入射波と反射波の重ねあわせによって，定在波ができる。自由端の場合，端は定在波の腹となり，固定端の場合，端は節となる。

D 波の波面

水面上の1点を振動させると，波源を中心に円形の波紋が広がる。このとき，同じ円周上の各点では位相が等しい。これらの位相が等しい点を連ねた面を**波面**といい，波面が平面になる波を**平面波**，波面が球面になる波を**球面波**という。波面は波の進む向きと常に垂直である。

E 波の干渉

水面上の2点を振動させるとこれらの点を波源とする波が広がる。このとき山と山（谷と谷）が重なりあう場所は振幅が大きくなり，山と谷が重なりあう場所は，振動を弱めあう。このように，波が重なって振動を強めあったり弱めあったりする現象を**波の干渉**という。

振幅 A で同位相で振動する2つの波源 S_1，S_2 から出る波の波長を λ とする。波源 S_1，S_2 からの距離がそれぞれ l_1，l_2 である点を考える（教p.153 図20）。このとき，強めあう場所と弱めあう場所の条件を式で表すと，次のようになる（波源が逆位相で振動する場合，条件式が入れかわる）。

強めあう点： $|l_1 - l_2| = m\lambda = 2m \times \dfrac{\lambda}{2}$ (10)

弱めあう点： $|l_1 - l_2| = \left(m + \dfrac{1}{2}\right)\lambda = (2m+1) \times \dfrac{\lambda}{2}$ (11)

$$(m = 0,\ 1,\ 2,\ \cdots)$$

F 波の反射と屈折

❶波の反射 波が壁で反射して進むとき，壁（境界面）に垂直な直線（境界面の法線）と入射波の進行方向のなす角 i を**入射角**という。また，境界面の法線と反射波の進行方向のなす角 j を**反射角**という。波の反射では，入射角 i と反射角 j の間に，次の**反射の法則**が成りたつ。

反射の法則

$$i = j \tag{12}$$

i 　入射角

j 　反射角

❷波の屈折　波の速さが異なる2つの媒質の境界面に波が斜めに入射すると，波の進む向きが変わる。この現象を**屈折**という。このとき反射波も同時に生じている。

屈折波の進行方向と境界面の法線のなす角 r を**屈折角**という。波が媒質1から媒質2へ進むとき，次の**屈折の法則**が成りたつ。

屈折の法則

$$\frac{\sin i}{\sin r} = \frac{v_1}{v_2} = \frac{\lambda_1}{\lambda_2} = n_{12} \tag{13}$$

i 　入射角　　　r 　屈折角

$v_1,\ v_2$ 〔m/s〕　媒質1，媒質2での波の速さ

$\lambda_1,\ \lambda_2$ 〔m〕　媒質1，媒質2での波の波長

n_{12} 　媒質1に対する媒質2の屈折率

波の振動数 f は屈折しても変化しないが，波の速さ v と波長 λ は媒質が異なると変化する。n_{12} は2つの媒質によって決まる一定値で，媒質1に対する媒質2の**屈折率**（相対屈折率）という。

❸ホイヘンスの原理　波の波面を無数の波源の集まりであるとみなし，そこから送り出される球面波（これを特に**素元波**という）をもとにすると，波面の進み方について

　　波面の各点からは，波の進む前方に素元波が出る。これらの素元波に
　　共通に接する面が，次の瞬間の波面になる。

と説明できる。これを**ホイヘンスの原理**という（**教** p.157 図23）。

G 波の回折

　波が障害物の背後にまわりこむ現象を**波の回折**という。回折は，すき間や障害物の幅に対して波長が小さいときは目立たないが，同程度以上になると目立つようになる（**教** p.158 図24）。

―――――――――◦ **問　題** ◦―――――――――

問 1 （**教**p.142）	図は，x 軸上を正の向きに速さ 0.10 m/s で進む正弦波の時刻 $t = 0$ s での波形を表す。時刻 $t = 30$ s での波形を図にかきこめ。

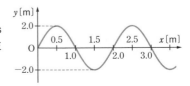

考え方 30秒間で波はどれだけ進むかを考える。

解説&解答 30秒間で波が進む距離は
$$0.10 \times 30 = 3.0\,\text{m}$$
よって，波形をx軸の正の向きに3.0m平行移動させればよい。　**答**

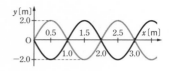

問2
教p.142 図は，x軸上を正の向きに速さ1.5m/sで進む正弦波の時刻$t=0$sでの波形を表す。位置$x=6.0$mでの媒質の振動のようすをy-t図に表せ。

考え方 波の速さと波長から周期を求める。

解説&解答 図より，波長は6.0mだから，周期Tは「$v=\dfrac{\lambda}{T}$」より
$$T=\frac{\lambda}{v}=\frac{6.0}{1.5}=4.0\,\text{s}$$

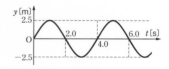

$x=6.0$mの媒質は$t=0$sにおいて変位は$y=0$mであり，その次の瞬間には上向きに動く。以上より，y-t図は図のようになる。　**答**

問3
教p.148 x軸上を正の向きに進む正弦波について，位置xの媒質の変位yが，時刻tにおいて　$y=1.5\sin\pi(0.80t-0.40x)$　と表されるとき，正弦波の振幅，周期，波長を求めよ。ここでは，x，y，tは，長さの単位を m，時間の単位を s としたときの数値を表すものとする。

考え方 正弦波の式((4)式)を用いる。

解説&解答　$y=1.5\sin\pi(0.80t-0.40x)$　……①
①式を，正弦波の式
$$y=A\sin 2\pi\left(\frac{t}{T}-\frac{x}{\lambda}\right)\quad\cdots\cdots②$$
と比較する。①式を変形して
$$y=1.5\sin 2\pi(0.40t-0.20x)$$
これを②式と比較すると，振幅は　$A=\mathbf{1.5\,m}$　**答**
また，tとxの係数を②式と比較して
$$\frac{1}{T}=0.40 \text{ より，周期は}\quad T=\mathbf{2.5\,s}\quad\textbf{答}$$
$$\frac{1}{\lambda}=0.20 \text{ より，波長は}\quad \lambda=\mathbf{5.0\,m}\quad\textbf{答}$$

注）以下の**例題**1，**類題**1では，x，y，t などの記号（文字）は，長さの単位を m，時間の単位を s としたときの数値を表すものとする。

例題 1
(教)p.148

x 軸上を正の向きに速さ 5 m/s で進む正弦波がある。原点の媒質の変位 y は図のように表される。円周率を π とする。

(1) 時刻 t での原点の媒質の変位 y を，t を用いて表せ。

(2) 時刻 t での位置 x の媒質の変位 y を，x，t を用いて表せ。

考え方　(1)　グラフから，振幅，周期を確認して単振動の式に代入する。

(2)　振動が伝わるのにかかる時間 t_0 を考え，(1)の式における t を $t - t_0$ で置きかえる。

解説&解答　(1)　図より原点の媒質は，振幅が 3 m，周期が 4 s の単振動を行う。

$$y = 3\sin 2\pi \frac{t}{4} = 3\sin \frac{\pi}{2} t \quad \boxed{答}$$

(2)　原点から位置 x まで振動が伝わるのにかかる時間は $t_0 = \dfrac{x}{5}$ である。したがって，時刻 t での位置 x の媒質の変位 y は，(1)で求めた式の t を，$t - t_0$ で置きかえればよい。よって

$$y = 3\sin \frac{\pi}{2}(t - t_0) = 3\sin \frac{\pi}{2}\left(t - \frac{x}{5}\right) \quad \boxed{答}$$

類題 1
(教)p.148

x 軸上を負の向きに速さ 2 m/s で進む正弦波がある。原点の媒質の変位 y は，時刻 t において　$y = 5\sin \dfrac{\pi}{4} t$　と表される。

(1) 原点での媒質の振動のようすを y-t 図に表せ。

(2) 時刻 t での位置 x の媒質の変位 y を，x，t を用いて表せ。

考え方　(1)　振幅，周期を求めてグラフをかく。

(2)　振動が伝わるのにかかる時間 t_0 を考え，式の t を $t + t_0$ で置きかえる。

解説&解答　(1)　与えられた式より　$y = 5\sin \dfrac{\pi}{4} t = 5\sin \dfrac{2\pi}{8} t$

これを単振動の式「$y = A\sin \dfrac{2\pi}{T} t$」と比較すると，振幅は 5 m，周期は 8 s であるから，原点での振動の様子は右図のようになる。　**答**

第 ❸ 編
波

第**3**編
波

(2) 正弦波は負の向きに 2 m/s で進むので，位置 x にある媒質の変位 y は，$t_0 = \dfrac{x}{2}$ 後の原点の変位と同じである。したがって，与えられた式の t を $t + t_0$ で置きかえて

$$y = 5\sin\frac{\pi}{4}\left(t + \frac{x}{2}\right)　\boxed{答}$$

問 4
(教p.151)
図のように，x 軸上を正の向きに進む正弦波が点 P の位置にある固定端で反射している。このとき観測される合成波の波形をかき，定在波の節となる位置を○印で示せ。

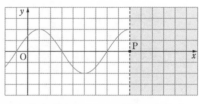

考え方　反射波をかき，重ねあわせにより合成波をかく。固定端は定在波の節になる。

解説&解答　入射波を延長し，上下反転させたのち，固定端を軸に折り返せば，反射波が得られる。重ねあわせの原理により合成波をかく。
　　　固定端の位置は定在波の

節となり，節と節の間隔は進行波の波長の半分になる。　\boxed{答}

問 5
(教p.154)
水面上で 6.0 cm 離れた 2 点 A，B から，波長 2.0 cm の同位相の波が出ている。
(1) 図の点 P，Q は強めあう点か，弱めあう点か。
(2) A と B の間に，弱めあう点を連ねた双曲線は何本あるか。

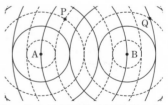

考え方　(1) AP，BP が何波長分かを求める。その差が波長の整数倍なら強めあい，半波長の奇数倍なら弱めあう。
　　　(2) AB $= 3\lambda$ であるから，AB 間では $|\mathrm{AR} - \mathrm{BR}|$ の最大値は 3λ より小さい。この範囲内で半波長の奇数倍となる点 R の個数を求めればよい。

解説&解答　(1) それぞれの波源からの距離の差を求める。

$$\mathrm{AP} = 3.0\,\mathrm{cm} = \frac{3}{2}\lambda,\ \mathrm{BP} = 5.0\,\mathrm{cm} = \frac{5}{2}\lambda$$

$$|\mathrm{AP} - \mathrm{BP}| = \lambda\quad よって，\textbf{点 P は強めあう点である。}　\boxed{答}$$

$$\mathrm{AQ} = 8.0\,\mathrm{cm} = 4\lambda,\ \mathrm{BQ} = 3.0\,\mathrm{cm} = \frac{3}{2}\lambda$$

$$|\mathrm{AQ} - \mathrm{BQ}| = \frac{5}{2}\lambda$$ よって，**点 Q は弱めあう点である。** 答

(2) 直線 AB 上にある弱めあう点を R とすると，R は

$$\mathrm{AR} - \mathrm{BR}$$
$$= \pm\frac{1}{2}\lambda, \ \pm\frac{3}{2}\lambda, \ \pm\frac{5}{2}\lambda$$

を満たす6点である（AB = 3λ であるので $|\mathrm{AR} - \mathrm{BR}|$ の最大値は 3λ より小さい）。したがって，**双曲線は全部で 6本ある。** 答

$$|\mathrm{AR} - \mathrm{BR}| = \left(m + \frac{1}{2}\right)\lambda$$

例題2
（教p.155）
図のように，波が媒質1から媒質2へと屈折して進む。媒質1に対する媒質2の屈折率が1.4であるとき，屈折角 r を求めよ。入射角 i は $\sin i = 0.70$ を満たすとする。

考え方 屈折の法則(⑬式)を用いる。

解説&解答 媒質1に対する媒質2の屈折率は $n_{12} = 1.4$ である。

屈折の法則「$\dfrac{\sin i}{\sin r} = n_{12}$」より $\dfrac{0.70}{\sin r} = 1.4$

これを解くと $\sin r = 0.50$ $0° < r < 90°$ より $r = 30°$ 答

類題2
（教p.155）
図のように，波が媒質1から媒質2へと屈折して進む。媒質2での波の波長は0.10m，波の速さは0.20m/s である。

(1) 媒質1に対する媒質2の屈折率 n_{12} を求めよ。

(2) 媒質1での波の波長 λ_1〔m〕と，波の速さ v_1〔m/s〕を求めよ。

考え方 屈折の法則(⑬式)を使う。

解説&解答 (1) 媒質1に対する媒質2の屈折率 n_{12} は，屈折の法則より

「$\dfrac{\sin i}{\sin r} = n_{12}$」 すなわち $\dfrac{\sin 60°}{\sin 30°} = n_{12}$

よって $n_{12} = \dfrac{\frac{\sqrt{3}}{2}}{\frac{1}{2}} = \sqrt{3} \fallingdotseq 1.7$ 答

(2) 屈折の法則より $\dfrac{v_1}{0.20} = \dfrac{\lambda_1}{0.10} = n_{12}$

$\lambda_1 = 0.10 \times \sqrt{3} \fallingdotseq 0.17\,\mathrm{m}$ 答

$v_1 = 0.20 \times \sqrt{3} \fallingdotseq 0.35\,\mathrm{m/s}$ 答

演 習 問 題

教 p.159

1 x 軸上を正の向きに進む周期 4 s の正弦波が
ある。図は時刻 0 s での波形を表す。ここでは，
x, y, t は，長さの単位を m，時間の単位を s
としたときの数値を表すものとする。

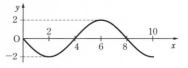

(1) この波の速さを求めよ。

(2) 時刻 t での原点の媒質の変位 y を，t を用いて表せ。

(3) 時刻 t での位置 x の媒質の変位 y を，x, t を用いて表せ。

考え方 正弦波の式((2)式)を用いる。位置 x〔m〕の位置に変位が伝わるのに，
$\dfrac{x}{v}$〔s〕かかる。

解説＆解答 (1) y–x 図より，この正弦波の波長 λ は 8 m である。周期が T のと
き，波の速さ v は

$$v = \frac{\lambda}{T} = \frac{8}{4} = \mathbf{2\,m/s}　答$$

(2) 正弦波の振幅 A は 2 m
である。波が正の向きに
進むとき，原点の媒質は
$y = 0$ の位置から上向き
に動く。

$$y = A\sin\frac{2\pi}{T}t = 2\sin\frac{2\pi}{4}t = \mathbf{2\sin\frac{\pi}{2}t}　答$$

(3) 正弦波の速さは，(1)より 2 m/s なので，位置 x に原点の変位が
伝わるのにかかる時間は $\dfrac{x}{2}$ である。この位置の時刻 t での変位
は，時刻 $\left(t - \dfrac{x}{2}\right)$ での原点の変位と同じであるから

$$y = \mathbf{2\sin\frac{\pi}{2}\left(t - \frac{x}{2}\right)}　答$$

2 図のように，水面上で 10.5 cm 離れた 2 つ
の波源 A，B が逆位相で振動して，振幅の
等しい波長 3.0 cm の波を出している。図の
実線はある瞬間における波の山の波面，破線
は谷の波面を表している。水面波の減衰は考
えないものとする。

(1) 線分 AB の中点は，2 つの波が強めあう
点か，弱めあう点か。

(2) A，B からの距離の差が 4.5 cm である点は，強めあう点か，弱めあう点か。

(3) 弱めあう点を連ねた曲線を図に示せ。

考え方 波の干渉の式((10)，(11)式)を用いる。波源 A，B は逆位相であることに注意する。

解説&解答 (1) 波が常に逆位相で干渉するので，**弱めあう点**である。　**答**

(2) 両波源からの距離の差を l〔cm〕，波長を λ〔cm〕とする。波源 A，B は逆位相で振動しているので，(10)，(11)式より

$$l = m\lambda \qquad \cdots\cdots 弱めあう$$
$$l = \left(m + \frac{1}{2}\right)\lambda \qquad \cdots\cdots 強めあう$$

$l = 4.5\,\text{cm}$，$\lambda = 3.0\,\text{cm}$ であるから

$$4.5 = \frac{3}{2} \times 3.0 = \left(1 + \frac{1}{2}\right) \times 3.0$$

よって，**強めあう点**である。　**答**

(3) 山の波面(実線)と谷の波面(破線)の交点を連ねた曲線をかく(右図)。　**答**

参考 線分 AB 上で弱めあう 1 つの点を P とし，AP $= x$ とする。

$0 \leqq x < \dfrac{10.5}{2}$ のとき

$$(10.5 - x) - x = m\lambda \quad (m = 0,\ 1,\ 2,\ \cdots)$$
$$x = \frac{10.5}{2} - \frac{3m}{2} \quad より \quad x = \frac{1.5}{2}, \frac{4.5}{2}, \frac{7.5}{2}$$

$\dfrac{10.5}{2} \leqq x < 10.5$ のとき

$$x - (10.5 - x) = m\lambda \quad (m = 0,\ 1,\ 2,\ \cdots),$$
$$x = \frac{10.5}{2} + \frac{3m}{2} \quad より \quad x = \frac{10.5}{2}, \frac{13.5}{2}, \frac{16.5}{2}, \frac{19.5}{2}$$

以上の 7 点となる。

3 媒質 A から媒質 B へ平面波が伝わり，波面が境界面となす角度が 45° から 30° に変わった。媒質 A での波の速さは 2.0 m/s である。

(1) 媒質 A，B の中で，それぞれ点 P を通る波の進む向きを，図中にかき入れよ。

(2) 媒質 A に対する媒質 B の屈折率 n_{AB} を求めよ。

(3) 媒質 B での波の速さ v_B〔m/s〕を求めよ。

(4) この波の振動数が 5.0 Hz であるとき，媒質 A での波の波長 λ_A〔m〕と，媒質 B での波の波長 λ_B〔m〕を求めよ。

考え方 波は波面に垂直な向きに進む。屈折の法則((13)式)を用いる。

解説&解答 (1)　波の進む向きは波面に垂直な向きであるから右図のようになる。　**答**

(2)　媒質Aに対する媒質Bの屈折率n_{AB}は，屈折の法則（⒀式）より

$$n_{AB} = \frac{\sin 45°}{\sin 30°} = \sqrt{2} ≒ 1.4 \quad 答$$

(3)　媒質Aでの波の速さは，$v_A = 2.0\,\text{m/s}$である。屈折の法則（⒀式）より，$\dfrac{v_A}{v_B} = n_{AB}$　となるので

$$\frac{2.0}{v_B} = \sqrt{2} \quad よって \quad v_B = \frac{2.0}{\sqrt{2}} = \sqrt{2} ≒ 1.4\,\text{m/s} \quad 答$$

(4)　波の振動数$f = 5.0\,\text{Hz}$　より　「$v = f\lambda$」（⑴式）を用いて

$$\lambda_A = \frac{v_A}{f} = \frac{2.0}{5.0} = 0.40\,\text{m} \quad 答$$

$$\lambda_B = \frac{v_B}{f} = \frac{\sqrt{2}}{5.0} ≒ 0.28\,\text{m} \quad 答$$

考 考えてみよう！ ●

4　遠浅の海岸に向かってくる波の波面は，沖から海岸に近づくにつれて海岸線に対して平行になる。これはなぜだろうか。ただし，水深が深いほど波は速く伝わるとする。

考え方　波が屈折するのは，波の速さが異なる媒質の境界面に斜めに入射したときであることをもとに考える。

解説&解答　**海岸線に対して斜めの波面では，海岸線から遠い部分ほど水深が深く，波は速く進むため，しだいに波面は海岸線に対して平行になる。**

答

〈別解〉波の進む向きを考察する。図のように，点Pに海岸線と斜めに入射する波を考える。遠浅の海岸では，等深線は海岸線とほぼ平行になっているので，海岸線から遠いほうの波の速さをv_1，近いほうをv_2とすると　$v_1 > v_2$　……①
点Pでの等深線に対する波の入射角をi，屈折角をrとすると，屈折の法則より

$$\frac{\sin i}{\sin r} = \frac{v_1}{v_2} \quad ①式より \quad \sin i > \sin r \quad ゆえに \quad i > r$$

したがって，海岸線に対して斜めに入射してきた波は海岸線に近づくにしたがい，海岸線としだいに直角になるように進む。波面は波の進む向きに垂直であるから，波は海岸線に近づくにしたがい海岸線に対して平行になる。

第2章　音の伝わり方

数 p.160 〜 p.173

1 音の伝わり方

A 音の性質

❶**音波**　太鼓をたたくと，膜の振動によって，まわりの空気は圧縮と膨張をくり返す。媒質を伝わるこのような縦波を**音波**(または**音**)という。また，音の波源，つまり振動して音を発生させる物体を**音源**(**発音体**)という。

❷**音の大きさ・音の高さ・音色**

・**音の大きさ**　振動数が同じ場合，振幅が大きくなるほど音は大きくなる。

・**音の高さ**　振動数が大きいほど高く聞こえる。人が聞くことのできる音の振動数はおよそ 20 〜 20000 Hz の範囲で，この上限をこえる音を**超音波**という。

・**音色**　同じ高さの音でも違った印象に聞こえる。身のまわりのほとんどの音は単純な正弦波ではなく，複雑な波形をしている。この波形の違いが音色の違いを生む。

❸**音の速さ**　空気中を伝わる音の速さは，温度が高くなるほど大きくなる。1 気圧，t 〔℃〕の空気中の音の速さ V〔m/s〕は次のように表される。

$$V = 331.5 + 0.6t \tag{14}$$

この式より，15℃ の空気中を伝わる音の速さは約 340 m/s である。

音は気体だけでなく液体や固体でも伝わる(数 p.161 表1)。水中を伝わる音の速さは空気中に比べて 4 〜 5 倍であり，鉄(固体)の中ではさらに速く伝わる。真空中では，媒質がないので音は伝わらない。

B 音の伝わり方

❶**音の反射**　大きな建物の前で手をたたくと，もどってきた音が聞こえることがある。これは音が建物に当たって反射したためである。

❷**音の屈折**　音波は，異なる媒質の境界面で屈折する。また，同じ媒質(空気など)の中でも温度などの違いにより部分的に音の速さが異なれば，屈折しながら進む。

❸**音の回折**　人の姿は見えなくても，塀の向こう側の会話が聞こえることがある。このように，音が障害物の背後にも届くのは，音の回折のためである。

❹**音の干渉**　同じ振動数の音を 2 つのスピーカーから出すと，音がよく聞こえる場所と聞こえにくい場所ができる。これは，音の干渉により空気の振動を強めあう所と，弱めあう所ができるからである。

C うなり

振動数がわずかに異なる 2 つのおんさを同時に鳴らすと，ウォーン，ウォーンと音の大小が周期的にくり返されて聞こえる。このような現象を**うなり**という。2 つの音源の振動数をそれぞれ f_1，f_2〔Hz〕とすると，1 秒当たりのうなりの回数 f は次の式で求められる。

第3編　波

$$f = |f_1 - f_2| \qquad (15)$$

2 音のドップラー効果

A ドップラー効果

　音源や観測者が動くことによって，もとの振動数（音の高さ）と異なった振動数が観測される現象を**ドップラー効果**という。ドップラー効果は音波だけでなく，すべての波動で共通に起こる現象である。

B 音源が動く（観測者は静止）場合

❶波長の変化　音源が動きながら音を出すと，音源が進む前方では，波長が短くなって振動数が大きくなり，音が高く聞こえる。一方，音源の後方では，波長が長くなって振動数が小さくなり，音が低く聞こえる。

❷振動数の変化　音の速さを V〔m/s〕，音源の振動数を f〔Hz〕，音源から観測者への向きを正として音源の速度を v_S〔m/s〕とすると，観測者の受け取る音波の振動数 f'〔Hz〕は，下図より，次のようになる。

$$f' = \frac{V}{V - v_\mathrm{S}} f \qquad (16)$$

C 観測者が動く（音源は静止）場合

　観測者が音源に近づくとき，観測される振動数が大きくなり，音が高く聞こえる。逆に，観測者が音源から遠ざかる場合は，音が低く聞こえる。

　音の速さを V〔m/s〕，音源の振動数を f〔Hz〕，音源から観測者への向きを正として観測者の速度を v_0〔m/s〕とすると，観測者の受け取る音波の振動数 f'〔Hz〕は，次図より，次のようになる。

$$f' = \frac{V - v_0}{V} f \qquad (17)$$

D 音源と観測者が動く場合

　静止している観測者が，速度 v_S [m/s]で動く音源から出た f [Hz]の音を聞くとき，観測者が聞く音波の振動数 f_1 [Hz]は(16)式より

$$f_1 = \frac{V}{V - v_S}f \tag{18}$$

となる。この音を，速度 v_0 [m/s]で動く観測者が聞くときの振動数 f' [Hz]は，(18)式の f_1 を(17)式の f に代入して求めることができる。

ドップラー効果

$$f' = \frac{V - v_0}{V - v_S}f \tag{19}$$

f' [Hz]　観測者の受け取る音波の振動数
f [Hz]　音源の振動数
V [m/s]　音の速さ
v_0 [m/s]　観測者の速度
v_S [m/s]　音源の速度

───○ 問　題 ○───

考 問6
(教p.160)

図のように，容器の中に目覚まし時計を入れて鳴らしながら，容器内の気体を抜いていく。このとき，目覚まし時計の音の聞こえ方はどのように変化していくか。理由とともに説明してみよう。

考え方　音波における空気の役割を考える。

解説&解答　音波を伝える媒質である空気がなくなっていくため，音はしだいに小さくなっていく。　**答**

第$\textbf{3}$編 波

例題3
(教p.163)

図のように，2つのスピーカー A，B が，同位相で振動数 1.7×10^2 Hz の音を出している。音の速さを 3.4×10^2 m/s とする。

(1) 音の波長 λ〔m〕を求めよ。

(2) 点 P は，音が強めあう点か，弱めあう点か。

考え方　(2)　2つのスピーカーは同位相の音を出すので，距離の差 |AP − BP| が「波長の整数倍」のときは強めあう点，「波長の整数倍＋半波長」のときは弱めあう点になる。

解説&解答　(1)　「$v = f\lambda$」（(1)式）より

$$3.4 \times 10^2 = (1.7 \times 10^2) \times \lambda \qquad よって \quad \lambda = \textbf{2.0 m} \quad 答$$

(2)　問題の図より　BP = 4.0 m

また，三平方の定理より　$AP = \sqrt{3.0^2 + 4.0^2} = 5.0$ m

よって　$|AP - BP| = 1.0\,\text{m} = \dfrac{\lambda}{2}$

ゆえに，点 P では，スピーカー A，B からの距離の差が「波長の整数倍＋半波長」になり，音波が逆位相で重なりあうので，**弱めあう点**となる。　答

類題3
(教p.163)

図のように，2つのスピーカー A，B が，逆位相で振動数 8.5×10^2 Hz の音を出している。音の速さを 3.4×10^2 m/s とする。点 P は，音が強めあう点か，弱めあう点か。

考え方　波源からの距離の差を求めて波長と比較する。波源が逆位相の場合，同位相のときと強めあう点・弱めあう点の条件が逆になる。

解説&解答　音の波長を λ〔m〕とすると，「$v = f\lambda$」より

$$3.4 \times 10^2 = (8.5 \times 10^2) \times \lambda \qquad よって \quad \lambda = 0.40\,\text{m}$$

問題の図より　BP = 2.4 m

また，三平方の定理より

$AP = \sqrt{1.0^2 + 2.4^2} = 2.6$ m

よって　$|AP - BP| = 0.2\,\text{m} = \dfrac{\lambda}{2}$

ゆえに点 P では，スピーカー A，B からの距離の差が「波長の整数倍＋半波長」となる。また，音はスピーカー A，B から逆位相で出るので，音波は同位相で，点 P で重なりあい，**強めあう点**となる。

答

例題4
(教 p.164)

図のように，点Pから音を入れ，左右2つの経路(PAQとPBQ)を通った音を干渉させて点Qで音を聞く装置(クインケ管という)がある。初めは管Bを完全に入れた状態であり，このとき2つの経路の長さは等しい。点Pから一定の振動数の音を入れながら，管Bを徐々に引き出したところ，音が小さくなっていき，0.10m引き出したときに最小になった。音の波長λ〔m〕を求めよ。

考え方　音が最小になるのは，経路の差が半波長となる位置であることをふまえて考える。

解説&解答　管を0.10m引き出すと2つの経路の長さの差は　$2 \times 0.10 = 0.20$m となる。この経路の差が半波長に等しいとき，音は弱めあって最小になるから　$0.20 = \dfrac{\lambda}{2}$　　よって　$\lambda = 2 \times 0.20 = \mathbf{0.40}$**m**　**答**

類題4
(教 p.164)

例題4の装置を用い，別の振動数の音で同様の実験を行った。管Bを完全に入れた状態から徐々に引き出し，0.17m引き出したときに音が最小になった。音の波長λ〔m〕と振動数 f〔Hz〕を求めよ。管の内部を伝わる音の速さを 3.4×10^2 m/s とする。

考え方　音についても，波の伝わり方の式は成りたつ。速さ v，振動数 f，波長 λ の関係は，「$v = f\lambda$」((1)式)である。

解説&解答　管を0.17m引き出すと2つの経路の長さの差は　$2 \times 0.17 = 0.34$m となる。この経路の差が波長の半分に等しいとき，音は弱めあって最小になる。$0.34 = \dfrac{\lambda}{2}$　より　$\lambda = 0.34 \times 2 = \mathbf{0.68}$**m**　**答**

「$v = f\lambda$」より　$f = \dfrac{v}{\lambda} = \dfrac{3.4 \times 10^2}{0.68} = \mathbf{5.0 \times 10^2}$**Hz**　**答**

問7
(教 p.164)

おんさAと，振動数400HzのおんさBを同時に鳴らすと，毎秒4回のうなりが聞こえた。おんさAの振動数は何Hzか。なお，おんさAの振動数はおんさBの振動数より大きいとする。

考え方　1秒当たりに生じるうなりの回数の式((15)式)を用いる。

解説&解答　おんさAの振動数を f_A〔Hz〕とする。毎秒4回のうなりが聞こえたので

$|f_A - 400| = 4$　より　$f_A = 404$Hz　または　$f_A = 396$Hz

$f_A > 400$Hz であるから　$f_A = \mathbf{404}$**Hz**　**答**

第
❸
編

波

問8
（教p.166）

一直線上を速さ170m/sで進む音源がある。1, 2, 3秒前に音源から出た音波の，現在の波面を図中にそれぞれかきこめ。音の速さを340m/sとする。

また，現在の音源の位置の前方でも後方でも波面の数が等しいことを確かめよ。

考え方　音源が動いていても，音は静止した空気中を波として伝わるので，音の速さは音源の前方でも後方でも等しい。

解説&解答　音源が動きながら音を出しても，音波は静止した空気中を伝わっていくので，音波はどの方向にも340m/sの速さで伝わる。したがって，t〔s〕前に音源を出た音波は，音が発せられたときの音源の位置から半径が$340 \times t$〔m〕の円周上に達している。また，音源の動く速さが音の速さよりも小さいので，音源は音波を追

い越すことはできない。そのため，現在の音源の位置の前後にある波面の数は等しい。　**答**

問9
（教p.166）

次の各場合について，観測者の聞く音波の振動数f'〔Hz〕を求めよ。音源の振動数を$f = 720$Hz，音の速さを$V = 340$m/sとする。
(1) 音源が20m/sの速さで，静止している観測者に近づく。
(2) 音源が20m/sの速さで，静止している観測者から遠ざかる。

考え方　音源から観測者へ向かう向きを正として，音源が動く（観測者は静止）場合の音波の振動数の式「$f' = \dfrac{V}{V - v_S} f$」（⑯式）を用いる。

解説&解答　(1) $f' = \dfrac{V}{V - v_S} f = \dfrac{340}{340 - 20} \times 720 = \mathbf{765\,Hz}$　**答**

(2) $f' = \dfrac{V}{V - v_S} f = \dfrac{340}{340 - (-20)} \times 720 = \mathbf{680\,Hz}$　**答**

問10
教p.167

次の各場合について，観測者の聞く音波の振動数 f'〔Hz〕を求めよ。音源の振動数を $f = 510\,\text{Hz}$，音の速さを $V = 340\,\text{m/s}$ とする。

(1)　観測者が 20 m/s の速さで，静止している音源から遠ざかる。

(2)　観測者が 20 m/s の速さで，静止している音源に近づく。

考え方　音源から観測者へ向かう向きを正として，観測者が動く（音源は静止）場合の音波の振動数の式「$f' = \dfrac{V - v_0}{V} f$」（(17)式）を用いる。

解説&解答　(1)　$f' = \dfrac{V - v_0}{V} f = \dfrac{340 - 20}{340} \times 510 = \mathbf{480\,Hz}$　**答**

(2)　$f' = \dfrac{V - v_0}{V} f = \dfrac{340 - (-20)}{340} \times 510 = \mathbf{540\,Hz}$　**答**

問11
教p.168

音源と観測者が同一直線上を同じ向きに進む。音源が速さ 20 m/s で進み，観測者が音源の前方を速さ 10 m/s で進むとき，観測者の聞く音波の振動数は何 Hz か。音源の振動数を $f = 640\,\text{Hz}$，音の速さを $V = 340\,\text{m/s}$ とする。

考え方　音源から観測者へ向かう向きを正として，音源と観測者が動く場合の音波の振動数の式「$f' = \dfrac{V - v_0}{V - v_{\text{S}}} f$」（(19)式）を用いる。

解説&解答　$f' = \dfrac{V - v_0}{V - v_{\text{S}}} f = \dfrac{340 - 10}{340 - 20} \times 640 = \mathbf{660\,Hz}$　**答**

考　問12
教p.168

静止している観測者に音源が一定の速さで近づいているとき，音源が一定の振動数 f〔Hz〕の音を時間 t〔s〕の間だけ出したとする。観測者が音波を観測する時間は t〔s〕より長いか短いか。

考え方　音源が出した波の数と観測者が観測する波の数が等しいことを用いる。

解説&解答　観測者が観測する振動数を f'〔Hz〕とすると，ドップラー効果の式「$f' = \dfrac{V - v_0}{V - v_{\text{S}}} f$」において，$v_0 = 0$，$v_{\text{S}} > 0$ であるから

$$f' = \frac{V}{V - v_{\text{S}}} f > f \quad \cdots\cdots①$$

また観測者が音波を観測した時間を t'〔s〕とすると，音源が時間 t〔s〕の間に出した波の数 ft〔個〕と，観測者が観測した波の数 $f't'$〔個〕は等しく

$$ft = f't' \quad \cdots\cdots②$$

①，②式より　$t' < t$

よって，観測者が音波を観測する時間 t'〔s〕は t〔s〕より**短い**。　**答**

第**③**編

波

思考学習✦✦ 簡易スピード測定　　　　　　　　　　　　　　　　　　教 p.169

DさんとEさんは，ドップラー効果による振動数
の変化を利用して，走る人の速さを測定できない
か考えている。
　D：「図Aのように，走る人に振動数 f_0〔Hz〕
　　　の音を出すブザーを身につけてもらい，測
　　　定器で振動数の変化を測定しよう。」
　E：「測定器から距離 L〔m〕の位置でブザーの出した音が，Δt〔s〕後に測定器
　　　に届いたとすると，音の速さは　1　〔m/s〕になるね。」
　D：「測定器が観測する音の振動数を f'〔Hz〕とすれば，ドップラー効果の式か
　　　ら，走る人の速さ v_S〔m/s〕は　2　〔m/s〕になるのか。」
考察1　　2人の会話の空欄を適切な式で埋めてみよう。
考察2　　測定器が観測する音の振動数 f'〔Hz〕は，もとの振動数 f_0〔Hz〕から最大
　　　　で何％程度大きくなるだろうか。音の速さを340 m/s とし，人が走る
　　　　速さは最大で 10 m/s とする。

（考え方） 音源が動き，観測者が静止している場合のドップラー効果を考える。
　　　　　ドップラー効果により，走る速さが大きいほど観測される振動数は
　　　　　大きくなる。

（解説&解答） **考察1**　　1　音の速さを V〔m/s〕とすると，「$x = vt$」より

$$V = \frac{L}{\Delta t} \text{〔m/s〕} \quad \text{答}$$

　　　　　　　2　ドップラー効果の式「$f' = \dfrac{V - v_O}{V - v_S} f$」より

$$f' = \frac{V}{V - v_S} f_0 \quad \cdots\cdots ①$$

よって　　$v_S = \dfrac{f' - f_0}{f'} V = \dfrac{L}{\Delta t}\left(1 - \dfrac{f_0}{f'}\right) \text{〔m/s〕} \quad \text{答}$

　　　考察2　　$v_S \leqq 10$ m/s であるから，①式より

$$\frac{f'}{f_0} = \frac{V}{V - v_S} = \frac{340}{340 - v_S} \leqq \frac{340}{340 - 10} = 1.030\cdots \fallingdotseq 1.03$$

したがって，f' は f_0 から最大で **3% 程度大きくなる。**　　答

ドリル

問 a
(**教**p.169)

次の各場合について，観測者 O が聞く音の振動数 f'〔Hz〕を求めよ。ただし，音の速さを 340 m/s とし，音源 S と観測者 O は，両者を結ぶ直線上を運動するものとする。

(1)

$\longrightarrow$ 30 m/s
620 Hz

$\longrightarrow$ 10 m/s
O

(2)

$\longrightarrow$ 10 m/s
660 Hz

$\longleftarrow$ 20 m/s
O

(3)

$\longleftarrow$ 20 m/s
720 Hz

$\longrightarrow$ 10 m/s
O

(4)

$\longleftarrow$ 10 m/s
700 Hz

$\longleftarrow$ 30 m/s
O

(5)

$\longleftarrow$ 20 m/s
500 Hz

$\longleftarrow$ 20 m/s
O

考え方 ドップラー効果の式「$f' = \dfrac{V - v_O}{V - v_S} f$」に，音源から観測者に向かう向きを正として v_O, v_S を代入する。音の速さは $V = 340$ m/s である。

解説&解答
(1) $v_O = 10$ m/s, $v_S = 30$ m/s, $f = 620$ Hz より

$$f' = \frac{340 - 10}{340 - 30} \times 620 = \textbf{660 Hz} \quad 答$$

(2) $v_O = -20$ m/s, $v_S = 10$ m/s, $f = 660$ Hz より

$$f' = \frac{340 - (-20)}{340 - 10} \times 660 = \textbf{720 Hz} \quad 答$$

(3) $v_O = 10$ m/s, $v_S = -20$ m/s, $f = 720$ Hz より

$$f' = \frac{340 - 10}{340 - (-20)} \times 720 = \textbf{660 Hz} \quad 答$$

(4) $v_O = -30$ m/s, $v_S = -10$ m/s, $f = 700$ Hz より

$$f' = \frac{340 - (-30)}{340 - (-10)} \times 700 = \textbf{740 Hz} \quad 答$$

(5) $v_O = -20$ m/s, $v_S = -20$ m/s, $f = 500$ Hz より

$$f' = \frac{340 - (-20)}{340 - (-20)} \times 500 = \textbf{500 Hz} \quad 答$$

第**3**編

波

Zoom いろいろな場合のドップラー効果

例題5
(教)p.171
図のように，観測者，音源，板が一直線上に並んでいる。板は1m/sの速さで音源に近づいている。このとき，音源から直接伝わる音と板で反射した音によって，観測者が聞く1秒間のうなりの回数 N を求めよ。音源の振動数を $f = 678\,\text{Hz}$，音の速さを $V = 340\,\text{m/s}$ とする。

観測者　音源　板

1 m/s

考え方 板は，観測者として音を受け取った後，音源として受け取った音を発する（反射する）。

解説&解答 板を，動く観測者と考えて，板の受け取る音波の振動数を $f_1\,[\text{Hz}]$ とすると，「$f' = \dfrac{V - v_\text{O}}{V} f$」（(17)式）より

$$f_1 = \frac{340 - (-1)}{340} \times 678 = \frac{341}{340} \times 678\,\text{Hz}$$

板を振動数 f_1 の音源と考えて，板からの音を観測者が聞くときの振動数を $f'\,[\text{Hz}]$ とすると，「$f' = \dfrac{V}{V - v_\text{S}} f$」（(16)式）より

$$f' = \frac{340}{340 - 1} \times \left(\frac{341}{340} \times 678\right) = \frac{340}{339} \times \frac{341}{340} \times 678 = 682\,\text{Hz}$$

1秒間のうなりの回数は，振動数の差から次のように求められる。

$$|f' - f| = |682 - 678| = 4\,\text{回/s} \quad \text{よって} \quad N = 4 \quad \boxed{答}$$

類題5
(教)p.171
例題5と同じように，観測者，音源，板が一直線上に並んでいる。板は2m/sの速さで音源から遠ざかっている。このとき，音源から直接伝わる音と板で反射した音によって，観測者が聞く1秒間のうなりの回数 N を求めよ。音源の振動数を $f = 513\,\text{Hz}$，音の速さを $V = 340\,\text{m/s}$ とする。

考え方 例題5の解法の手順にならって解く。v_O，v_S の正負に注意する。

解説&解答 板を動く観測者と考えて，板の受け取る音波の振動数を $f_1\,[\text{Hz}]$ とすると，「$f' = \dfrac{V - v_\text{O}}{V} f$」（(17)式）より

$$f_1 = \frac{340 - 2}{340} \times 513 = \frac{338}{340} \times 513\,\text{Hz}$$

板を振動数 f_1 の音源と考えて，板からの音を観測者が聞くときの振動数を $f'\,[\text{Hz}]$ とすると，「$f' = \dfrac{V}{V - v_\text{S}} f$」（(16)式）より

$$f' = \frac{340}{340 - (-2)} \times \left(\frac{338}{340} \times 513\right) = 507\,\text{Hz}$$

よって $N = |f' - f| = |507 - 513| = 6$ $\boxed{答}$

問A
（教p.171）

図のように，音源と観測者の間を，右向きに速さ2m/sの一様な風が吹いている。次の各場合について，観測者の聞く音波の振動数 f'〔Hz〕を求めよ。

音源の振動数を $f = 644\,\text{Hz}$，無風状態での音の速さを $V = 340\,\text{m/s}$ とする。

(1)　音源，観測者がともに静止している。

(2)　音源が右向きに速さ20m/sで進み，観測者が右向きに速さ5m/sで進んでいる。

考え方　ドップラー効果は，少なくとも音源か観測者のどちらかが動いているときに起きる。風がある場合のドップラー効果は，風と同じ向きでは風の速さを足し，逆向きでは引く。

解説&解答　(1)　音源，観測者がともに静止しており，反射板などの動きもないので，ドップラー効果は起きない。よって　$f' = \mathbf{644\,Hz}$　**答**

〈別解〉音源から観測者に向かう音の速さは

$$V + 2 = 342\,\text{m/s}$$

よって　$f' = \dfrac{342 - 0}{342 - 0} \times 644 = 644\,\text{Hz}$

(2)　音源と風の向きは同じであるから，音の速さは，

$340 + 2 = 342\,\text{m/s}$ となる。よって

$$f' = \frac{342 - 5}{342 - 20} \times 644 = \frac{337}{322} \times 644 = \mathbf{674\,Hz}\quad\text{答}$$

例題6
（教p.172）

図のように，速さ20m/sで進む電車の先端が点Sを通過するときに鳴らした警笛を，静止している観測者が点Oで聞くときの振動数 f'〔Hz〕を求めよ。音源の振動数を $f = 712\,\text{Hz}$，音の速さを $V = 340\,\text{m/s}$ とする。

考え方　速度のSO方向の成分を求めて，「$f' = \dfrac{V}{V - v_\text{S}}f$」（⑯式）に代入する。

解説&解答　音源の速度は，SO方向の成分の大きさが

$$20 \times \cos\theta = 20 \times \frac{4}{5} = 16\,\text{m/s}$$

である。よって，音源は点Sを通過するときに，速さ16m/sで観測者から遠ざかると考えると，「$f' = \dfrac{V}{V - v_\text{S}}f$」

（⑯式）より　$f' = \dfrac{340}{340 - (-16)} \times 712 = \mathbf{680\,Hz}$　**答**

第**③**編

波

類題6
數 p.172

図のように，音源が点Sで静止し，観測者は点Sから離れた直線上を，右向きに速さ6m/sで進む。このとき，観測者が点Oで聞く音波の振動数f'〔Hz〕を求めよ。音源の振動数を$f = 680$Hz，音の速さを$V = 340$m/sとする。

考え方 観測者の速度のSO方向の成分は，$v_0 \cos 60°$である。観測者が動く場合の振動数の変化の式「$f' = \dfrac{V - v_0}{V} f$」((17)式)を用いる。

解説&解答 観測者の速度は，SO方向の成分の大きさが，

$$6 \times \cos 60° = 3\,\text{m/s}$$

である。よって，観測者は，点Oを通過するときに，速さ3m/sで音源から遠ざかると考えると，(17)式より，

$$f' = \frac{340 - 3}{340} \times 680$$

$$= \frac{337}{340} \times 680 = \mathbf{674\,Hz} \quad 答$$

✎ 演 習 問 題

數 p.173

1 図のように，A，Bの小さな2つのスピーカーから，振動数の等しい，同位相の音を出す。マイクを，点PからABと平行に移動していくと，音はしだいに小さくなってから大きくなり，点Qで極大になった。音の速さを3.4×10^2m/sとする。

(1) 2つのスピーカーの音の振動数f〔Hz〕を求めよ。

(2) この状態から，2つのスピーカーが出す音の振動数を徐々に大きくする。点Qで次に音の大きさが極大になるときの音の振動数f'〔Hz〕を求めよ。

考え方 AQ間の距離は，三平方の定理を用いる。A，B 2つの音が強めあう点は，(10)式の関係にある。

解説&解答 (1) 点Pは，A，Bから等距離にあり，音は強めあう。

$$AP - BP = 0$$

点Qは，マイクを移動する線上で音が強めあう点のうち点Pに最も近い点である。

したがって，音の波長を λ〔m〕とすると，(10)式より

$$AQ - BQ = \lambda \quad \cdots\cdots ①$$

三平方の定理より　$AQ = \sqrt{1.20^2 + 0.50^2} = 1.30\,\text{m}$

また，BQ $= 1.20\,\text{m}$ であるから，①式より

$$\lambda = 1.30 - 1.20 = 0.10\,\text{m}$$

「$v = f\lambda$」((1)式)より　$f = \dfrac{v}{\lambda} = \dfrac{3.4 \times 10^2}{0.10} = \mathbf{3.4 \times 10^3\,Hz}$ 答

(2)　振動数を大きくしていくと，波長 λ が小さくなり，①式を満たさなくなる。再び極大になるときの音の波長を λ'〔m〕とすると

$$AQ - BQ = 0.10 = 2\lambda'$$

$\lambda' = 0.050\,\text{m}$　よって　$f' = \dfrac{v}{\lambda'} = \dfrac{3.4 \times 10^2}{0.050} = \mathbf{6.8 \times 10^3\,Hz}$ 答

2　図のように，振動数 $510\,\text{Hz}$ のおんさ A，観測者，おんさ B が一直線上に並んでいる。おんさ A，B を同時に鳴らすと，観測者には毎秒 3 回のうなりが聞こえた。音の速さを $340\,\text{m/s}$ とし，おんさ A と B では，B の音のほうが低いものとする。

おんさ A (510Hz)　観測者　おんさ B

(1)　B の振動数 f_B〔Hz〕を求めよ。

(2)　B を動かすと，うなりが消えた。B を動かした向きは図の左向きか，右向きか。

(3)　B を動かしたときの速さ v〔m/s〕を求めよ。

考え方　うなりの回数は，2 つの音源の振動数の差になる。音源が観測者に近づくと音の振動数は大きくなる。

解説&解答　(1)　うなりは毎秒 3 回聞こえ，$f_A > f_B$ より　$f_A - f_B = 3$

よって　$f_B = f_A - 3 = 510 - 3 = \mathbf{507\,Hz}$ 答

(2)　観測者に，実際の振動数より高く聞こえるようにするには，観測者に近づくように動かせばよい。すなわち，**左向き** 答

(3)　おんさ B から聞こえる音の振動数が，ドップラー効果により，f_A〔Hz〕に等しくなればよい。音の速さを V〔m/s〕とすると

$$\frac{V}{V - v}f_B = \frac{340}{340 - v} \times 507 = 510 \quad \text{よって} \quad v = \mathbf{2\,m/s}\ \text{答}$$

3　図のように，観測者，音源，板が一直線上に並んでいる。音源は v_S〔m/s〕の速さで，板は v_R〔m/s〕の速さで，ともに観測者から遠ざかっている。音源の振動数を f〔Hz〕，音の速さを V〔m/s〕とする。

観測者　音源　板

(1)　音源から直接観測者に伝わる音波の振動数 f_1〔Hz〕を求めよ。

(2)　板で反射して観測者に伝わる音波の振動数 f_2〔Hz〕を求めよ。

(3)　観測者にはうなりが聞こえなかった。このとき，v_R を v_S で表せ。

考え方　板で音が反射する場合のドップラー効果を考える。

第**❸**編
波

(解説&解答) (1) ⑯式より　$f_1 = \dfrac{V}{V - (-v_S)}f = \dfrac{V}{V + v_S}f$〔Hz〕 **答**

(2) 板が受け取る音波の振動数 f' は，⑲式より　$f' = \dfrac{V - v_R}{V - v_S}f$

また，板を振動数 f' の音を出す動く音源と考える。板で反射した音を観測者が聞くときの振動数 f_2 は

$$f_2 = \dfrac{V}{V - (-v_R)}f' = \dfrac{V}{V + v_R} \cdot \dfrac{V - v_R}{V - v_S}f$$

$$= \dfrac{(V - v_R)V}{(V - v_S)(V + v_R)}f \text{〔Hz〕} \textbf{答}$$

(3) うなりが聞こえないとき　$f_1 = f_2$　である。すなわち

$$\dfrac{V}{V + v_S}f = \dfrac{V}{V + v_R} \cdot \dfrac{V - v_R}{V - v_S}f$$

$$\dfrac{V - v_S}{V + v_S} = \dfrac{V - v_R}{V + v_R}　\text{よって}　\boldsymbol{v_R = v_S} \textbf{答}$$

考 考えてみよう！ ・・・・・・・・・・・・・・・・・・・・・・・・

4 一定の振動数の音を発しながら時計回りに等速円運動している音源がある。静止したFさんが音源からの音を図のような位置で聞くとき，音源がどの位置で発した音が最も高く聞こえるか，その位置を図中に示せ。また，Fさんが円の中心で音を聞くと，音の高さはどのように聞こえるか。音源の等速円運動の速さは，音の速さより小さいとする。

(考え方) 音源からFさんに向かう方向の音源の速度成分に着目する。

(解説&解答) 音源の速度が音源からFさんに向かう向きになったときに発した音が，Fさんに届いたとき，音の振動数が最大に聞こえる。したがって，音源が**右図の点P**（点Fから円に接線

を引いたときの接点のうち，速度が点Fに向かう点）で発した音が最も高く聞こえる。 **答**

　Fさんが円の中心にいるとき，音源からFさんに向かう方向の音源の速度成分は常に0であるからドップラー効果は起こらない。よって，円の中心で音を聞くと，**音源が静止している場合と同じ高さの音が聞こえる。** **答**

第 3 章 光

教 p.174 〜 p.214

1 光の性質

A 光とその種類

人間の目に感じる光を**可視光線**という。その色は振動数(あるいは波長)によって異なる(**教 p.174** 図 34)。太陽光のようにいろいろな波長の光を含み、色あいを感じない光を**白色光**という。また、1 つの波長からなる光を**単色光**という。

一般に光というときには、可視光線をさすことが多いが、紫外線、赤外線を含むこともある。光は電波などとともに電磁波の一種であり、水面波や音波などとは異なり、媒質のない真空中でも伝わる。

B 光の速さ

真空中の光の速さは、振動数(あるいは波長)に関係なく 3.00×10^8 m/s である。

物質中の光の速さは真空中よりも小さく、同じ物質でも光の振動数により少し異なる。空気などの気体中の光の速さは真空中とほぼ等しい。

C 光の反射・屈折

光は同じ媒質中では直進するが、異なる媒質との境界面では一部が反射し、一部は屈折する(**教 p.176** 図 36)。光が真空中からある媒質中へ入射するときの相対屈折率を、その媒質の**絶対屈折率**(または、単に**屈折率**)という。

光が媒質 1 (絶対屈折率 n_1)から媒質 2 (絶対屈折率 n_2)へ入射するとき、各媒質での光の速さを v_1, v_2 [m/s]、真空中での光の速さを c [m/s] とすると

$$n_1 = \frac{c}{v_1}, \quad n_2 = \frac{c}{v_2} \tag{20}$$

と表される。これより、入射角、反射角、屈折角をそれぞれ i, j, r、媒質 1, 2 での光の波長を λ_1, λ_2、媒質 1 に対する媒質 2 の相対屈折率を n_{12} とすると、反射の法則と屈折の法則は次のようになる。

反射の法則： $i = j$ $\tag{21}$

屈折の法則： $n_{12} = \dfrac{\sin i}{\sin r} = \dfrac{v_1}{v_2} = \dfrac{\lambda_1}{\lambda_2} = \dfrac{n_2}{n_1}$ $\tag{22}$

屈折の法則は、次のように表すこともできる。

$$n_1 \sin i = n_2 \sin r, \quad n_1 v_1 = n_2 v_2, \quad n_1 \lambda_1 = n_2 \lambda_2 \tag{23}$$

真空中での波長が λ [m] の光が絶対屈折率 n の媒質中を進むとき、媒質中の光の速さ v [m/s]、波長 λ' [m] は

$$v = \frac{c}{n}, \quad \lambda' = \frac{\lambda}{n} \tag{24}$$

光の速さは空気中と真空中でほとんど等しいので、空気に対する屈折率は、絶対屈折率とほぼ等しい。

D 全反射

　光が屈折率の大きい媒質から小さい媒質へ入射する場合，入射角よりも屈折角のほうが大きいため，ある入射角 i_0（$i_0 < 90°$）で，屈折角が90°になる（右図）。この入射角 i_0 を**臨界角**という。入射角が i_0 をこえると光はすべて反射される。この現象を**全反射**という。

　光が屈折率 n の媒質から空気中へ入射するときには，次の式が成りたつ。

$$\sin i_0 = \frac{1}{n} \tag{25}$$

E 光の分散とスペクトル

❶光の分散　太陽光（白色光）をプリズムに通して白い紙に映すと，赤から紫まで連続的に分かれた色が見える。これは，屈折率が波長によって異なるため，太陽光に含まれる赤から紫の光が，それぞれの波長に応じた角度で屈折するためである。このように，屈折によっていろいろな色の光に分かれることを光の**分散**といい，光を波長によって分けたものを**スペクトル**という。

❷連続スペクトルと線スペクトル　波長が広い範囲で連続的に並んでいるスペクトルを**連続スペクトル**という。一方，いくつかの輝いた線（輝線）がとびとびに分布しているスペクトルを**線スペクトル**という。一般に，高温の固体や液体から出る光は，連続スペクトルになり，高温の気体が出す光は，その気体に特有の線スペクトルになる（**教** p.182 図 41 ⓐ〜ⓓ）。

❸吸収スペクトル　明るい（高温の）白熱灯の光をナトリウムの蒸気に通すと，白熱灯の光の連続スペクトルを背景とする暗い線スペクトルが得られる（**教** p.182 図 41 ⓔ）。これは，ナトリウムの蒸気によって光が吸収されたことを示し，**吸収スペクトル**という。

　太陽光の連続スペクトルの中には，多くの暗線が見られる。これを**フラウンホーファー線**という（**教** p.182 図 41 ⓕ）。

F 光の散乱

　光が小さな粒子に当たると，通常の反射とは異なり四方に散る。これを光の**散乱**という。大気中の気体分子のように，光の波長より小さな粒子による散乱では，波長が短いほど散乱される割合は大きい。このため，波長が短い青色の光は散乱されやすく，波長が長い赤色の光はあまり散乱されずに進む。晴れた昼の空は青く，夕焼けが赤いのは，この散乱の性質による（**教** p.184 図 42）。一方，光の波長と同じ程度の大きさの粒子による散乱では，どの色もほぼ同じ強さで散乱される。雲がほぼ白く見えるのはこのためである。

G　偏光

　太陽光や電球の光のようないろいろな方向に振動する光を**自然光**という。一方，自然光が結晶などを通ると振動面が特定の方向に偏ることがある。この光を**偏光**といい，偏光をつくる板を**偏光板**という。自然光を偏光板に通して偏光板を回転させても明るさは変化しない。これは自然光にはいろいろな方向に振動する光が含まれているからである。仮に光が縦波であれば，波の進行方向と振動方向が等しいので，偏光は生じない。つまり偏光は，光が横波であるために起こる現象である。

2　レンズと鏡

A　凸レンズ・凹レンズ

　レンズの多くは2つの球面ではさまれたガラスなどでできている。中心部が周辺部よりも厚いレンズを**凸レンズ**といい，中心部が周辺部よりも薄いレンズを**凹レンズ**という。また，レンズの2つの球面の中心を結ぶ直線を**光軸**という。凸レンズは光を集めようとするはたらき，凹レンズは光を広げようとするはたらきをもつ。

❶凸レンズ　凸レンズに光軸と平行な光線を当てると，凸レンズの後方の光軸上の1点Fに光が集まる（右上図ⓐ）。この点Fを凸レンズの**焦点**といい，レンズの中心Oから焦点Fまでの距離fを**焦点距離**という。焦点はレンズの前後に1つずつあり，それぞれの焦点距離は等しい。点Fから出る光は，凸レンズを通過後，光軸と平行に進む（同図ⓑ）。

❷凹レンズ　凹レンズに光軸と平行な光線を当てると，凹レンズの前方の光軸上にある焦点Fから放射状に広がっているように進む（右下図ⓐ）。逆に，焦点Fに向かって進んできた光は，凹レンズを通過後，光軸に平行に進む（同図ⓑ）。

　凸レンズ，凹レンズともに，中心を通る光は，その方向によらず直進する。

▲凸レンズを通る光

▲凹レンズを通る光

B　凸レンズによる実像

　凸レンズの焦点の外側に物体を置くと，レンズの後方にあるスクリーン上に，**実像**ができる（次図）。実像は，実際に物体からの光が集まってできている。この実像の向きは物体と上下左右が反対になるので，**倒立像**という。

　凸レンズと物体との距離を a，凸レンズと像との距離を b，レンズの焦点距離を f とすると，右図より次の関係式（**写像公式**）が得られる。

$$\frac{1}{a} + \frac{1}{b} = \frac{1}{f} \qquad (26)$$

　また，物体に対する像の大きさの比 m （**倍率**）は次のようになる。

$$m = \frac{b}{a} \qquad (27)$$

C　凸レンズによる虚像

　物体を，焦点よりも凸レンズに近い位置に置いた場合，物体を拡大して見ることができる。

　このとき，実像はできない。物体 PQ をレンズの後方から見ると，あたかも P'Q' にあるように見える（右図）。この像は，実際にこの位置に光が集まっているわけではないので，**虚像**という。また，この像は正立している像（物体と同じ向きの像）であるから，**正立像**という。

　この場合について，a，b，f の関係を求めると，

$$\frac{1}{a} - \frac{1}{b} = \frac{1}{f} \qquad (28)$$

　また，物体に対する像の大きさの比 m （倍率）は，次のようになる。

$$m = \frac{b}{a} \qquad (29)$$

(28)式で f は正であるから $a<b$ となり，倍率 m は 1 より大きくなる。

D　凹レンズによる虚像

　凹レンズを通して物体を見ると，正立の像が見える。次図のように，この像は虚像である。

　凹レンズの場合，物体 PQ が凹レンズの焦点より近くても遠くても実像はできず，正立虚像が見える。

　この場合について，a，b，f の関係を求めると，

$$\frac{1}{a} - \frac{1}{b} = -\frac{1}{f} \qquad (30)$$

また，物体に対する像の大きさの比 m（倍率）は，次のようになる。

$$m = \frac{b}{a} \qquad (31)$$

(30)式で f は正であるから $a > b$ となり，倍率 m は 1 より小さくなる。

▲凹レンズによる虚像

E レンズの式のまとめ

これまでに学んだ写像公式や倍率の式は，a, b, f の正負を次の表のように定めると，(32)，(33)式で表すことができる。

レンズの式		
写像公式：$\dfrac{1}{a} + \dfrac{1}{b} = \dfrac{1}{f}$ (32)		
倍率：$m = \left\lvert \dfrac{b}{a} \right\rvert$ (33)		

	凸レンズ	凹レンズ
f	正	負
a	正（$a > f$ ｜ $a < f$）	正
b	正 ｜ 負	負
像	倒立実像 ｜ 正立虚像	正立虚像

a　物体の位置
b　像の位置
f　焦点距離
m　倍率

凸レンズによる実像　$f>0,\ a>0,\ b>0$

凸レンズによる虚像　$f>0,\ a>0,\ b<0$

凹レンズによる虚像　$f<0,\ a>0,\ b<0$

F 組合せレンズ

教 p.193 図 54 のように，2 枚の凸レンズ 1，2 を，光軸が一致するようにして離して置くとき，2 枚のレンズによる物体の像 Q の位置は，次のような手順で求めることができる。

1．レンズ 1 のみによる物体の像 P の位置を求める（同図@）。
2．レンズ 2 に対する像 P の位置を求め，写像公式の a に代入し，像 Q の位置を求める（同図ⓑ）。

G　平面鏡と球面鏡

❶**平面鏡**　物体を平面鏡の前に置くと，鏡の反射面(鏡面)に関して対称な像ができる(**教** p.195 図 55)。この像は虚像である。また，等倍の正立像である。

❷**凹面鏡と凸面鏡**　鏡面が球面である鏡を**球面鏡**という。球面の内側を鏡面とした鏡を**凹面鏡**といい，遠方からくる光を集める性質をもつ。また，球面の外側を鏡面とした鏡を**凸面鏡**といい，広い範囲の光が目に届く性質をもつ。

　球面鏡で反射する光は**教** p.195 図 56 のように進む。球面鏡の焦点 F は 1 つしかなく，凹面鏡は前方に，凸面鏡は後方にある。鏡面上の点 M と球面の中心 O を結ぶ直線を**主軸**，MF 間の距離を**焦点距離**という。

H　球面鏡による像

❶**凹面鏡による実像**　凹面鏡の焦点の外側に物体を置くと，凹面鏡の前方に倒立実像ができる。凹面鏡と物体との距離を a，凹面鏡と像との距離を b，凹面鏡の焦点距離を f とすると，写像公式と倍率 m が得られる。

$$\frac{1}{a} + \frac{1}{b} = \frac{1}{f}, \quad m = \frac{b}{a} \tag{34}$$

❷**凹面鏡による虚像**　凹面鏡の焦点の内側に物体を置くと，正立虚像が見える。写像公式と倍率 m は次のようになる。

$$\frac{1}{a} - \frac{1}{b} = \frac{1}{f}, \quad m = \frac{b}{a} \tag{35}$$

❸**凸面鏡による虚像**　凸面鏡の場合は，物体の位置にかかわらず，正立虚像が見える。写像公式と倍率 m は次のようになる。

$$\frac{1}{a} - \frac{1}{b} = -\frac{1}{f}, \quad m = \frac{b}{a} \tag{36}$$

❹**球面鏡の式**　レンズの場合と同様，球面鏡の写像公式や倍率の式は，a, b, f の正負を次の表のように定めると，(37)，(38)式で表すことができる。

球面鏡の式

写像公式：$\dfrac{1}{a} + \dfrac{1}{b} = \dfrac{1}{f}$　(37)

倍率：$m = \left| \dfrac{b}{a} \right|$　(38)

a　物体の位置
b　像の位置
f　焦点距離
m　倍率

	凹面鏡		凸面鏡
f	正		負
a	正		正
	$a > f$	$a < f$	
b	正	負	負
像	倒立実像	正立虚像	正立虚像

3 光の干渉と回折

A ヤングの実験

教 p.200 図 61 のように，光源から出た単色光をスリット S_0 に通すと，光が回折によって広がる。その後 2 つのスリット（複スリット）S_1，S_2 を通って回折した光がスクリーン上で強めあったり，弱めあったりして，スクリーンに明暗の縞模様（**干渉縞**）ができる（**教 p.200 図 60 ⓐ，ⓑ**）。

単色光の波長を λ，スクリーン上の任意の点を P として S_1P を l_1，S_2P を l_2 とする。水面波の干渉と同様，道のりの差（経路差）$|l_1 - l_2|$ が次の式を満たす場合に，光は強めあったり弱めあったりする。

明線：　$|l_1 - l_2| = m\lambda$ 　　　　　$(m = 0,\ 1,\ 2,\ \cdots)$ 　　　　(39)

暗線：　$|l_1 - l_2| = \left(m + \dfrac{1}{2}\right)\lambda$ 　$(m = 0,\ 1,\ 2,\ \cdots)$ 　　　(40)

経路差 $|l_1 - l_2|$ は，スリットの間隔 d，スクリーンまでの距離 l，OP 間の距離 x を用いて，$\dfrac{d}{l}x$ と表される（**教 p.201 図 62**）。よって，(39)，(40)式から

明線の位置：　$x = m\dfrac{l\lambda}{d}$ 　　　　$(m = 0,\ 1,\ 2,\ \cdots)$ 　　　(41)

暗線の位置：　$x = \left(m + \dfrac{1}{2}\right)\dfrac{l\lambda}{d}$ 　$(m = 0,\ 1,\ 2,\ \cdots)$ 　(42)

これより，隣りあう明線（暗線）の間隔 Δx は

$$\Delta x = \frac{l\lambda}{d}$$ 　　　(43)

となる。Δx，l，d を測定すれば，光の波長 λ を求めることができる。

B 回折格子

❶回折格子　ガラス板の片面に，多くの細い筋を等間隔で平行に引いたものを**回折格子**といい，筋と筋の間隔 d を**格子定数**という。筋と筋の間がスリットとしてはたらき，回折格子に光を当てると，回折した光が干渉する（**教 p.203 図 63**）。

❷明線の条件　各スリットを通った単色光のうち，入射方向と角 θ をなす方向にあるスクリーン上の点 P に向かう光を考える。隣りあう光の道のりには $d\sin\theta$ の経路差があり，この値が単色光の波長 λ の整数倍となる方向では明線が生じる（**教 p.203 図 64**）。すなわち

$d\sin\theta = m\lambda$ 　$(m = 0,\ 1,\ 2,\ \cdots)$ 　　　(44)

❸回折格子による明線　回折格子はスリットの数が非常に多く，(44)式の角 θ の方向から少しでも外れる点では各スリットからの光の位相が少しずつずれるため，これらの光を重ねあわせると全体として弱めあって暗くなる（**教 p.204 図 65**）。このため，回折格子の明線は，ヤングの実験の場合よりもきわめて鋭く現れる（**教 p.204 図 66 ⓐ**）。白色光の場合は，いろいろな波長が含まれており，波長 λ によって強めあう方向が少しずつ異なるため，スクリーンにはさまざまな色が現れる（同図ⓑ）。

C 薄膜による光の干渉

しゃぼん玉や水たまりに浮かんだ油膜の表面は, さまざまな色に色づいて見える(**教 p.206 図67**)。これは, 光の干渉によって生じる現象である。

❶**経路差** 右図のように, 屈折率 n $(n > 1)$, 厚さ d の薄膜に, 波長 λ の単色光が入射し, 薄膜の上面で反射する光①と, 薄膜の下面で反射する光②が点 B_1 で重なるものとする。この2つの光に位相差をもたらす経路差は, $2d\cos r$ と表される。

❷**光路長と光路差** 真空中での光の速さを c, 薄膜中での光の速さを v とすると, 屈折の法則より

$$\frac{c}{v} = n \tag{45}$$

光が距離 l だけ進むのにかかる時間は, 薄膜中では真空中の n 倍になる。つまり, 屈折率 n の媒質中の距離 l は, 真空中の距離 nl に相当する(**教 p.206 図69**)。この nl(屈折率×距離)を**光路長**または**光学距離**という。

光路長	
光路長＝屈折率×距離	(46)

薄膜の経路差を光路長の差(**光路差**という)に直すと, $2nd\cos r$ になる。

❸**反射による位相の変化** 薄膜の下面では, 屈折率の大きい媒質(薄膜)から入射し, 屈折率の小さい媒質(空気)との境界面で反射する。これは自由端での反射に相当し, 反射によって位相は変化しない。一方, 薄膜の上面では, 屈折率の小さい媒質(空気)から入射し, 屈折率の大きい媒質(薄膜)との境界面で反射する。これは固定端での反射に相当し, 反射によって位相が π だけ(半波長分)変化する。

❹**干渉の条件式** 以上より, 反射光が強めあう条件式は次のようになる。

$$2nd\cos r = \left(m + \frac{1}{2}\right)\lambda \quad (m = 0, \ 1, \ 2, \ \cdots) \tag{47}$$

D くさび形空気層における光の干渉

❶**くさび形空気層** 2枚の平面ガラスを重ねて一端に薄い紙などをはさみ, 真上から単色光を当てると, 明暗の縞模様が見える。これは上のガラスの下面で反射する光①と, 下のガラスの上面で反射する光②の干渉によるものである。

❷**干渉の条件式** 2つの光の経路差は, 空気層の厚さが d のとき $2d$ となる(右図)。また, 光①は屈折率の大きい媒質(ガラス)から入射し, 屈折率の小さい媒質(空気)との境界面で反射するので, 位相は変化しない。

一方，光②は位相がπだけ（半波長分）変化する。以上より，単色光の波長をλとすると，干渉の条件式は次のようになる。

明線： $2d = \left(m + \dfrac{1}{2}\right)\lambda$ （$m = 0,\ 1,\ 2,\ \cdots$） (48)

暗線： $2d = m\lambda$ （$m = 0,\ 1,\ 2,\ \cdots$） (49)

E ニュートンリング

右図のように，平凸レンズを平面ガラスの上にのせ，上から平面に垂直に単色光を当てると，同心円状の明暗の縞模様が見える。これは，レンズの下面で反射する光①と，ガラスの上面で反射する光②の干渉によるものである。この模様は，**ニュートンリング**といわれる。

2つの光の経路差は，レンズの球面半径R，レンズの中心からの距離xを用いて$\dfrac{x^2}{R}$と表される。また，光①は，屈折率の大きい媒質（レンズ）から入射し，屈折率の小さい媒質（空気）との境界面で反射するので，位相は変化しない。一方，光②は，位相がπだけ（半波長分）変化する。以上より，単色光の波長をλとすると，干渉の条件式は次のようになる。

明環： $\dfrac{x^2}{R} = \left(m + \dfrac{1}{2}\right)\lambda$ （$m = 0,\ 1,\ 2,\ \cdots$） (50)

暗環： $\dfrac{x^2}{R} = m\lambda$ （$m = 0,\ 1,\ 2,\ \cdots$） (51)

◦ー問 題◦ー

問13
（教p.175）
フィゾーの測定では，**教** p.175 図 35 において，$l = 8633$m，$N = 720$，$f = 12.6$/s であった。光の速さは何 m/s と予想されるか。

考え方 $c = 4Nfl$ に，測定された値を代入して計算する。

解説&解答 **教** p.175 図 35 の説明文中の式 $c = 4Nfl$ より
$c = 4 \times 720 \times 12.6 \times 8633 \fallingdotseq \mathbf{3.13 \times 10^8\,m/s}$ **答**

問14
（教p.178）
真空中から屈折率 1.3 の水中へ，真空中での波長 6.5×10^{-7}m の光が入射した。水中での光の波長は何 m か。

考え方 屈折率と光の波長の関係式（(24)式）を用いる。

解説&解答 「$\lambda' = \dfrac{\lambda}{n}$」（(24)式）より $\lambda = \dfrac{6.5 \times 10^{-7}}{1.3} = \mathbf{5.0 \times 10^{-7}\,m}$ **答**

考 問15
(教 p.178)
屈折率が異なる媒質1と媒質2がある。媒質1から媒質2に光を入射させると光は屈折して図の方向に進んだ。媒質1と媒質2で光が速く伝わるのはどちらか。

媒質1
媒質2

考え方 図から入射角と屈折角の大小を読み取り，屈折の法則(22式)を用いる。

解説&解答 図のように進む光の入射角を i，屈折角を r，媒質1，2での光の速さをそれぞれ v_1，v_2 とすると，問題の図と，屈折の法則より

$$0° < i < r < 90°, \quad \frac{\sin i}{\sin r} = \frac{v_1}{v_2}$$

$0° < i < r < 90°$ のとき，$\sin i < \sin r$ であるから，$v_1 < v_2$
したがって，媒質1と媒質2で光が速く伝わるのは**媒質2**。 **答**

例題 7
(教 p.179)
プールの壁の水深 h〔m〕の点 P をほぼ真上の空気中から見ると，P の水深は h'〔m〕に見えた。h'〔m〕を求めよ。空気の屈折率を1，水の屈折率を n とする。ただし，角 θ がきわめて小さいとき，$\sin\theta ≒ \tan\theta$ が成りたつとする。

考え方 点 P から出た光は，水面で屈折して空気中に進む。このとき，観測者の目に届く光は，屈折光線の延長線上の点 P′ から出たように見える。

解説&解答 図のように，P を出て水面で屈折して観測者に届く光は，点 P′ の方向からくるように見える。水中から空気中に進む光の入射角を i，屈折角を r とすると，屈折の法則(22式)より

$$\frac{\sin i}{\sin r} = \frac{1}{n} \quad \text{よって} \quad n\sin i = \sin r$$

観測者は P のほぼ真上から見ているので，角 i，r はきわめて小さい。図より

$$\tan i = \frac{a}{h}, \quad \tan r = \frac{a}{h'} \quad \text{であるから，}$$

$\sin i ≒ \tan i$，$\sin r ≒ \tan r$ より $\quad n\cdot\frac{a}{h} ≒ \frac{a}{h'}$

よって $\quad h' ≒ \dfrac{h}{n}$〔m〕 **答**

類題7
敎p.179

水の入った水槽の側面上，水面からの高さ 0.20 m の位置に点 P がある。P のほぼ真下の水中にある点からは，P が水面から h' [m] の位置に見える。h' [m] を求めよ。空気の屈折率を 1.0 とし，水の屈折率を 1.3 とする。ただし，角 θ がきわめて小さいとき，$\sin\theta \doteqdot \tan\theta$ が成りたつとする。

考え方　屈折の法則（22式）を用いる。ほぼ真下から見ているから，角 i, r はきわめて小さい。

解説&解答　図のように，P を出て水面で屈折して観測者に届く光は，点 P' の方向からくるように見える。空気中から水中に進む光の入射角を i，屈折角を r とすると，屈折の法則（22式）より

$$\frac{\sin i}{\sin r} = \frac{1.3}{1.0}$$

よって　$1.0 \times \sin i = 1.3 \times \sin r$　…①

観測者は P のほぼ真下から見ているので，角 i, r は，きわめて小さい。したがって図より

$$\sin i \doteqdot \tan i = \frac{a}{h}, \quad \sin r \doteqdot \tan r = \frac{a}{h'}$$

①式に代入して　$1.0 \times \dfrac{a}{h} \doteqdot 1.3 \times \dfrac{a}{h'}$

よって　$h' = 1.3 \times h = 1.3 \times 0.20 = \mathbf{0.26\,m}$　**答**

例題8
敎p.180

深さ h [m] の池の底に点光源がある。水面に円板を浮かべて，この点光源からの光が空気中に出ないようにしたい。これに必要な，円板の最小の半径 R [m] を求めよ。空気の屈折率を 1，水の屈折率を n とする。

考え方　円板の外側では，点光源から出た光が全反射するようにすればよい。

解説&解答　点光源から出て，円板の外側の水面に当たる光の入射角が，臨界角よりも大きくなるようにすれば，光は全反射して空気中に出ない。水中から空気中に進む光の臨界角を i_0 とすると，屈折の法則（22式）より

$$\frac{\sin i_0}{\sin 90°} = \frac{1}{n} \qquad よって \quad \sin i_0 = \frac{1}{n}$$

ゆえに，図より

$$R = h\tan i_0 = h\frac{\sin i_0}{\cos i_0} = h\frac{\sin i_0}{\sqrt{1 - \sin^2 i_0}} = \frac{h}{\sqrt{n^2 - 1}}\,[\mathbf{m}]$$　**答**

類題8
教p.180

屈折率 $\sqrt{2}$ の液体中の深さ $0.20\,\mathrm{m}$ の位置に，点光源がある。点光源の真上に円板を浮かべて，点光源からの光が空気中に出ないようにしたい。これに必要な，円板の最小の半径 $R\,(\mathrm{m})$ を求めよ。空気の屈折率を1とする。

考え方 屈折角が90°となるとき入射角が臨界角となることを用いる。

解説&解答 点光源から出て，円板の外側の水面に当たる光の入射角が臨界角 i_0 よりも大きくなるようにすれば，光は全反射して空気中に出ない。屈折の法則（⑳式）より

$$\frac{\sin i_0}{\sin 90°} = \frac{1}{\sqrt{2}}$$

よって　$\sin i_0 = \dfrac{1}{\sqrt{2}}$　　ゆえに　$i_0 = 45°$

したがって，図より　$R = 0.20\tan 45° = \mathbf{0.20\,m}$ **答**

思考学習　主虹と副虹
教 p.183

　雨上がりの空にかかった虹を眺めていたRさんは，明るい虹の外側に，もう1つの暗い虹を見つけた。調べてみたところ，内側の明るい虹は主虹とよばれ，外側の暗い虹は副虹とよばれることがわかった。

考察1 主虹の場合は，太陽光が水滴内で1回反射するが，副虹の場合は，2回反射する。図Aには，副虹が見えるときの水滴に入射する太陽光線（白色光線）と，水滴内を進み，屈折して水滴を出ていく赤色光線の大まかな経路を示した。図Aに，水滴に入射した後の紫色光線の経路を大まかに図示してみよう。

▲図A　赤色光線の経路（副虹）

考察2 副虹の外側のリングは赤色と紫色のどちらか。ただし，太陽光線が図A，Bのように水滴や空気中を進んで，副虹が見えているとする。

▲図B　水滴に入射する太陽光線

考察3 物体で光が反射するとき，入射光のすべてが反射光になるわけではない。入射光の一部は，物体に吸収されたり，物体を透過したりするため，反射光は入射光に比べて暗くなる。このことから，主虹に比べて，副虹が暗く見える理由を説明してみよう。

<table>
<tr><td>考え方</td><td>屈折率が波長によって異なることをもとに考える。</td></tr>
</table>

解説&解答

考察1 波長の短い紫色光線のほうが屈折率が大きいため，**右図の破線のように**水滴内を進み，屈折して水滴を出ていく。　**答**

考察2 **考察1**より，観察者に届く副虹からの光線は右図のようになる。したがって，副虹の外側のリングは主虹とは逆に**紫色**である。　　**答**

考察3 副虹の場合は，太陽光が水滴内で2回反射するため，1回だけ反射する主虹の場合よりも反射光が弱くなり，暗く見える。　**答**

問16
（教p.188）

図のように，物体PQと，F，F′を焦点とする凸レンズがある。
(1) 凸レンズによって生じる物体PQの像を作図せよ。
(2) 物体PQがFの上にあるとき，像はできるか。

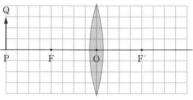

考え方 凸レンズによる作図は，次の3つの光線を作図する。
　①レンズの前方の焦点を通る光はレンズ通過後光軸に平行に進む。
　②レンズの中心を通る光は，そのまま直進する。
　③光軸に平行な光は，レンズ通過後後方の焦点を通る。

解説&解答 (1) 右図　**答**

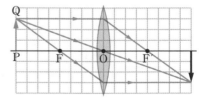

(2)　物体 PQ が F の上に
あるときは，凸レンズを
通過した光は平行光線と
なり，像は**できない**。　答

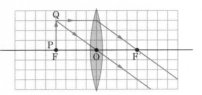

問17
(教p.189)

光源とスクリーンを 1.00 m 離して固定
する。この間を，凸レンズを図のように
光軸と平行に移動させたところ，スクリ
ーン上に実像が 2 度生じた。1 度目の光
源とレンズの距離は 0.10 m であった。2 度目の光源とレンズの距離 d [m]
を求めよ。

考え方　レンズの焦点距離を f として写像公式を使う。

解説&解答　レンズの焦点距離を f [m] とする。レンズからスクリーンまでの距
離は $(1.00 - d)$ [m] であるから，写像公式より

$$\frac{1}{d} + \frac{1}{1.00 - d} = \frac{1}{f} \quad \cdots\cdots ①$$

$d = 0.10$ m のとき最初の像ができるので

$$\frac{1}{0.10} + \frac{1}{1.00 - 0.10} = \frac{1}{f}$$

$$\frac{10}{0.90} = \frac{1}{f} \quad ゆえに \quad f = \frac{0.90}{10} = 0.090 \, \text{m}$$

①式に代入し，d の方程式を解く。

$$\frac{1}{d} + \frac{1}{1.00 - d} = \frac{1.0}{0.090}$$

$$d(1.00 - d) = 0.090$$

$$d^2 - d + 0.090 = 0$$

$$(d - 0.10)(d - 0.90) = 0 \quad より \quad d = 0.10, \ 0.90 \, \text{m}$$

2 度目の実像ができるときは　$d = \textbf{0.90 m}$　答

考 問18
(教p.189)

凸レンズの焦点の外側に物体を置くと，スクリーン上に実像ができた。こ
のとき，レンズの上半分を黒い紙で覆うと像はどうなるだろうか。理由と
ともに説明してみよう。

考え方　レンズの面積が小さくなれば，レンズを通る光の量は少なくなるこ
とに着目する。

解説&解答　**レンズの下半分を通る光によって実像ができ，その大きさと形は変
わらないが，レンズの上半分を通っていた光は届かなくなるので，
実像は暗くなる。**　答

問19
(教p.190) 焦点距離が 6.0 cm の凸レンズから 4.0 cm の位置に物体 PQ を置き，反対側から凸レンズに目を近づけて見たところ，正立虚像が見えた。このときの倍率 m を求めよ。

考え方　凸レンズによる虚像の倍率 m は，㉙式で求められる。

解説&解答　倍率 $m = \dfrac{\mathrm{P'Q'}}{\mathrm{PQ}}$

レンズと像の距離を b〔cm〕とする。

$\triangle \mathrm{F'OA} \infty \triangle \mathrm{F'P'Q'}$ より

$$m = \frac{b + 6.0}{6.0} \quad \cdots\cdots ①$$

$\triangle \mathrm{OPQ} \infty \triangle \mathrm{OP'Q'}$ より

$$m = \frac{b}{4.0} \quad \cdots\cdots ②$$

①，②式から

$$\frac{b + 6.0}{6.0} = \frac{b}{4.0}$$

$$4.0(b + 6.0) = 6.0b \text{ より } b = 12.0 \text{cm}$$

②式に代入して　$m = \mathbf{3.0}$ **倍**　**答**

〈別解〉　レンズと物体との距離を a〔cm〕，レンズと像との距離を b〔cm〕，レンズの焦点距離を f〔cm〕として　$\dfrac{1}{a} - \dfrac{1}{b} = \dfrac{1}{f}$

ここで，$a = 4.0$ cm，$f = 6.0$ cm を代入すると

$$b = 12.0 \text{cm} \quad \text{ゆえに} \quad m = \frac{b}{a} = \frac{12.0}{4.0} = \mathbf{3.0} \text{ **倍**　**答**}$$

問20
(教p.191) 次の(1)，(2)のように，矢印で表した物体と，F，F' を焦点とするレンズがあるとき，それぞれのレンズによって生じる物体の像を作図せよ。

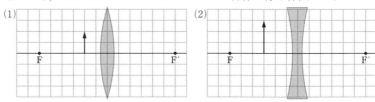

考え方　(1)　凸レンズでは，物体が焦点の内側にあるときは，正立虚像ができる。

　　　　　(2)　凹レンズでは，物体が焦点の内側にあるときも，外側にあるときも，正立虚像ができる。

解説&解答 (1) 　(2)

例題9
教p.192

焦点距離 8.0 cm の凸レンズがある。この凸レンズの前方 10.0 cm の位置に物体を置いたとき，どこにどのような像が生じるか。また，そのときの倍率はいくらか。

考え方　写像公式「$\dfrac{1}{a} + \dfrac{1}{b} = \dfrac{1}{f}$」に，$f = 8.0$ cm，$a = 10.0$ cm を代入して，b 〔cm〕を求める。

解説&解答　凸レンズであるから，写像公式で $f = 8.0$ cm，$a = 10.0$ cm とおくと

$$\frac{1}{10.0} + \frac{1}{b} = \frac{1}{8.0} \quad \text{よって} \quad b = 40\ \text{cm}$$

$b > 0$ であるから，凸レンズの後方に倒立実像ができる。また

$$\left| \frac{b}{a} \right| = \left| \frac{40}{10.0} \right| = 4.0 \quad \text{より} \quad \text{倍率は 4.0 倍である。}$$

レンズの後方 40 cm の所に倍率 4.0 倍の倒立実像ができる。　**答**

類題9
教p.192

焦点距離 40 cm の凹レンズがある。この凹レンズの前方 60 cm の位置に物体を置いたとき，どこにどのような像が生じるか。また，そのときの倍率はいくらか。

考え方　例題9と同様の手順で像の位置 b，倍率 m を求める。

解説&解答　写像公式で $f = -40$ cm，$a = 60$ cm とおくと

$$\frac{1}{60} + \frac{1}{b} = -\frac{1}{40} \quad \text{よって} \quad b = -24\ \text{cm}$$

また倍率 $m = \left| \dfrac{-24}{60} \right| = 0.40$

$b < 0$ であるから，凹レンズの前方に正立虚像ができる。

レンズの前方 24 cm の所に倍率 0.40 倍の正立虚像ができる。　**答**

問21
教p.197

次の(1)～(3)のように，矢印で表した物体と，F を焦点とする凹面鏡または凸面鏡があるとき，それぞれの球面鏡によって生じる物体の像を作図せよ。

(1)　　　　　　　　　　(2)　　　　　　　　　　(3)

凹面鏡　　　　　　　　凹面鏡　　　　　　　　凸面鏡

考え方 凹面鏡では、主軸に平行な光は、反射後焦点を通り、焦点を通る光は、反射後主軸に平行に進む。
凸面鏡では、主軸に平行な光は、反射後焦点から出たように進み、焦点へ向かう光は、反射後主軸に平行に進む。

解説&解答

(1) (2) (3)

問22
(教p.197)

(1) 焦点距離が 30cm の凹面鏡の前方 20cm の位置に大きさ 2.5cm の物体を置いたとき、凹面鏡がつくる像の位置、大きさ、種類を求めよ。
(2) 焦点距離が 30cm の凸面鏡の前方 20cm の位置に大きさ 2.5cm の物体を置いたとき、凸面鏡がつくる像の位置、大きさ、種類を求めよ。

考え方 球面鏡の式((37),(38)式)を用いる。

解説&解答 (1) 凹面鏡であるから、写像公式で $f = 30$cm、$a = 20$cm とおくと、凹面鏡と像との距離 b〔cm〕は

$$\frac{1}{20} + \frac{1}{b} = \frac{1}{30} \quad より \quad b = -60\text{cm}$$

また、倍率 m は $\quad m = \left|\frac{b}{a}\right| = \left|\frac{-60}{20}\right| = 3.0$ 倍

$b < 0$ であるから、凹面鏡の後方に正立虚像ができる。

凹面鏡の後方 60cm の所に大きさ 7.5cm の正立虚像ができる。 答

(2) 凸面鏡であるから、写像公式で $f = -30$cm、$a = 20$cm とすると、凸面鏡と像との距離 b〔cm〕は

$$\frac{1}{20} + \frac{1}{b} = -\frac{1}{30} \quad より \quad b = -12\text{cm}$$

また、倍率 m は $\quad m = \left|\frac{b}{a}\right| = \left|\frac{-12}{20}\right| = 0.60$ 倍

$b < 0$ であるから、凸面鏡の後方に正立虚像ができる。

凸面鏡の後方 12cm の所に大きさ 1.5cm の正立虚像ができる。 答

ドリル

問a
(教p.199)

次の(1)〜(4)のように，矢印で表した物体と，F，F′を焦点とするレンズがある。それぞれのレンズによって生じる物体の像を作図して，像の種類（実像または虚像）を答えよ。

(1)

(2)

凸レンズ

凸レンズ

(3)

(4)

凹レンズ

凹レンズ

考え方　凸レンズでは(A)光軸と平行な光は後方の焦点を通る。(B)前方の焦点を通る光はレンズを通過後，光軸と平行に進む。また，凹レンズでは(A)光軸と平行な光は前方の焦点から出たように進む。(B)後方の焦点へ向かう光は光軸と平行に進む。さらに，どちらのレンズでも(C)レンズの中心を通る光は直進する。以上の(A)〜(C)をもとに作図し，像の種類を判断する。

解説&解答　(1)　凸レンズであるから
(A)：① (B)：③ (C)：②
として作図すると右図のように**実像**が生じる。答

(2)　凸レンズであるから
(A)：② (B)：① (C)：③
として作図すると右図のように**虚像**が生じる。答

(3)　凹レンズであるから
(A)：① (B)：② (C)：③
として作図すると右図のように**虚像**が生じる。答

(4) 凹レンズであるから
(A)：① (B)：② (C)：③
として作図すると右図の
ように**虚像**が生じる。 **答**

問b
(教p.199)

次の(1)～(4)のように，矢印で表した物体と，Fを焦点，Oを球面の中心とする球面鏡がある。それぞれの球面鏡によって生じる物体の像を作図して，像の種類(実像または虚像)を答えよ。

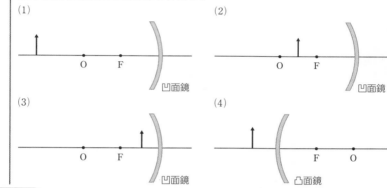

(1) O F 凹面鏡

(2) O F 凹面鏡

(3) O F 凹面鏡

(4) F O 凸面鏡

考え方 凹面鏡では，主軸に平行な光は反射後に焦点を通り，焦点を通る光は反射後に主軸に平行に進む。
凸面鏡では，主軸に平行な光は反射後に焦点から出たように進み，焦点へ向かう光は反射後に主軸に平行に進む。

解説&解答 (1) 右図のようになり，**実像**が生じる。 **答**

(2) 右図のようになり，**実像**が生じる。 **答**

(3)　右図のようになり，
　　虚像が生じる。　**答**

(4)　右図のようになり，
　　虚像が生じる。　**答**

例題10
教p.202

図のように，スリット S_0 と複スリット S_1，S_2 に波長 λ〔m〕の単色光を通すと，スクリーン上に明暗の縞ができた。S_1 と S_2 は間隔が d〔m〕で，S_0 から等距離にある。複スリットとスクリーンの距離を l〔m〕，スクリーンの中央 O から距離 x〔m〕の位置にある点を P とすると，S_1P と S_2P の距離の差は $\dfrac{d}{l}x$ とみなせる。

(1)　隣りあう暗線の間隔 Δx〔m〕を求めよ。

(2)　l を大きくすると，暗線の間隔は小さくなるか，大きくなるか。

(3)　d を小さくすると，暗線の間隔は小さくなるか，大きくなるか。

考え方　(1)　m 番目の暗線の位置を x〔m〕，$m+1$ 番目の暗線の位置を x'〔m〕とすると $\Delta x = x' - x$

解説&解答　(1)　点 P で暗線となる条件式は，$m\,(m = 0,\ 1,\ 2,\ \cdots)$ を用いると
$$\frac{d}{l}x = \left(m + \frac{1}{2}\right)\lambda \qquad \text{よって} \quad x = \left(m + \frac{1}{2}\right)\frac{l\lambda}{d} \qquad \cdots\cdots\text{①}$$
点 P のすぐ外側の暗線の位置 x'〔m〕は，①式の m を $m+1$ に置きかえた式で表されるから
$$\Delta x = x' - x$$
$$= \left(m + 1 + \frac{1}{2}\right)\frac{l\lambda}{d} - \left(m + \frac{1}{2}\right)\frac{l\lambda}{d} = \frac{l\lambda}{d}\ \text{〔m〕}\quad\textbf{答}$$

(2)　(1)より，Δx は l に比例する。したがって　**大きくなる。**　**答**

(3)　(1)より，Δx は d に反比例する。したがって　**大きくなる。**　**答**

類題10
(教p.202) 例題10の実験について，次の問いに答えよ。

(1) 波長 6.9×10^{-7} m と 4.6×10^{-7} m の単色光を用いたときの暗線の間隔をそれぞれ Δx_1，Δx_2〔m〕とすると，Δx_1 は Δx_2 の何倍か。

(2) 複スリットとスクリーンの間を屈折率 n の液体で満たしたとき，暗線の間隔は何倍になるか。

考え方 例題10より，暗線の間隔は $\Delta x = \dfrac{l\lambda}{d}$ である。

解説&解答 (1) 暗線の間隔 Δx は $\Delta x = \dfrac{l\lambda}{d}$ であるから

$$\Delta x_1 = \frac{l \times (6.9 \times 10^{-7})}{d}, \quad \Delta x_2 = \frac{l \times (4.6 \times 10^{-7})}{d}$$

$$\frac{\Delta x_1}{\Delta x_2} = \frac{6.9 \times 10^{-7}}{4.6 \times 10^{-7}} = \textbf{1.5 倍} \quad \boxed{答}$$

(2) 屈折率 n の液体中での光の波長を λ' とすると，暗線の間隔 $\Delta x'$ は $\Delta x' = \dfrac{l\lambda'}{d}$ となる。

また，屈折の法則(㉒式)より $\dfrac{\lambda}{\lambda'} = \dfrac{n}{1.0}$ よって $\lambda' = \dfrac{1}{n}\lambda$

$$\Delta x' = \frac{l \cdot \dfrac{1}{n}\lambda}{d} = \frac{1}{n}\left(\frac{l\lambda}{d}\right) = \frac{1}{n} \cdot \Delta x$$

よって $\dfrac{1}{n}$ 倍 $\boxed{答}$

問23
(教p.204) 1 cm 当たり 350 本の筋が入った回折格子に，単色光を垂直に入射すると，回折格子の後方 2.0 m の位置で入射方向と垂直に張ったスクリーンの中央付近に 3.5 cm 間隔で明線が並んだ。この単色光の波長は何mか。

考え方 回折格子における明線の条件(㊹式)を用いる。

解説&解答 回折格子の格子定数を d とすると

$$d = \frac{1.0 \times 10^{-2}}{350} \text{m}$$

図のように，入射光線の延長線上のスクリーンの点を O，その隣の明線を P，$\angle PSO = \theta$ とする。スクリーン上の明線が満

たす条件は $d\sin\theta = m\lambda$ $(m = 0,\ 1,\ 2,\ \cdots)$
点Pの明線は $m = 1$ に対応するので

$$\sin\theta = \frac{OP}{SP} ≒ \frac{OP}{SO} = \frac{3.5 \times 10^{-2}}{2.0}$$

よって

$$\lambda = d\sin\theta = \left(\frac{1.0 \times 10^{-2}}{350}\right) \times \left(\frac{3.5 \times 10^{-2}}{2.0}\right) = \textbf{5.0} \times \textbf{10}^{-7}\textbf{m} \quad \boxed{答}$$

考 **問24**
(教p.204)
次の各場合，回折格子による明線の間隔は広くなるか，狭くなるか。
(1) 波長の長い光に変える。　(2) 格子定数の大きな回折格子に変える。

考え方 回折格子における明線の条件(⑭式)を用いて考える。

解説&解答 ⑭式より　$\sin\theta = \dfrac{m\lambda}{d}$　$(m = 0, 1, 2, \cdots)$

(1) d が一定のとき，λ を大きくすると，同じ m に対する $\sin\theta$ の
値は大きくなるので，θ の値も大きくなる。よって，明線の間隔
は**広くなる。** **答**

(2) λ が一定のとき，d を大きくすると，同じ m に対する $\sin\theta$ の
値は小さくなるので，θ の値も小さくなる。よって，明線の間隔
は**狭くなる。** **答**

問25
(教p.207)
真空中を距離 d〔m〕進んだ光と，屈折率 n の媒質中を距離 d〔m〕進んだ光
の光路差を求めよ。

考え方 「光路長＝屈折率×距離」(⑯式)を用いて光路長の差を求める。

解説&解答 光路差は　$nd - d = (n-1)d$〔m〕 **答**

例題11
(教p.208)
2枚の平面ガラスを重ねて，ガラスが接
している点Oからの距離 L〔m〕の位置
に厚さ D〔m〕の薄い紙をはさむ。真上か
ら波長 λ〔m〕の光を当てて上から見る
と，明暗の縞が見えた。このとき，縞の
間隔 Δx〔m〕を求めよ。

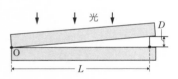

考え方 隣りあう明線の位置で空気層の厚さの差が Δd〔m〕のとき，経路差
の違いは $2\Delta d$〔m〕となる。

解説&解答 点P，Qを隣りあう明線の位置とする。
これらの位置での空気層の厚さの差を
Δd〔m〕とすると，2点間の経路差の違
いは $2\Delta d$ であり，これが1波長分に等
しいので　$2\Delta d = \lambda$ ……①
また，三角形の相似の関係より　$L:D = \Delta x:\Delta d$ ……②

①，②式より

$$\Delta x = \frac{L\Delta d}{D} = \frac{L\lambda}{2D} \text{〔m〕} \quad \textbf{答}$$

類題11
(教)p.208
2枚の平面ガラスを重ねて，ガラスが接している点Oからの距離 0.20 m の位置に薄い紙をはさむ。真上から波長 6.5×10^{-7} m の光を当てて上から見ると，明暗の縞が見えた。このとき，縞の間隔が 1.3 mm であったとすると，紙の厚さは何mか。

考え方 隣りあう明線の位置での空気層の厚さの差が Δd のとき，例題11と同様，2点間の経路差の違いは $2\Delta d$ である。

解説&解答 紙の厚さを D [m]，光の波長を λ [m]，隣り合う明線の間隔を Δx [m]，点Oから紙までの距離を L [m] とする。隣りあう明線の位置での空気層の厚さの差を Δd とすると，2点間の経路差の違いは $2\Delta d$ である。これが1波長分に等しいので

$$2\Delta d = \lambda \quad \cdots\cdots ①$$

また，三角形の相似の関係より

$$L : D = \Delta x : \Delta d \quad \cdots\cdots ②$$

①，②式より

$$D = \frac{L\Delta d}{\Delta x} = \frac{L\lambda}{2\Delta x} = \frac{0.20 \times (6.5 \times 10^{-7})}{2 \times (1.3 \times 10^{-3})} = \mathbf{5.0 \times 10^{-5}\,m} \quad 答$$

Zoom **光の干渉の考え方**

問A
(教)p.211
光の干渉に関する次の①の観察実験を行った後，②のように条件を変えて，再度，観察実験を行った。このとき，光の干渉縞はどのように変化するか。空気の屈折率を1とする。

(1) ヤングの実験
　①空気中で行う　　②実験装置を屈折率 1.3 の水中に入れて行う

(2) 回折格子
　①1 cm 当たり 500 本の筋をもつ回折格子を用いる
　②1 cm 当たり 1000 本の筋をもつ回折格子を用いる

(3) 薄膜(屈折率を 1.3 とし，膜の厚さは①，②で変わらないとする)
　①空気中に浮いた薄膜を上からながめる
　②屈折率 1.5 のガラスの表面に密着した薄膜を上(空気中)からながめる

(4) くさび形空気層(平面ガラスに対して垂直に光を当てる)
　①光源側からながめる　　②光源と反対側からながめる

(5) ニュートンリング(平凸レンズに対して垂直に光を当てる)
　①光源側からながめる　　②光源と反対側からながめる

考え方 それぞれ，干渉縞の間隔や明暗がどう変わるかを考える。

解説&解答 (1) スリットの間隔を d，スクリーンまでの距離を l，光の波長を λ とすると，隣りあう明線の間隔は　$\Delta x = \dfrac{l\lambda}{d}$ (43式)

第**3**編
波

屈折率 n の媒質中では光の波長が $\dfrac{\lambda}{n}$ となるので，明線の間隔は

$\dfrac{1}{n}$ 倍になる。よって，**②では干渉縞の間隔が①の $\dfrac{1}{1.3} \fallingdotseq 0.77$ 倍**

となる。 答

(2)　格子定数を d，スクリーンまでの距離を l，光の波長を λ とすると，隣りあう明線の間隔は　$\Delta x = \dfrac{l\lambda}{d}$（(43)式と同じ）　となり，

格子定数に反比例する。②の格子定数は①の半分なので，**②では干渉縞の間隔が①の2倍になる。** 答

(3)　膜の厚さは同じなので，光路長も同じである。①の場合，薄膜の上面で反射する光は位相が π だけ変化し，薄膜の下面で反射する光は位相が変化しない。一方，②の場合，薄膜の上面で反射する光は位相が π だけ変化し，薄膜の下面で反射する光は，境界面の下側が屈折率のより大きなガラスになっているので，位相が π だけ変化する。よって，①と②では反射光が強めあう条件が逆になるので，**②では干渉縞の明暗が①と逆になる。** 答

(4)

①の場合，図の光1の位相は変化せず，光2の位相は π だけ変化する。②の場合，図の光3の位相は変化せず，光4の位相は2度の反射で π ずつ変化するので，位相はもとにもどる。よって，**②では干渉縞の明暗が①と逆になる。** 答

(5)

①の場合，図の光1の位相は変化せず，光2の位相は π だけ変化する。②の場合，図の光3の位相は変化せず，光4の位相は2度の反射で π ずつ変化するので，位相はもとにもどる。よって，**②では干渉縞の明暗が①と逆になる。** 答

演 習 問 題 教 p.212 ～ p.214

1 図のように，屈折率 n_1 のガラス1を，屈折率 n_2 $(< n_1)$ のガラス2でおおった円柱状の繊維が，空気中に置かれている。円柱の中心軸に垂直な端面に，中心軸と θ をなす角で入射させた光は，2つのガラスの境界面に臨界角に入射した。空気の屈折率を1として，$\sin\theta$ を求めよ。

考え方 屈折の法則((22式))を用いる。屈折角が90°をこえると，全反射する。

解説&解答 ガラス1から2への臨界角を θ_0 とすると，屈折の法則((22式))より

$$\frac{\sin\theta_0}{\sin 90°} = \frac{n_2}{n_1} \qquad よって \quad \sin\theta_0 = \frac{n_2}{n_1}$$

図より，空気中からガラス1への屈折角は $\dfrac{\pi}{2} - \theta_0$ となるから，屈折の法則より

$$\frac{\sin\theta}{\sin\left(\dfrac{\pi}{2} - \theta_0\right)} = \frac{n_1}{1} \qquad よって \quad \sin\theta = n_1\sin\left(\frac{\pi}{2} - \theta_0\right) \cdots ①$$

ここで $\sin\left(\dfrac{\pi}{2} - \theta_0\right) = \cos\theta_0 = \sqrt{1 - \sin^2\theta_0} = \sqrt{1 - \dfrac{n_2^2}{n_1^2}}$

$$= \frac{1}{n_1}\sqrt{n_1^2 - n_2^2}$$

であるから，これを①式に代入して，$\sin\theta = \sqrt{n_1^2 - n_2^2}$ **答**

2 (1) 図のように，物体とスクリーンを80cm離して固定し，その間に焦点距離15cmの凸レンズを置いて水平方向に動かす。物体とレンズの距離を a〔cm〕とするとき，スクリーン上に実像が生じるような a をすべて求めよ。

(2) (1)において，スクリーンを取り除き，凸レンズを通して図の右側から物体を見る。倍率3.0倍の虚像が見えるときの a を求めよ。

(3) (2)において，凸レンズのかわりに，焦点距離30cmの凹レンズを通して図の右側から物体を見る。倍率0.50倍の虚像が見えるときの a を求めよ。

考え方 レンズの式((32)，(33)式)を用いて考える。

解説&解答 (1) 写像公式((32)式)で，$b = 80 - a$〔cm〕，$f = 15$〔cm〕 ($a > 0$，$b > 0$)であるから $\dfrac{1}{a} + \dfrac{1}{80 - a} = \dfrac{1}{15}$

$$a^2 - 80a + 1200 = 0$$

$$(a-20)(a-60)=0 \quad \text{よって} \quad a = \textbf{20, 60 cm} \quad \boxed{\textbf{答}}$$

(2)　倍率が 3.0 倍であるから，�33式より　$\left|\dfrac{b}{a}\right| = 3.0$

また，虚像であることから $b < 0$ である。したがって，

$b = -3.0a$〔cm〕，$f = 15$ cm を写像公式（㉜式）に代入して

$$\frac{1}{a} - \frac{1}{3.0a} = \frac{1}{15} \qquad \frac{2}{3a} = \frac{1}{15} \quad \text{よって} \quad a = \textbf{10 cm} \quad \boxed{\textbf{答}}$$

(3)　焦点が 30 cm の凹レンズであるから，$f = -30$ cm であり，倍率が 0.50 倍であるから　$\left|\dfrac{b}{a}\right| = 0.50$

凹レンズであるから $b < 0$ で　$b = -0.50a$〔cm〕　したがって

$$\frac{1}{a} - \frac{1}{0.50a} = -\frac{1}{30} \qquad -\frac{1}{a} = -\frac{1}{30} \quad \text{よって} \quad a = \textbf{30 cm} \quad \boxed{\textbf{答}}$$

3　単色光をスリット S_0 と複スリット S_1, S_2 に通すと，後方のスクリーン上に明暗の縞ができ，スクリーン中央の点 O で最も明るかった。S_1 と S_2 は間隔が d〔m〕で，S_0 から等距離にある。複スリットとスクリーンの距離を l〔m〕とする。

(1)　図のように，スリット S_1 の手前に，屈折率 n（$n > 1$），厚さ D〔m〕の薄い透明板を S_0S_1 に垂直に置いたとき，S_0 から回折して，S_1 に達する光と，S_2 に達する光の光路差 $\varDelta s$〔m〕を求めよ。

(2)　初め，スクリーン上の点 O にあった明線は，透明板を置いた後，上向きに移動するか，下向きに移動するか。

(3)　(2)の移動距離 $\varDelta x$〔m〕を求めよ。ただし，点 O から x〔m〕離れたスクリーン上の点を P とすると，S_1P と S_2P の距離の差は $\dfrac{d}{l}x$ と表される。

（考え方）　屈折率×距離〔m〕を光路長〔m〕という。空気中の屈折率は真空中と等しい（$n = 1$）と考える。

（解説&解答）　(1)　$S_0S_1 = S_0S_2 = s$ とする。

S_0S_1 の光路長
　$= (s - D) + nD$
　$= s + (n-1)D$

S_0S_2 の光路長 $= s$

光路差 $\varDelta s = \{s + (n-1)D\} - s = \textbf{\textit{(n-1)D}}$〔**m**〕　$\boxed{\textbf{答}}$

(2)　透明板がないとき，光が $S_0 \to S_1 \to O$ と進む光と $S_0 \to S_2 \to O$ と進む光の光路差はない。次に，透明板を置いたとき，光路差がなく両経路を通った光が到達するスクリーン上の点を O′ とする。

透明板を置くと,「S_0S_1 の光路長」>「S_0S_2 の光路長」となるので,
「S_1O' の光路長」<「S_2O' の光路長」となる。
すなわち,**下向き**に移動する。 答

(3) $S_0 \to S_1 \to O'$ と進む光と $S_0 \to S_2 \to O'$ と進む光の光路長が等しくなるから

$$s+(n-1)D+S_1O' = s+S_2O'$$

$$(n-1)D = S_2O'-S_1O' = \frac{d\Delta x}{l}$$

よって $\Delta x = \dfrac{(n-1)Dl}{d}$ 〔m〕 答

4 格子定数 d〔m〕の回折格子に,波長 λ〔m〕の緑色の光を垂直に当てると,後方 l〔m〕の位置にあるスクリーンに明暗の縞ができた。スクリーンの中央 O から,距離 x〔m〕離れたスクリーン上の点 P に向かう光と入射光のなす角を θ とする。ただし,θ はきわめて小さく,$\sin\theta \fallingdotseq \tan\theta$ が成りたつとする。

(1) 点 P に明線ができるための条件式を,d, λ, l, x, m ($m=0,1,2,\cdots$)を用いて表せ。

(2) 隣りあう明線の間隔 Δx〔m〕を,d, λ, l を用いて表せ。

(3)(a) 緑色の光を,赤色の光にかえると,明線の間隔は小さくなるか,大きくなるか。

(b) 単位長さ当たりの筋の本数が2倍の回折格子にかえると,明線の間隔は何倍になるか。

考え方 回折格子の明線の条件式(44式)を用いる。(3)では(2)の結果を用いる。

解説&解答 (1) 点 P に明線ができるための条件式は(44式より

$$d\sin\theta = m\lambda$$

与えられた近似より $\sin\theta \fallingdotseq \tan\theta = \dfrac{x}{l}$

これを上式に代入して $d\dfrac{x}{l} = m\lambda$ 答

(2) (1)より $x = m\dfrac{l\lambda}{d}$ だから,隣りあう明線の間隔は

$$\Delta x = (m+1)\frac{l\lambda}{d} - m\frac{l\lambda}{d} = \frac{l\lambda}{d}〔m〕 答$$

(3)(a) 赤色の光の波長は,緑色の光の波長よりも大きい。
(2)より,Δx は λ に比例する。したがって,**大きくなる。** 答

(b) 単位長さ当たりの筋の本数が2倍になると格子定数は半分になる。
(2)より,Δx は d に反比例する。したがって,**2倍。** 答

5 図のように，屈折率 $n(n > 1)$，厚さ d〔m〕の薄膜が，ある物質の表面をおおっており，波長 λ〔m〕の単色光が空気中から薄膜に入射角 i で入射した。このとき，薄膜の上面で反射する光①と，薄膜の上面において屈折角 r で屈折し，薄膜の下面で反

射する光②の干渉を考える。これらの光は，図中の点 A_1，A_2 において同位相であった。ただし，物質の屈折率は n より大きいものとする。

(1) 光①は図中の点 B_1 での反射によって，位相が π 変化するか，それとも変化しないか。また，光②は図中の点Cでの反射によって，位相が π 変化するか，それとも変化しないか。

(2) 点 B_1 で反射した光①と，点 A_2 に入射して，点Cで反射して点 B_1 を通過した光②の光路差を，n，d，r を用いて表せ。

(3) 光①と光②が弱めあうための条件式を，n，d，r，λ，m ($m = 0, 1, 2, \cdots$) を用いて表せ。

(4) 単色光が垂直 ($i = 0$) に入射するとき，光①と光②が弱めあうための最小の膜の厚さ d_0〔m〕を求めよ。

考え方 光①と②の経路差は，$2d\cos\theta$ である。また，干渉の条件式（47式）を用いる。

解説&解答 (1)　空気より薄膜のほうが屈折率が大きいので，光①は点 B_1 での反射のとき，位相が **π 変化する**。 **答**

また，薄膜よりある物質のほうが屈折率が大きいので，光②は点Cでの反射のとき，位相が **π 変化する**。 **答**

(2)　光①と光②の光路差は，図より

$$n \times (B_2D)$$
$$= n \times 2d\cos r$$
$$= \boldsymbol{2nd\cos r} \quad \text{答}$$

(3)　(1)より，反射による光①と光②の間の位相のずれは生じない。よって(2)の結果と干渉の条件式（47式）より，

$$\boldsymbol{2nd\cos r = \left(m + \frac{1}{2}\right)\lambda} \quad \text{答}$$

(4)　$i = 0$ のとき，$r = 0$ となる。また，$m = 0$ のとき，d は最小値 d_0 となるから

$$2nd_0\cos 0 = \left(0 + \frac{1}{2}\right)\lambda \qquad \text{よって} \quad \boldsymbol{d_0 = \frac{\lambda}{4n}}\text{〔m〕} \quad \text{答}$$

6 図のように，球面半径R〔m〕の平凸レンズを平面ガラスの上にのせ，上から平面に垂直に波長λ〔m〕の赤い単色光を当てた。このときの反射光を上から観察すると，レンズとガラス板との接点Oを中心とする同心円状の明暗の縞模様が見えた。点Oからx〔m〕離れた点Pでの空気層の厚さをd〔m〕とする。

(1) 点Pの位置で暗くなるための条件式を，d，λ，m（$m = 0,\ 1,\ 2,\ \cdots$）を用いて表せ。

(2) 点O付近では明るくなるか，暗くなるか。

(3) 点Pの位置で暗くなるとき，xをR，λ，mを用いて表せ。ただし，$2d = \dfrac{x^2}{R}$が成りたつものとする。

(4) 青い光を用いて同じ実験を行ったとき，内側から数えてm番目の暗環の半径は，赤い光の場合と比べて大きくなるか，小さくなるか。

(5) レンズとガラスの間を屈折率n（$n > 1$）の液体で満たしたとき，内側から数えてm番目の暗環の半径は，液体がない場合の半径の何倍になるか。ただし，nはレンズとガラスの屈折率より小さいものとする。

考え方 ニュートンリングにおける干渉の暗環の条件式（(51)式）を利用する。また，赤い色の光は，青い色の光よりも波長が長い。

解説&解答 (1) 光線①は反射の際に位相は変化しないが，光線②は位相がπずれる。また，両光線の経路差は$2d$であるから点Pの位置で暗くなるための条件式は

$$2d = m\lambda \quad \boxed{答}$$

(2) 点O付近は$d = 0$であり，(1)の暗環の条件式で$m = 0$の場合である。よって，**暗くなる**。 $\boxed{答}$

(3) $\dfrac{x^2}{R} = m\lambda$　よって　$x = \sqrt{m\lambda R}$〔m〕 $\boxed{答}$

(4) 暗環の半径$x = \sqrt{m\lambda R}$で，青い光のほうが赤い光より波長λが短いので，半径は**小さくなる**。 $\boxed{答}$

(5) 屈折率nがレンズとガラスの屈折率より小さいので，反射光①と②の位相のずれ方は変わらない。液体中での光の波長λ'は

$$\frac{\lambda}{\lambda'} = \frac{n}{1} \quad よって \quad \lambda' = \frac{1}{n}\lambda$$

したがって　$\dfrac{\sqrt{m\lambda' R}}{\sqrt{m\lambda R}} = \dfrac{\sqrt{m \cdot \dfrac{1}{n}\lambda R}}{\sqrt{m\lambda R}} = \dfrac{1}{\sqrt{n}}$倍 $\boxed{答}$

第❸編　波

考 考えてみよう！・・・・・・・・・・・・・・・・・・・・・・・・

7 (1)　身長1.7mの人が，壁にかけた鏡の正面にまっすぐ立つ。自分の全身が鏡に映って見えるようにするには，鏡の長さは何m以上あればよいか。

(2)　Cさんは，図のような，お玉杓子(おたま)に映った自分の顔を，少し離れた所から観察していて，おたまの表面(凹面)と裏面(凸面)で見え方が違うことに気がついた。それぞれどのように見えるか説明してみよう。

表面 ➡　　　　⬅ 裏面

(3)　図のように，2枚の平面ガラスを重ねて，片側に薄い紙をはさみ，真上から光を当てて上から見ると，明暗の縞が見えた。このとき，紙をはさんだ側の平面ガラスに力を加えて押しこむと，縞にはどのような変化があるか。

光　　力

平面ガラス　　　紙
平面ガラス

考え方　(1)　反射の法則を用いる。

(2)　おたまの表面は凹面鏡に，裏面は凸面鏡に相当する。

解説&解答　(1)　右図のように，鏡にちょうど全身が映って見えるとき，目の高さから鏡の上端と下端の高さまでの距離をそれぞれa，b〔m〕とすると，入射角と反射角は等しいから，右図より身長は$2a+2b$となる。したがって，

鏡

$2a+2b = 1.7\,\text{m}$

よって，鏡の長さは

$a+b = 1.7 \times \dfrac{1}{2} = \mathbf{0.85\,m}$　**答**

(2)　少し離れた所から観察するので，表面の場合，自分の位置は凹面鏡の中心より外側にあるため倒立実像ができ，**顔は倒立して見える**。裏面の場合，正立虚像ができ，**顔は正立して見える**。　**答**

(3)　右図のように，ガラスの接点から紙までの距離をL〔m〕，紙の厚さをD〔m〕，当てる光の波長をλ〔m〕とする。例題11と同様に考えると，縞の間隔は

光　　力

D

平面ガラス　　　紙
O　　平面ガラス

L

$\varDelta x = \dfrac{L\lambda}{2D}$〔m〕となり，$\varDelta x$は$D$に反比例する。平面ガラスを押しこむと紙の厚さは小さくなるから，**縞の間隔が大きくなる**。　**答**

第 1 章　電場

教 p.216 〜 p.255

1 静電気力

A 静電気

　物体が電気を帯びることを**帯電**といい，帯電した物体(帯電体)に分布している流れのない電気を**静電気**という。また，このような電気現象を生じさせるもの(電気)を**電荷**という。また，大きさが無視できる点状の電荷を**点電荷**という。

　静止した電荷の間には力がはたらき，これを**静電気力**という。

- **電荷には，正(＋)と負(−)の2種類がある。**
- **同種の電荷どうしは反発しあい，異種の電荷どうしは引きあう**

正に帯電した電荷を**正電荷**といい，負に帯電した電荷を**負電荷**という。
電荷の量を**電気量**といい，単位には**クーロン**(記号 **C**)を用いる。

B 物体が帯電するしくみ

❶原子の構造　物体は多数の**原子**からできている。原子は，中心にある**原子核**と，原子核をとりまく**電子**からできている。そして，原子核は**陽子**と**中性子**からできている(右図)。

　陽子は正の電気をもち，電子は負の電気をもつが，中性子は電気をもたない。陽子1個と電子1個がもつ電気量は，符号が異なるが，大きさは等しく 1.6×10^{-19} C である。これを**電気素量**といい，e で表す。帯電体がもつ電気量の大きさは e の整数倍になる。

▲原子の構造

❷帯電のしくみ　原子が電子を放出したり取りこんだりすることによって帯電したものを**イオン**という。右図のように，電子を放出して正の電気を帯びた粒子を**陽イオン**，電子を取りこんで負の電気を帯びた粒子を**陰イオン**という。

❸電気量保存の法則　物体が帯電するときは，物体どうしが電気をやりとりするだけであり，電気が生み出されたり失われたりすることはなく，その前後で電気量の総和は変わらない。これを**電気量保存の法則**という。

Na(ナトリウム)			Na⁺(ナトリウムイオン)		
⊕	⊖	電気量	⊕	⊖	電気量
11	11	0	11	10	$+e$

▲イオンができるしくみ

C　クーロンの法則

2つの点電荷の間にはたらく**静電気力**の大きさ F 〔N〕は，それぞれの電気量の大きさ q_1，q_2〔C〕の積に比例し，点電荷間の距離 r〔m〕の2乗に反比例する

これを静電気力に関する**クーロンの法則**といい，次の式で表される。

クーロンの法則

$$F = k\frac{q_1q_2}{r^2} \tag{1}$$

F〔N〕	静電気力の大きさ
k〔N·m²/C²〕	クーロンの法則の比例定数
q_1，q_2〔C〕	2つの点電荷の電気量の大きさ
r〔m〕	点電荷間の距離

静電気力は2つの点電荷を結ぶ直線方向にはたらく。2つの点電荷の電気量の符号が同じときには斥力，異なるときには引力がはたらく。(1)式の比例定数 k の値は，真空中では

$$k_0 = 9.0 \times 10^9\,\text{N·m}^2/\text{C}^2 \tag{2}$$

D　静電誘導

❶導体と不導体　電気をよく通す物質を**導体**という。金属には，金属を構成している個々の原子に属さずに，金属内を自由に動きまわれる電子があり，これを**自由電子**という。電気の流れ（電流）は自由電子の移動によって伝えられる（**教** p.220 図5）。

一方，電気を通しにくい物質を**不導体（絶縁体）**という。また，ケイ素（Si）などのように電気の通しやすさが導体と不導体の中間のものがある。これを**半導体**という。

❷静電誘導　導体に帯電体を近づけると，自由電子が静電気力によって移動し，帯電体に近い側の表面には帯電体と異種の電気が現れ，遠い側の表面には同種の電気が現れる。この現象を導体の**静電誘導**という（**教** p.220 図6 ⓑ）。同図ⓐのように，帯電体に近い側にはたらく引力のほうが，遠い側にはたらく斥力よりも大きいので，導体は帯電体に引き寄せられる。

導体の静電誘導を利用して，物体が帯電しているかどうかを調べる装置に**箔検電器**がある。帯電していない箔検電器の金属円板に負の帯電体を近づけると，金属中の自由電子は静電誘導によって箔のほうに移動し，箔は負の電気を帯びる。それらが互いに反発して，箔が開く（**教** p.221 図7）。

❸誘電分極　不導体の電子は構成粒子から離れないが，帯電体を近づけると，静電気力によって構成粒子に属している電子の位置がずれる。これを**分極**といい，不導体の帯電体に近い側の表面には帯電体と異種の電気が現れ，遠い側の表面には同種の電気が現れる（右図）。不導体に生じる静電誘導の現象を，特に**誘電分極**という。よって，不導体のことを**誘電体**ともいう。

帯電体

構成粒子　　分極した構成粒子

2 電場

A 電場

教 p.222 図9ⓐのように，電荷 A のまわりに別の電荷を置くと，その電荷は静電気力を受ける。このように電気的な力が及ぶ空間には**電場(電界)**が生じているという。電荷は，電場を介して力を及ぼしあう。つまり

電荷のまわりには電場が生じ，その電場は別の電荷に力を及ぼす

空間の各点での電場は，その位置に置いた＋1C の電荷が受ける力として定義され，その単位には，**ニュートン毎クーロン**(記号 **N/C**)を用いる。

電場は力と同様に，大きさ(**電場の強さ**)と向き(**電場の向き**)をもつベクトルであり，電場のことを**電場ベクトル**ともいう(**教 p.222 図9** ⓑ)。

電場が $\vec{E}$ 〔N/C〕の点に置いた q〔C〕の電荷が受ける力 $\vec{F}$〔N〕は，電荷 1C 当たりが受ける力($\vec{E}$)の q 倍となり，次のように表される。

電荷が電場から受ける力	
$$\vec{F} = q\vec{E} \qquad (3)$$	
$\vec{F}$ 〔N〕 静電気力	
q 〔C〕 電気量	
$\vec{E}$ 〔N/C〕 電場	

B 点電荷のまわりの電場

❶ **1つの点電荷のまわりの電場** 次図で，点 P での電場の向きは A → P（A から遠ざかる向き）である。電場の強さ E〔N/C〕は，その位置に置いた＋1C の試験電荷が受ける力の大きさに等しい。その大きさはクーロンの法則より $k\dfrac{1 \times Q}{r^2}$ であるから，点 P での電場の強さは次のように表される。

点電荷のまわりの電場
$$E = k\frac{Q}{r^2} \qquad (4)$$
E〔N/C〕 電場の強さ
k〔N·m²/C²〕 クーロンの法則の比例定数
Q〔C〕 点電荷の電気量の大きさ
r〔m〕 点電荷からの距離

▲**点電荷のまわりの電場** 矢印(→)は点(•)の位置における電場を表す。

❷**電場の重ねあわせ**　2点 A, B に電荷があるとき，点 P における電場は，A, B に各電荷が単独にあるときに P につくる電場ベクトルを合成すると得られる（下図）。これを**電場の重ねあわせ**という。

▲電場の重ねあわせ　$\vec{E} = \vec{E_A} + \vec{E_B}$

C　電気力線

　電場の中で正電荷を電場から受ける力の向きに少しずつ動かすと，1つの線を描く。この線に正電荷が動いた向きの矢印をつけたものを**電気力線**という（**教 p.225 図 12**）。電気力線には，**正電荷から出て負電荷に入る**という性質がある。

　電気力線は，電荷のない所で発生したり，消滅したりしない。**電気力線上の各点での接線は，その点での電場の方向と一致する。**よって，電気力線は枝分かれしたり，交差したりせず，真空中や大気中で折れ曲がることもない。

　電場の強さが E〔N/C〕の所では，電場の方向と垂直な断面を通る電気力線を，$1\,m^2$ 当たり E 本の割合で引くものとする。これにより，電気力線の密度で電場の強さを表すことができる。なお，**電場が強い所ほど電気力線は密である。**

D　帯電体から出る電気力線の数

　Q〔C〕の正電荷を中心とする半径 r〔m〕の球面 S を貫く電気力線の総数を N 本とすると　$N = E \times 4\pi r^2 = 4\pi k_0 Q$　　　　　　　　　　　　　　　　　　(5)

　電気力線の数 N は，$N > 0$ のときには球面を出ていく向きに，$N < 0$ のときには球面内に入っていく向きに貫くことを表すものとする。負電荷の場合（$Q < 0$）には，$N < 0$ となり，$4\pi k_0 |Q|$ 本の電気力線が球面内に入っていく。

　大きさのある物体に電気が分布しているときでも次のことがいえる（ガウスの法則）。

　　Q〔C〕の帯電体から出る電気力線の総数は $4\pi k_0 Q$ 本である

3　電位

A　電位

❶**静電気力による位置エネルギー**　重力による位置エネルギーと同様に，静電気力を受ける物体についても，位置エネルギーを考えることができる。**教 p.227 図 14** のように，物体が点 P から基準点 O まで移動するとき，静電気力は電荷に仕事をする。したがって，点 P にある物体は，**静電気力による位置エネルギー**をもっている。静電気力も保存力である。

❷**電位**　静電気力による位置エネルギー U〔J〕は，物体の電気量 q〔C〕に比例する。そこで，電荷＋1C 当たりの，静電気力による位置エネルギーを

$$V = \frac{U}{q} \tag{6}$$

と表し，これをその点の**電位**という。電位はスカラーであり，単位は**ボルト**（記号 **V**）を用いる。1V ＝ 1J/C である。電位 V〔V〕の点に q〔C〕の電荷を置くと，静電気力による位置エネルギー U〔J〕は次のように表される。

電位
$U = qV$　　　　　　　　(7)
U〔J〕　静電気力による位置エネルギー
q〔C〕　電気量
V〔V〕　電位

B　電位差と仕事

q〔C〕の電荷が点 A（電位 V_A）から点 B（電位 V_B）まで移動するとき，静電気力がする仕事 W_{AB}〔J〕は，静電気力による位置エネルギーの差に等しい。

$$W_{AB} = qV_A - qV_B = q(V_A - V_B) \tag{8}$$

AB 間の電位の差を $V = V_A - V_B$ とおくと

$$W_{AB} = qV \tag{9}$$

2 点間の電位の差を**電位差**または**電圧**という（右図）。

▲電位差と仕事

静電気力とつりあう外力を加えて電荷を A から B までゆっくりと移動させるとき，この外力がする仕事は $-W_{AB}$ となる。

C　電場と電位差との関係

強さと向きが空間のどこでも一定である電場（**一様な電場**）を考える。

教 p.228 図 16 のように強さ E〔N/C〕の一様な電場の中にある q〔C〕の正電荷が，電場の向きに沿って A から B まで d〔m〕移動するとき，静電気力のする仕事は，$W_{AB} = qEd$〔J〕であるから，AB 間の電位差を V〔V〕とすると，次の式が成りたつ。

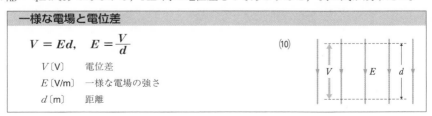

一様な電場と電位差
$V = Ed, \quad E = \dfrac{V}{d}$　　　　(10)
V〔V〕　　電位差
E〔V/m〕　一様な電場の強さ
d〔m〕　　距離

第**❹**編　電気と磁気

電場の強さ（単位 N/C）は，⑽式から，電場の方向の 1 m 当たりの電位差，すなわち電位の傾きを表している（**教 p.229 図 17**）。このため，電場の強さの単位には V/m も用いられる。一般に，**電場は電位の高いほうから低いほうへ向かう。**

D　点電荷のまわりの電位

❶ 1 つの点電荷のまわりの電位　電気量 Q〔C〕の点電荷から距離 r〔m〕離れた点における電位 V〔V〕は，次のように表される。

点電荷のまわりの電位

$$V = k \frac{Q}{r} \tag{11}$$

V〔V〕	電位
k〔N·m²/C²〕	クーロンの法則の比例定数
Q〔C〕	点電荷の電気量
r〔m〕	点電荷からの距離

この点に電気量 q〔C〕の別の点電荷 A を置くと，A のもつ静電気力による位置エネルギー U〔J〕は次のように表される。

$$U = qV = k \frac{qQ}{r} \tag{12}$$

❷電位の重ねあわせ　2 点 A，B に電荷があるとき，点 P における電位は，各電荷が P につくる電位を足したものである（**教 p.231 図 19**）。これを**電位の重ねあわせ**という。

E　等電位面

電位が等しい点を立体的に連ねてできる面を**等電位面**といい，平面上で連ねてできる線を**等電位線**という。**教 p.232 図 20** のように，等電位線を一定の電位差ごとにかくと，等電位線の間隔が密な所ほど，電位の傾きが大きい。電位の傾きは電場の強さを表しているので，**等電位線（等電位面）の間隔が密な所ほど電場が強い。**また，**等電位線（等電位面）と電気力線は直交する。**

F　静電気力を受ける電荷の運動

電場の中の電荷は静電気力を受けながら運動する。電荷の質量を m〔kg〕，電気量を q〔C〕とし，点 A，B の電位をそれぞれ V_A，V_B〔V〕，点 A，B を通過するときの電荷の速さをそれぞれ v_A，v_B〔m/s〕とする。静電気力のみを受けるとき，次のエネルギー保存則が成りたつ。

$$\frac{1}{2} m v_A{}^2 + qV_A = \frac{1}{2} m v_B{}^2 + qV_B \tag{13}$$

4 物質と電場

A 導体と電場

❶導体内部の電場と電位　一様な電場の中に導体を置く。導体内部の自由電子は電場と逆向きの力を受け(右上図ⓐ)，その一部はすぐに力の向きに移動して導体の端に集まる。このため，その表面には負の電荷が，反対側の表面には正の電荷が現れる。その結果，導体内部には外部の電場と反対の向きの電場が新しく生じる。導体内部の電場がちょうど外部の電場を打ち消すように電子が配置され，全体として導体内部の至る所で電場が0になったとき，自由電子の移動が終わる(同図ⓑ)。自由電子の移動が終わったときには，**導体内部には電場がなく，導体全体が等電位になる**。

　導体の表面は等電位面である。電気力線は等電位面に垂直であるので，**電気力線は導体の表面に垂直である**。導体内部に電荷は存在しないので，**電荷は導体内部には現れず，その表面だけに分布する**。

❷接地　地球は非常に大きな導体と考えることができる。したがって，全体が等電位であるから，実用上は地球の電位を基準として，0Vとすることが多い。導体を地球につなぐことを**接地**(または**アース**)という。接地した導体の電位は地球の電位と等しくなるから0Vである(**教** p.237 図24)。

❸静電遮蔽　導体に中空部分がある場合，中空部分に電荷がないときは，そこに電場は生じない(**教** p.237 図25)。また，中空部分に電荷があるときでも，その電荷による中空部分の電場は外部の電場の影響を受けない。このはたらきを**静電遮蔽**という。

B 不導体と電場

　電場の中に不導体を置くと，誘電分極によって不導体の表面に電荷(分極電荷)が現れる。この電荷が不導体の内部につくる電場は，外部の電場の向きと逆であるため，不導体内部の電場は外部の電場よりも弱くなる。導体の場合とは異なり電荷が移動できないので電場は完全には打ち消されない(右下図ⓐ～ⓒ)。

5 コンデンサー

A コンデンサーの充電

❶コンデンサー　右図のように，面積が等しい大きな2枚の金属板を向かいあわせ，それぞれを正と負に帯電させると，電荷を蓄えることができる。このような装置を**コンデンサー**という。この金属板を**極板**といい，極板どうしが平行なコンデンサーを特に**平行板コンデンサー**という。

記号

極板

❷コンデンサーの充電　コンデンサーに電荷をためることを**充電**という。

　電池は電流を流そうとするはたらきをもつ。次図ⓐの回路のスイッチを入れると，電池は，自由電子を極板AからBに向かって移動させる（電流は電子の移動と反対の向き）ため，Aは正に，Bは負に帯電する。この電気量は時間とともに増加し（同図ⓑ），やがて，極板間の電位差が電池の電圧と等しくなると，自由電子の移動が止まり，電流が0になる（同図ⓒ）。その後，スイッチを開いても極板の電荷が失われない。

B コンデンサーの電気容量

❶コンデンサーの電気容量　コンデンサーの極板間に電圧 V〔V〕を加えたとき，2つの極板には大きさが等しく符号が逆の電気量が蓄えられる。このとき，2つの極板の電気量の大きさ Q と極板間の電位差 V との間に次の式が成りたつ。

コンデンサー

$$Q = CV \tag{14}$$

Q〔C〕　コンデンサーの電気量
C〔F〕　コンデンサーの電気容量
V〔V〕　極板間の電位差

　比例定数 C はコンデンサーの**電気容量**という。この値が大きいほど，同じ電圧でより多くの電荷を蓄えることができる。

　電気容量の単位には，1V の電圧を加えたときに1C の電荷を蓄える電気容量をとり，これを**1ファラド**（記号 **F**）と定める。実用上は，10^{-6}F を **1マイクロファラド**（記号 **μF**），10^{-12}F を **1ピコファラド**（記号 **pF**）として，単位に用いることが多い。

❷平行板コンデンサーの電場　**教 p.241** 図 30 のように極板 A, B の電気量をそれぞれ $+Q$, $-Q$〔C〕, 極板の片面の面積を S〔m²〕とする。極板 A の電気量は Q であるから, 極板 A から出る電気力線の数は $4\pi k_0 Q$ 本である。極板間の電場の強さ E は, 単位面積当たりを垂直に貫く電気力線の数なので, 次のように求められる。

$$E = \frac{4\pi k_0 Q}{S} \tag{15}$$

❸平行板コンデンサーの電気容量　極板の電気量 Q〔C〕と極板間の電位差 V〔V〕の関係は, 極板間の間隔を d〔m〕とすると, (10)式に(15)式を代入して

$$V = Ed = \frac{4\pi k_0 Q}{S} d \tag{16}$$

となる。これを Q について解くと

$$Q = \frac{1}{4\pi k_0} \cdot \frac{S}{d} V \tag{17}$$

となり, Q は V に比例する。ここで, 比例定数を C とおくと

$$C = \frac{1}{4\pi k_0} \cdot \frac{S}{d} \tag{18}$$

であり, $Q = CV$ が得られる。平行板コンデンサーの電気容量は

極板の面積に比例し, 極板の間隔に反比例する

C　コンデンサーと誘電体

❶誘電率　コンデンサーの極板間に誘導体を入れると, C の値が大きくなる。これは, (18)式の k_0 がより小さい値 k に変化したことを意味する。(18)式の k_0 を k でおきかえて, $\varepsilon = \dfrac{1}{4\pi k}$ とおくと, 次のようになる。

コンデンサーの電気容量

$$C = \varepsilon \frac{S}{d} \tag{19}$$

C〔F〕　コンデンサーの電気容量
ε〔F/m〕　誘電率
S〔m²〕　極板の面積　　d〔m〕　極板の間隔

比例定数 ε をその誘電体の**誘電率**という。真空の誘電率 ε_0 は

$$\varepsilon_0 = \frac{1}{4\pi k_0} = 8.85 \times 10^{-12}\,\text{F/m} \tag{20}$$

であり, 空気の誘電率もほぼこれに等しい。

❷誘電体のはたらき　一般の誘電体の誘電率 ε は, 真空の誘電率 ε_0 よりも大きいため, 極板間に誘電体を挿入すると, 電気容量が大きくなる。極板間が真空の場合と誘電体を入れた場合のコンデンサーの電気容量をそれぞれ C_0, C とすると, $\dfrac{C}{C_0} = \dfrac{\varepsilon}{\varepsilon_0}$ となる。

$$\varepsilon_r = \frac{\varepsilon}{\varepsilon_0} \tag{21}$$

をその誘電体の**比誘電率**という。

❸実際のコンデンサー フィルムコンデンサー(**教** p.245 図 32)やアルミ電解コンデンサー(**教** p.245 図 33)では,極板面積を大きく,また極板間隔を小さくするとともに,極板間に比誘電率 ε_r の大きい誘電体を入れて,小型で電気容量を大きくしている。

コンデンサーに高すぎる電圧を加えると,絶縁体が破れてしまうので,加えられる電圧の限界が指示されている。この電圧を**耐電圧**という。

D コンデンサーの接続

❶並列接続 電気容量が C_1,C_2〔F〕のコンデンサーを並列に接続し,両端に電圧 V〔V〕を加える(右図ⓐ)。それぞれのコンデンサーの電気量は

$$Q_1 = C_1 V, \qquad Q_2 = C_2 V \tag{22}$$

したがって,全体の電気量 Q〔C〕は

$$Q = Q_1 + Q_2 = (C_1 + C_2)V \tag{23}$$

この式と「$Q = CV$」(⒁式)を比べると,**合成容量**(全体の電気容量)C〔F〕は

$$C = C_1 + C_2 \tag{24}$$

▲コンデンサーの並列接続

一般に電気容量 C_1,C_2,…,C_n〔F〕の n 個のコンデンサーを並列接続したときの合成容量 C〔F〕は

$$C = C_1 + C_2 + \cdots + C_n \tag{25}$$

❷直列接続 電荷を蓄えていない電気容量が C_1,C_2〔F〕のコンデンサーを直列に接続し,両端に電圧 V〔V〕を加えると,上端,下端の極板にはそれぞれ $+Q$,$-Q$〔C〕の電荷が蓄えられ,上,下のコンデンサーの接続部側の極板には,静電誘導によって $-Q$,$+Q$〔C〕の電荷が現れる(右図ⓐ)。接続部側の2枚の極板は孤立した部分なので,電気量が保存され,初めに電荷が蓄えられていなかったため,電気量の合計は 0 となる。

各コンデンサーの両端の電位差をそれぞれ V_1,V_2〔V〕とすると

$$V_1 = \frac{Q}{C_1}, \quad V_2 = \frac{Q}{C_2} \tag{26}$$

▲コンデンサーの直列接続

したがって,接続したコンデンサーの両端の電位差 V〔V〕は

$$V = V_1 + V_2 = \left(\frac{1}{C_1} + \frac{1}{C_2} \right) Q \tag{27}$$

となるから,合成容量を C〔F〕とすると

$$\frac{1}{C} = \frac{1}{C_1} + \frac{1}{C_2} \tag{28}$$

一般に n 個のコンデンサーを直列接続したときの合成容量 C〔F〕は

$$\frac{1}{C} = \frac{1}{C_1} + \frac{1}{C_2} + \cdots + \frac{1}{C_n} \tag{29}$$

合成容量

①並列接続： $C = C_1 + C_2$

②直列接続： $\dfrac{1}{C} = \dfrac{1}{C_1} + \dfrac{1}{C_2}$

C〔F〕　合成容量　　C_1, C_2〔F〕　それぞれの電気容量

❸導体・誘電体の挿入　コンデンサーの一部に導体や誘電体を入れると電気容量が変化する。このような場合，右図のようにコンデンサーをいくつかの部分に分けて，それらの合成容量を求めればよい。

ⓐ コンデンサーの一部に導体を入れる

導体 ➡ 2つのコンデンサーの直列接続と考える

ⓑ コンデンサーの一部に誘電体を入れる

誘電体 ➡ 2つのコンデンサーの並列接続と考える

E コンデンサーに蓄えられるエネルギー

❶コンデンサーの放電　充電したコンデンサーの両極板間を抵抗でつなぐと，負の極板の自由電子が導線を通って正の極板に向かって移動し，正・負の電気が打ち消されてしまう。これをコンデンサーの**放電**という。充電されたコンデンサーは，エネルギーを蓄えていたと考えることができ，これをコンデンサーに蓄えられた**静電エネルギー**という。

❷静電エネルギー　電気容量 C〔F〕のコンデンサーを電圧 V〔V〕の電池につないで充電する（下図ⓐ）。コンデンサーの極板間の電位差が増して V〔V〕になると充電が終わり，$Q = CV$〔C〕の電荷が蓄えられる。コンデンサーを充電するには，極板間の電位差に逆らって電荷を運ばなければならない。このとき必要な仕事は，同図ⓑより $W = \dfrac{1}{2}QV$〔J〕となる。この充電に要した仕事 W をコンデンサーは静電エネルギーとして蓄える。$Q = CV$ より，静電エネルギー U〔J〕は次のように表される。

▲コンデンサーを充電するのに必要な仕事

コンデンサーに蓄えられる静電エネルギー

$$U = \frac{1}{2}QV = \frac{1}{2}CV^2 = \frac{Q^2}{2C}$$ (30)

U〔J〕　コンデンサーに蓄えられる静電エネルギー
Q〔C〕　コンデンサーの電気量
V〔V〕　極板間の電位差　　C〔F〕　コンデンサーの電気容量

─◦問　題◦─

問1
(教p.217)　塩化ビニルが-3.2×10^{-8}C の電気量をもつとき，この電気量は電子何個分か。電気素量を1.6×10^{-19}C とする。

(考え方)　電気素量eとは，電子(陽子)1 個がもつ電気量の大きさである。

(解説&解答)　電子数をN〔個〕，電気量の大きさをQ〔C〕とすると　$Q = Ne$ と表される。

よって　$N = \dfrac{Q}{e} = \dfrac{|-3.2 \times 10^{-8}|}{1.6 \times 10^{-19}} = \mathbf{2.0 \times 10^{11}}$ 個　**答**

問2
(教p.218)　$+6.0 \times 10^{-6}$C と-2.0×10^{-6}C に帯電させた，材質・形状・大きさの等しい金属球を2 つ用意し，接触させてから離すと，2 つの金属球は等量に帯電した。このとき，それぞれの金属球がもつ電気量を求めよ。

(考え方)　接触の前後で電気量の総和は変わらない(電気量保存の法則)。

(解説&解答)　正の電荷と負の電荷が打ち消しあい，残った電気量を等しく分けあう。よって，それぞれの電気量は
$$\frac{(+6.0 \times 10^{-6}) + (-2.0 \times 10^{-6})}{2} = \mathbf{2.0 \times 10^{-6}C}　\textbf{答}$$

例題1
(教p.219)　軽い絹糸につるした小球Aに，2.0×10^{-7}C の電気量を与える。これに帯電した小球Bを近づけたところ，AはBと同じ水平面上で 0.30 m の距離まで引き寄せられ，糸は鉛直線から 30° 傾いた。Bの電気量q〔C〕を求めよ。
Aにはたらく重力の大きさを6.0×10^{-3}N，クーロンの法則の比例定数を9.0×10^9N・m²/C² とする。

(考え方)　力のつりあいから静電気力F〔N〕を求め，クーロンの法則より，Bの電気量q〔C〕を導く。

(解説&解答)　小球Aにはたらく重力 6.0×10^{-3}N，糸が引く力T〔N〕，静電気力F〔N〕がつりあう。力のつりあいの式より

水平方向：$T\sin 30° - F = 0$
鉛直方向：$T\cos 30° - 6.0 \times 10^{-3} = 0$

T を消去して　$F = (6.0 \times 10^{-3}) \times \dfrac{1}{\sqrt{3}}$　……①

ここで，クーロンの法則((1)式)より

$$F = (9.0 \times 10^9) \times \dfrac{(2.0 \times 10^{-7}) \times |\, q \,|}{0.30^2} \quad \cdots\cdots ②$$

②式を①式に代入することによって

$|\, q \,| \fallingdotseq 1.7 \times 10^{-7} \mathsf{C}$

A，B間には引力がはたらくため，Bの電気量は

$q = \boldsymbol{-1.7 \times 10^{-7} \mathsf{C}}$　答

類題1
教p.219

質量がともに m [kg] の小球AとBをそれぞれ長さ l [m] の軽い絹糸につるし，上端を同じ点に固定した。A，Bに等量の正の電気量を与えたところ，A，Bは同じ水平面上で静止し，このときA，B間の距離は $\sqrt{2}\,l$ [m] であった。A，Bがそれぞれもっている電気量 q [C] を求めよ。重力加速度の大きさを g [m/s²]，クーロンの法則の比例定数を k [N·m²/C²] とする。

考え方　小球A，Bには，重力，糸が引く力，静電気力がはたらいている。
　　　　　　クーロンの法則((1)式)を用いる。

解説&解答　小球A，Bには，重力 mg，
糸が引く力 T，静電気力 F
がはたらき，つりあっている。
また，△OAB は，
OA：OB：AB $= 1:1:\sqrt{2}$ の
直角二等辺三角形なので
$\angle$ OAB $= \angle$ OBA $= 45°$

小球Aについて力のつりあいの式を立てると

　　　水平方向：$T\cos 45° - F = 0$
　　　鉛直方向：$T\sin 45° - mg = 0$

これらの式から T を消去して　$F = mg$　……①
また，静電気力の大きさ F は，クーロンの法則((1)式)より

$$F = k\dfrac{q^2}{(\sqrt{2}\,l)^2} \qquad\qquad \cdots\cdots ②$$

①，②式より　$mg = k\dfrac{q^2}{(\sqrt{2}\,l)^2}$

$q > 0$　であるから　$q = \boldsymbol{l\sqrt{\dfrac{2mg}{k}}}$ [C]　答

問3
教p.222

電場が右向きに 1.2×10^3 N/C の位置に次の点電荷を置く。それぞれの場合の電荷が受ける力の大きさと向きを求めよ。
(1) $+2.0 \times 10^{-6}$ C の正電荷　　(2) -3.0×10^{-6} C の負電荷

第④編　電気と磁気

(考え方)　電荷が電場から受ける力の式((3)式)を用いる。

(解説&解答)　(1)　正電荷が電場から受ける静電気力の向きは電場と同じ向きなので右向きである。静電気力の大きさは，(3)式より

$$F = (2.0 \times 10^{-6}) \times (1.2 \times 10^3) = 2.4 \times 10^{-3}$$

よって，**右向きに 2.4×10^{-3}N**　答

(2)　負電荷が電場から受ける静電気力の向きは電場と逆の向きなので左向きである。静電気力の大きさは，(1)と同様に

$$F = (3.0 \times 10^{-6}) \times (1.2 \times 10^3) = 3.6 \times 10^{-3}$$

よって，**左向きに 3.6×10^{-3}N**　答

問4
(教p.223)　$+8.0 \times 10^{-6}$C の点電荷から 2.0m 離れた位置の電場の強さは何 N/C か。また，電場の向きは，点電荷に近づく向きか，点電荷から遠ざかる向きか。クーロンの法則の比例定数を 9.0×10^9N·m²/C² とする。

(考え方)　点電荷のまわりの電場の式((4)式)を用いる。

(解説&解答)　(4)式より　$E = (9.0 \times 10^9) \times \dfrac{8.0 \times 10^{-6}}{2.0^2} = 1.8 \times 10^4$N/C　答

正の点電荷なので，電場の向きは**点電荷から遠ざかる向き**　答

例題2
(教p.224)　図のように，$8a$〔m〕だけ離れた点 A，B に，$+Q$，$-Q$〔C〕の点電荷を置いた。AB の垂直二等分線上，AB の中点から $3a$〔m〕の点 P における電場 $\overrightarrow{E_P}$ の向きと強さ E_P〔N/C〕を求めよ。クーロンの法則の比例定数を k〔N·m²/C²〕とする。

(考え方)　電場はベクトルであり，正電荷と負電荷がつくる電場は向きが異なる点に注意。

(解説&解答)　正電荷，負電荷が点 P につくる電場はそれぞれ A → P，P → B の向きであり，AP = BP = $5a$ であるから，これらの電場の強さは等しい。この強さをそれぞれ E〔N/C〕とおくと，電場の式((4)式)より

$$E = k\frac{Q}{(5a)^2} = \frac{kQ}{25a^2}$$

$\angle$ PAB $= \theta$ とすると，$\cos\theta = \dfrac{4a}{5a}$ であるから，図より

$$E_P = E\cos\theta \times 2$$
$$= \frac{kQ}{25a^2} \times \frac{4a}{5a} \times 2 = \frac{8kQ}{125a^2}\,\text{〔N/C〕}　答$$

電場の向きは，**A → B** である。　答

類題2
教p.224
0.50m 離れた2点 A, B に点電荷を置く。
点 A には $+4.5 \times 10^{-9}$C の正電荷を, 点
B には $+2.0 \times 10^{-9}$C の正電荷を置くとき, 線分 AB 上で電場の強さが0
となる点 P はどこか。A からの距離で答えよ。

A ●＋‑‑‑‑‑‑‑‑‑‑‑‑‑‑‑‑‑‑‑● B ＋
　　　　　　　0.50 m

考え方 A の点電荷が点 P につくる電場の強さと, B の点電荷が点 P につ
くる電場の強さが等しくなる。点電荷のまわりの電場の式((4)式)を
用いる。

解説&解答 AP $= x$〔m〕（$0 < x < 0.50$）, クーロンの法則の比例定数を
k〔N・m²/C²〕とすると

A の点電荷が点 P につくる電場は

$$強さ：E_A = k \times \frac{4.5 \times 10^{-9}}{x^2}〔N/C〕 \qquad 向き：A \to B$$

B の点電荷が点 P につくる電場は

$$強さ：E_B = k \times \frac{2.0 \times 10^{-9}}{(0.50 - x)^2}〔N/C〕 \qquad 向き：B \to A$$

点 P の合成電場の強さが0だから　$E_A = E_B$　より

$$k \times \frac{4.5 \times 10^{-9}}{x^2} = k \times \frac{2.0 \times 10^{-9}}{(0.50 - x)^2}$$

これを解くと　$x = 0.30$m, または, 1.5m
$0 < x < 0.50$ より　$x = \boldsymbol{0.30}$**m** 答

問5
教p.226
$+Q$〔C〕に帯電した導体球が置かれている。図の
ように導体球の中心点 O からの距離が R〔m〕の
位置での電場の強さ E〔N/C〕を, 次の手順で求め
よう。真空中のクーロンの法則の比例定数を
k_0〔N・m²/C²〕, 円周率を π とする。

導体球

球 S

(1) 導体球表面から出る電気力線の総数は何本か。
(2) 半径 R〔m〕の球 S の表面積はいくらか。
(3) 電場は, 単位面積当たりを垂直に貫く電気力線の数に等しい。電場の
強さ E〔N/C〕を求めよ。

考え方 帯電体から出る電気力線の数は, 球面 S の半径 R によらず一定((5)
式)である。

解説&解答 (1) (5)式より　$N = \boldsymbol{4\pi k_0 Q}$ **本** 答
(2) $S = \boldsymbol{4\pi R^2}$〔**m²**〕 答
(3) 単位面積当たりを垂直に貫く電気力線の本数は

$$\frac{N}{S} = \frac{4\pi k_0 Q}{4\pi R^2} = k_0 \frac{Q}{R^2} \qquad よって　E = \boldsymbol{k_0 \frac{Q}{R^2}}〔\textbf{N/C}〕 答$$

問6
教p.227
電位が 2.0V の位置に置かれた, 電気量 $+6.0 \times 10^{-6}$C の点電荷のもつ,
静電気力による位置エネルギーは何 J か。

考え方 電位の式((7)式)を用いる。

(解説&解答)　静電気力による位置エネルギーを U〔J〕とすると，(7)式より
$$U = qV = (6.0 \times 10^{-6}) \times 2.0 = \mathbf{1.2 \times 10^{-5}J}　\text{答}$$

問7
(教p.228)
点 A は点 B よりも電位が 2.0 V 高いとする。電気量 $+3.2 \times 10^{-7}$C の電荷
を A から B まで運ぶとき，静電気力のする仕事は何 J か。

(考え方)　電位差と仕事の式((9)式)を用いる。

(解説&解答)　静電気力のする仕事を W_{AB}〔J〕とすると，(9)式より
$$W_{AB} = qV = (3.2 \times 10^{-7}) \times 2.0 = \mathbf{6.4 \times 10^{-7}J}　\text{答}$$

問8
(教p.229)
強さ 30 V/m の一様な電場の，同じ電気力線上に点 A，B がある。A は B
より電位が 15 V 高い。AB 間の距離は何 m か。

(考え方)　一様な電場と電位差の式((10)式)を用いる。

(解説&解答)　AB 間の距離を d〔m〕とすると，「$V = Ed$」((10)式)より
$$d = \frac{V}{E} = \frac{15}{30} = \mathbf{0.50m}　\text{答}$$

例題3
(教p.229)
x 軸に平行な一様な電場があり，位置の座標
x〔m〕とその点の電位 V〔V〕との関係は，図の
ように表される。

(1)　電場の向きと強さ E〔V/m〕を求めよ。

(2)　この電場内に $+2.4 \times 10^{-7}$C の電荷を置く

とき，この電荷が電場から受ける力の向きと大きさ F〔N〕を求めよ。

(考え方)　電場は電位の高いほうから低いほうへ向かう。電場の強さは V-x 図
の傾きからわかる。

(解説&解答)　(1)　電場は電位の高いほうから低いほうへ向かう。向きは **x 軸の
正の向き**である。電場にそって距離 $d = 0.50$ m だけ離れた2点
間の電位差は $V = 15$ V であるから，電場の強さは
$$E = \frac{V}{d} = \frac{15}{0.50} = \mathbf{30V/m}　\text{答}$$

(2)　正の電荷が受ける力の向きは，電場の向きと同じで **x 軸の正
の向き**である。電荷の電気量は $q = +2.4 \times 10^{-7}$C より，力の大
きさは　$F = qE = (+2.4 \times 10^{-7}) \times 30 = \mathbf{7.2 \times 10^{-6}N}　\text{答}$

類題3
(教p.229)
x 軸に平行な方向の電場があり，位置の
座標 x〔m〕とその点の電位 V〔V〕との関
係は，図のように表される。

(1)　点 A，B の電場の強さはそれぞれ
何 V/m か。

(2)　$+2.0 \times 10^{-6}$C の電荷を点 B から原点 O まで運ぶとき，静電気力の
する仕事は何 J か。

第4編　電気と磁気

考え方 電場の強さはグラフの傾きに等しい。静電気力のする仕事は，(9)式を用いる。

解説&解答 (1) 点 A，B の電場の強さをそれぞれ E_A，E_B〔V/m〕とする。

電場の強さは電位のグラフの傾きの大きさに等しいから

$$E_A = \frac{24}{0.60} = 40\,\text{V/m}, \quad E_B = 0\,\text{V/m} \quad \boxed{答}$$

(2) OB 間の電位差は，グラフより $V = 24\,\text{V}$ で，B のほうが電位が高い。よって，静電気力のする仕事は，(9)式より

$$W_{OB} = (+2.0 \times 10^{-6}) \times 24 = 4.8 \times 10^{-5}\,\text{J} \quad \boxed{答}$$

問 9
(教p.230)

$+6.0 \times 10^{-6}\,\text{C}$ の点電荷から $2.0\,\text{m}$ 離れた位置の電位を，無限遠を基準として求めよ。クーロンの法則の比例定数を $9.0 \times 10^9\,\text{N·m}^2/\text{C}^2$ とする。

考え方 点電荷のまわりの電位の式((11)式)を用いる。

解説&解答 (11)式より　$V = (9.0 \times 10^9) \times \dfrac{6.0 \times 10^{-6}}{2.0} = 2.7 \times 10^4\,\text{V} \quad \boxed{答}$

例題 4
(教p.231)

図のように，$10a$〔m〕だけ離れた点 A，B に，電気量 Q，$-Q$〔C〕の点電荷を置いた。点 O，P の電位を，無限遠を基準としてそれぞれ求めよ。クーロンの法則の比例定数を k〔N·m²/C²〕とする。

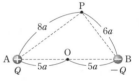

考え方 各点の電位は，点 A，B の点電荷が単独にあるときにつくる電位を足しあわせて求めることができる。

解説&解答 点 A，B の点電荷が点 O につくる電位をそれぞれ V_{AO}，V_{BO}〔V〕とすると　$V_{AO} = k\dfrac{Q}{5a}$，$V_{BO} = k\dfrac{-Q}{5a} = -k\dfrac{Q}{5a}$

点 O の電位は V_{AO} と V_{BO} の重ねあわせによって

$$V_O = V_{AO} + V_{BO} = k\frac{Q}{5a} + \left(-k\frac{Q}{5a}\right) = 0\,\text{V} \quad \boxed{答}$$

同様にして，点 A，B の点電荷が点 P につくる電位をそれぞれ V_{AP}，V_{BP}〔V〕とすると，点 P の電位は

$$V_P = V_{AP} + V_{BP} = k\frac{Q}{8a} + \left(-k\frac{Q}{6a}\right) = -\frac{kQ}{24a}\,\text{〔V〕} \quad \boxed{答}$$

類題 4
(教p.231)

図のように，電気量 Q，$-4Q$〔C〕の2つの点電荷を x 軸上の点 O，A に置いた。点 O，A の間の距離は a〔m〕である。

クーロンの法則の比例定数を k〔N·m²/C²〕とする。

(1) 点 O，A の間に点 P をとる。OP の長さを x〔m〕$(0 < x < a)$ として，点 P の電位 V〔V〕を x を含む式で表せ。電位の基準を無限遠とする。

(2) $V = 0$ となるとき，点 P の x 座標を a を用いて表せ。

(考え方) 2点 O, A に電荷があるとき, 点 P における電位は, O, A に各電荷が単独にあるときに P につくる電位を足しあわせる。

(解説&解答) (1)　点 O, A の点電荷による点 P の電位をそれぞれ V_{OP}, V_{AP}〔V〕とすると, 点電荷のまわりの電位の式（(11)式）より,

$$V_{OP} = k\frac{Q}{x}, \quad V_{AP} = k\frac{-4Q}{a-x} = -k\frac{4Q}{a-x}$$

よって　$V = k\dfrac{Q}{x} - k\dfrac{4Q}{a-x} = \dfrac{kQ(a-x) - 4kQx}{x(a-x)}$

$$= \frac{kQ(a-5x)}{x(a-x)} 〔V〕 \quad 答$$

(2)　$V = 0$ となるとき　$\dfrac{kQ(a-5x)}{x(a-x)} = 0$

よって　$x = \dfrac{a}{5}$〔m〕　答

問10
(教p.233)

図で ⊕, ⊖ は正, 負で等量の電荷, 破線は 2V ごとの等電位面を表す。+1C の試験電荷を A に置き, 外力を加えて A から F まで太線の経路でゆっくりと運ぶ。このとき, 外力がする仕事は, AB, BC, CD, DE, EF の各区間で何 J か。

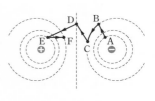

(考え方)
①隣りあう等電位面の電位差は 2V
②等電位面が正電荷に近いほど電位が高い
③電位の低いほうから高いほうへ動かすとき外力のなす仕事は正
④「$W = qV$」（(9)式）

(解説&解答) 上記①〜④を考慮すると

AB：$+1 \times (2 \times 2) =$ **4J**　答　　　BC：**0J**　答
CD：$+1 \times (2 \times 1) =$ **2J**　答
DE：$+1 \times (2 \times 3) =$ **6J**　答
EF：$+1 \times (-2 \times 2) =$ **−4J**　答

問11
(教p.234)

質量 6.6×10^{-27} kg, 電気量 3.2×10^{-19} C の陽イオンが, 静電気力のみを受けて運動する。原点 O（電位 3.3×10^{3} V）を 2.0×10^{5} m/s の速さで通過したとき, 点 P（電位 0V）を通過するときの速さ v〔m/s〕を求めよ。

(考え方) エネルギー保存則（(13)式）を用いる。

(解説&解答) 陽イオンは静電気力のみを受けて運動するから, 原点 O と点 P でのエネルギー保存則より

$$\frac{1}{2} \times (6.6 \times 10^{-27}) \times (2.0 \times 10^{5})^{2} + (3.2 \times 10^{-19}) \times (3.3 \times 10^{3})$$

$$= \frac{1}{2} \times (6.6 \times 10^{-27}) \times v^{2} + (3.2 \times 10^{-19}) \times 0$$

より　$v^{2} = 36 \times 10^{10}$　　よって　$v = $ **6.0 × 10⁵ m/s**　答

問12
(教p.240)
電気容量が $2.0\,\mu\mathrm{F}$ と $50\,\mathrm{pF}$ のコンデンサーにそれぞれ $30\,\mathrm{V}$ の電圧を加えるとき，コンデンサーの電気量はそれぞれ何 C になるか。

考え方　コンデンサーの電気量の式((14)式)を用いる。

解説&解答　電気容量 $2.0\,\mu\mathrm{F}$，$50\,\mathrm{pF}$ のコンデンサーに蓄えられる電気量をそれぞれ Q_1，$Q_2\,\mathrm{[C]}$ とする。(14)式より

$$Q_1 = (2.0 \times 10^{-6}) \times 30 = \mathbf{6.0 \times 10^{-5}\,C}\quad \text{答}$$
$$Q_2 = (50 \times 10^{-12}) \times 30 = \mathbf{1.5 \times 10^{-9}\,C}\quad \text{答}$$

問13
(教p.242)
電気容量が $1.2\,\mu\mathrm{F}$ のコンデンサー A に対して，極板の面積を 2 倍，極板の間隔を半分にしたコンデンサー B の電気容量は何 μF か。

考え方　平行板コンデンサーの電気容量の式((18)式)を用いる。

解説&解答　コンデンサー A の極板の面積を $S\,\mathrm{[m^2]}$，極板の間隔を $d\,\mathrm{[m]}$ とすると，コンデンサー A，B の電気容量 C_A，$C_B\,\mathrm{[F]}$ は

$$C_A = \frac{1}{4\pi k_0} \cdot \frac{S}{d} \qquad C_B = \frac{1}{4\pi k_0} \cdot \frac{2S}{d/2} = 4 \cdot \frac{1}{4\pi k_0} \cdot \frac{S}{d} = 4C_A$$

$C_A = 1.2\,\mu\mathrm{F}$　より　$C_B = 4 \times 1.2 = \mathbf{4.8\,\mu F}$　**答**

問14
(教p.242)
極板の面積が $5.00 \times 10^{-4}\,\mathrm{m^2}$，極板の間隔が $2.50 \times 10^{-3}\,\mathrm{m}$，極板間が真空の平行板コンデンサーの電気容量は何 F か。真空の誘電率を 8.85×10^{-12} F/m とする。

考え方　コンデンサーの電気容量の式((19)式)を用いる。

解説&解答　(19)式より　$C = (8.85 \times 10^{-12}) \times \dfrac{5.00 \times 10^{-4}}{2.50 \times 10^{-3}} = \mathbf{1.77 \times 10^{-12}\,F}$　**答**

問15
(教p.243)
極板間が真空で電気容量が $2.0\,\mathrm{pF}$ のコンデンサーの極板間に，チタン酸バリウム(比誘電率 5000)をすき間なく入れたときの電気容量を求めよ。

考え方　$1\,\mathrm{pF} = 10^{-12}\,\mathrm{F}$。比誘電率の式 $\varepsilon_r = \dfrac{\varepsilon}{\varepsilon_0} = \dfrac{C}{C_0}$ を用いる。

解説&解答　$\varepsilon_r = \dfrac{C}{C_0}$ より　$C = \varepsilon_r C_0$

よって　$C = 5000 \times (2.0 \times 10^{-12}) = \mathbf{1.0 \times 10^{-8}\,F}$　**答**

例題5
(教p.244)
平行板コンデンサー（電気容量 $30\,\mathrm{pF}$）を電圧 $15\,\mathrm{V}$ の電池で充電した。次の各場合について，問いに答えよ。

(1) 電池を外した状態で，極板の間隔を半分にした。このときの極板間の電位差 $V'\,\mathrm{[V]}$ を求めよ。

(2) 電池に接続した状態で，極板の間隔を半分にした。このときのコンデンサーの電気量 $Q'\,\mathrm{[C]}$ を求めよ。

考え方 電池を外した状態と接続した状態では，電気量，電圧がどのようになるかを考える。

解説&解答 充電後のコンデンサーの電気量 Q は，「$Q = CV$」（⑭式）を用いると　$Q = CV = (30 \times 10^{-12}) \times 15 = 4.5 \times 10^{-10}$C

極板の間隔 d を半分にすると，電気容量は2倍になる。よって，この電気容量は　$C' = 2C = 60 \times 10^{-12}$F　となる。

(1) 電池を外した状態では，極板の電気量 Q が一定に保たれるので

$$V' = \frac{Q}{C'} = \frac{4.5 \times 10^{-10}}{60 \times 10^{-12}} = \textbf{7.5 V}　\boxed{答}$$

(2) 電池に接続した状態では，極板間の電位差 V が一定に保たれるので　$Q' = C'V = (60 \times 10^{-12}) \times 15 = \textbf{9.0} \times \textbf{10}^{-10}$\textbf{C}　$\boxed{答}$

類題5
(教p.244)
極板間が空気（比誘電率1.0）の平行板コンデンサー（電気容量200pF）を電圧40Vの電池で充電した。次の各場合について，問いに答えよ。

(1) 電池を外した状態で，極板間を誘電体（比誘電率5.0）で満たした。このときの極板間の電位差 V'〔V〕を求めよ。

(2) 電池に接続した状態で，極板間を誘電体（比誘電率5.0）で満たした。このときのコンデンサーの電気量 Q'〔C〕を求めよ。

考え方 コンデンサーの電気量の式（⑭式）を用いる。

解説&解答 充電後のコンデンサーの電気量 Q は，⑭式より

$$Q = (200 \times 10^{-12}) \times 40 = 8.0 \times 10^{-9}\text{C}$$

(1) 電池を外した状態では，電気量は Q〔C〕のまま変わらない。比誘電率5.0の誘電体で満たしたので，電気容量 C' は

$$C' = 5.0 \times (200 \times 10^{-12}) = 1.0 \times 10^{-9}\text{F}$$

となる。よって

$$V' = \frac{Q}{C'} = \frac{8.0 \times 10^{-9}}{1.0 \times 10^{-9}} = \textbf{8.0 V}　\boxed{答}$$

(2) 電池に接続した状態では，電位差 $V = 40$V のままであるから

$$Q' = C'V = (1.0 \times 10^{-9}) \times 40 = \textbf{4.0} \times \textbf{10}^{-8}\textbf{C}　\boxed{答}$$

問16
(教p.247)
電気容量が $30\,\mu$F と $45\,\mu$F の2つのコンデンサーがある。

(1) コンデンサーを並列接続したとき，合成容量は何 μF か。

(2) コンデンサーを直列接続したとき，合成容量は何 μF か。

考え方 並列接続，または直列接続の合成容量の式（㉕，㉙式）を用いる。

解説&解答 (1) ㉕式より　$C = 30 + 45 = \textbf{75}\,\mu\textbf{F}$　$\boxed{答}$

(2) ㉙式より　$\dfrac{1}{C} = \dfrac{1}{30} + \dfrac{1}{45} = \dfrac{1}{18}$　よって　$C = \textbf{18}\,\mu\textbf{F}$　$\boxed{答}$

例題6
教p.248

図のように，電気容量がそれぞれ C, $2C$, $3C$〔F〕のコンデンサー C_1, C_2, C_3 と，電圧 V〔V〕の電池，スイッチ S_1, S_2 を接続した。最初 S_1, S_2 は開いており，C_1, C_2, C_3 に電荷は蓄えられていないものとする。

(1) S_1 のみ閉じたとき，C_2 に加わる電圧 V_2〔V〕を求めよ。
(2) 次に，S_1 を開いてから S_2 を閉じた。C_2 に加わる電圧 V_2'〔V〕を求めよ。

考え方 (2) 電池と接続されていない孤立した部分では，接続前後の状態において電気量の保存が成りたつことを利用する。

解説&解答 (1) C_1 と C_2 は直列になり，図のように充電される。

AB 間の電圧について　$V_1 + V_2 = V$
電気量について　$Q = CV_1 = 2CV_2$
この 2 式より

$$V_2 = \frac{1}{3}V\,\text{〔V〕}\quad\text{答}\qquad Q = \frac{2}{3}CV\,\text{〔C〕}$$

(2) S_1 を開き S_2 を閉じると，C_2 と C_3 は並列になり，それぞれの電気量，電圧は図のようになる。破線で囲まれた部分は孤立しているので，電荷の移動の前後で電気量が保存される。

$$-Q + Q = -Q + Q_2' + Q_3'\ \text{より}\quad Q_2' + Q_3' = Q$$

また，電気量について　$Q_2' = 2CV_2'$,　$Q_3' = 3CV_2'$

以上の式と(1)の Q の値とから　$V_2' = \dfrac{Q}{5C} = \dfrac{2}{15}V\,\text{〔V〕}$　**答**

類題6
教p.248

図のように，電気容量がそれぞれ 2.0μF，1.0μF のコンデンサー C_1, C_2 と，2 つの電源，スイッチ S_1, S_2 を接続した。まず，スイッチ S_1 のみを閉じ，PS 間の電位差が 10V になるまでコンデンサー C_1 を充電した。

(1) C_1 の P 側の極板上の電気量 Q〔C〕を求めよ。

次に，スイッチ S_1 を開き，S_2 を閉じて，電源で PT 間の電位差が 25V になるようにした。コンデンサー C_2 は，初め充電されていないものとする。

(2) S と T の電位はどちらが何 V 高いか。

考え方 S 側の極板における電気量の保存を考え，C_2 の電位差を求める。

第**4**編　電気と磁気

（解説&解答） (1)　右図のように充電される。
「$Q = CV$」（⑭式）より
$$Q = (2.0 \times 10^{-6}) \times 10$$
$$= \mathbf{2.0 \times 10^{-5}\,C}　\text{答}$$

(2)　C_1, C_2 の電気量，電圧
を右図のようにおく。
PT 間の電圧について
$$V_1' + V_2' = 25　\cdots\cdots①$$
破線で囲まれた部分は孤立
しているので電気量が保存
されるから
$$-Q = -Q_1' + Q_2'$$

「$Q = CV$」（⑭式）より，上式にそれぞれの電気量を代入すると
$$-2.0 \times 10^{-5} = -(2.0 \times 10^{-6}) \times V_1' + (1.0 \times 10^{-6}) \times V_2'　\cdots②$$
①, ②式より　$V_2' = 10\,V$　　よって，**S の電位が 10 V 高い。**　答

例題 7
（教 p.249）

極板の面積 S〔m²〕，極板の間隔 $3d$〔m〕，極板間
が真空の平行板コンデンサーを考える。極板と同
じ面積で厚さが d〔m〕の金属板を，極板間の中央
に，極板と平行にして入れる。このコンデンサー
の電気容量 C〔F〕を求めよ。真空の誘電率を ε_0〔F/m〕とする。

（考え方）　金属板の上側と下側の，2 つのコンデンサーの直列接続とみなすこ
とができる。

（解説&解答）　このコンデンサーは，2 つのコンデンサーの
直列接続と考えることができる。これらの電
気容量は等しく，C_0〔F〕とおくと
$$C_0 = \varepsilon_0 \frac{S}{d}$$

この 2 つのコンデンサーを直列接続したときの合成容量 C〔F〕は
$$\frac{1}{C} = \frac{1}{C_0} + \frac{1}{C_0} = \frac{2}{C_0}$$
よって　$C = \dfrac{C_0}{2} = \dfrac{1}{2} \times \varepsilon_0 \dfrac{S}{d} = \dfrac{\boldsymbol{\varepsilon_0 S}}{\boldsymbol{2d}}$〔F〕　答

類題 7
（教 p.249）

極板の面積 S〔m²〕，極板の間隔 d〔m〕，極板間が真空
の平行板コンデンサーの，極板間の半分を比誘電率 ε_r
の誘電体で満たした。このコンデンサーの電気容量
C〔F〕を求めよ。真空の誘電率を ε_0〔F/m〕とする。

考え方　誘電体が満たされたコンデンサーと満たされていないコンデンサーの並列接続と考える。コンデンサーの並列接続の式(㉕式)を用いる。

解説&解答　誘電体が満たされたコンデンサーの電気容量を C_1, 満たされていないコンデンサーの電気容量を C_2 とする。

$$C_1 = \varepsilon_r \varepsilon_0 \frac{S/2}{d} = \varepsilon_r \varepsilon_0 \frac{S}{2d}, \quad C_2 = \varepsilon_0 \frac{S/2}{d} = \varepsilon_0 \frac{S}{2d}$$

コンデンサーの並列接続の式(㉕式)より

$$C = C_1 + C_2 = \varepsilon_r \varepsilon_0 \frac{S}{2d} + \varepsilon_0 \frac{S}{2d} = \frac{(1 + \varepsilon_r)\varepsilon_0 S}{2d} \,[\text{F}] \quad \boxed{答}$$

問17
(教p.251)
次の各場合について、コンデンサーに蓄えられる静電エネルギーは何 J か。
(1) コンデンサーを電圧 12 V で充電し, 電気量 4.0×10^{-5} C 蓄えているとき
(2) 電気容量が $2.0\,\mu$F のコンデンサーを電圧 3.0×10^2 V で充電したとき
(3) 電気容量が $10\,\mu$F のコンデンサーが電気量 2.0×10^{-4} C 蓄えているとき

考え方　コンデンサーに蓄えられる静電エネルギーの式(㉚式)を用いる。

解説&解答　(1) (㉚式)より　$U = \frac{1}{2} \times (4.0 \times 10^{-5}) \times 12 = \mathbf{2.4 \times 10^{-4}}$ **J** $\boxed{答}$

(2) (㉚式)より

$$U = \frac{1}{2} \times (2.0 \times 10^{-6}) \times (3.0 \times 10^2)^2 = \mathbf{9.0 \times 10^{-2}}\,\textbf{J} \quad \boxed{答}$$

(3) (㉚式)より　$U = \frac{(2.0 \times 10^{-4})^2}{2 \times (10 \times 10^{-6})} = \mathbf{2.0 \times 10^{-3}}\,\textbf{J} \quad \boxed{答}$

問18
(教p.251)
右図のコンデンサー C_1, C_2 の電気容量 C_1, C_2 には, $C_2 = 2C_1$ の関係がある。(ア), (イ) の端子間にともに電圧 V を加えたとき, それぞれ, C_2 の静電エネルギーは C_1 に蓄えられた静電エネルギーの何倍か。

考え方　2つのコンデンサーで等しい量に着目し, 静電エネルギーの式(㉚式)より, 静電エネルギーと電気容量の関係を考える。

解説&解答　(ア) 並列接続なので極板間の電位差はともに V である。したがって, 「$U = \frac{1}{2}CV^2$」(㉚式)より, 各静電エネルギーは電気容量に比例する。$C_2 = 2C_1$ であるから **2倍** $\boxed{答}$

(イ) 直列接続なので C_1, C_2 に蓄えられる電気量は等しい。したがって, 「$U = \frac{Q^2}{2C}$」(㉚式)より, 各静電エネルギーは電気容量に反比例する。$C_2 = 2C_1$ であるから **$\frac{1}{2}$倍** $\boxed{答}$

第**④**編　電気と磁気

演習問題

教 p.254 〜 p.255

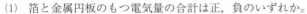

1 帯電して箔が開いている状態の箔検電器の金属円板に，正に帯電したガラス棒をゆっくり近づけると，箔の開きがさらに大きくなった。

(1) 箔と金属円板のもつ電気量の合計は正，負のいずれか。

(2) ガラス棒を近づけたまま指で金属円板に触れ，その後，指をはなしてからガラス棒を遠ざけると，箔は次のどの状態になるか。

① 正に帯電して開く　② 負に帯電して開く　③ 閉じる

 金属円板と箔の間での自由電子の移動を考える。指で触れると接地される。

解説&解答 (1) 正に帯電したガラス棒を近づけると，箔検電器内の自由電子は金属円板側へ移動する。このとき，箔がさらに大きく開いたことから，右図のように，もともと箔は正に帯電しており，自由電子の移動によって正の電気量が増加したと考えられる。よって **正** **答**

(2) 金属円板に触れると，金属円板が接地されたことで右図のように自由電子が指から箔に移り，箔は閉じる。指をはなしてからガラス棒を遠ざけると，金属円板から箔に自由電子が移動し，箔は負に帯電して開く。よって **②** **答**

2 xy 平面内での電場と電位を考える。x 軸上の点 A$(-1, 0)$ に $+Q$ [C] の電荷，点 B$(4, 0)$ に $-4Q$ [C] の電荷を固定する。なお，$Q > 0$，座標の単位は m である。クーロンの法則の比例定数を k_0 [N・m²/C²]，電位の基準を無限遠とする。

(1) x 軸上 A，B 間で電位が 0 になる点はどこか。

(2) x 軸上で電場の強さが 0 になる点はどこか(無限遠の点は答えに含めない)。

(3) 点 P$(0, 2)$ の電場の強さ E_P [N/C] を求めよ。

考え方 点電荷のまわりの電位の式((11)式)，点電荷のまわりの電場の式((4)式)を用いる。

解説&解答 (1) 求める点の座標を $(x, 0)$ とすると，(11)式より，A，B の電荷による電位の和は

$$k_0 \times \frac{Q}{x+1} + k_0 \times \frac{-4Q}{4-x} = 0$$

これより　$x = 0$　ゆえに求める点は　**(0, 0)** 答

(2) 求める点の座標を $(x, 0)$ とすると，A，B の電荷による電場が逆向きになる必要があるため，$x < -1$，$4 < x$ となる。A，B の電荷による電場の強さが等しいので，(4)式より

$$k_0 \times \frac{Q}{(x+1)^2} = k_0 \times \frac{4Q}{(x-4)^2}$$

これより　$x = -6, \dfrac{2}{3}$

$x < -1$，$4 < x$ より求める点は　**(−6, 0)** 答

(3) A，B の電荷による電場と，その合成電場は右図のようになる。A，B の電荷による電場の強さを E_A，E_B〔N/C〕とすると，(4)式より

$$E_A = k_0 \times \frac{Q}{(\sqrt{5})^2},$$

$$E_B = k_0 \times \frac{4Q}{(\sqrt{20})^2}$$

図より $\angle APB = 90°$ であるから，合成電場の強さは

$$E_P = \sqrt{E_A{}^2 + E_B{}^2} = \frac{\sqrt{2}}{5} k_0 Q \text{〔N/C〕} \quad 答$$

3 真空中に一様な電場がある。その電場の電気力線にそって 0.30 m 離れた 2 点 A，B 間の電位差が 6.0×10^3 V である。ただし，電位は A のほうが B より高いとする。

(1) 電気量 1.6×10^{-19} C の陽イオンがこの電場の中にあるとき，このイオンが電場から受ける力の大きさ F〔N〕を求めよ。

(2) このイオンが A から B へ運ばれる間に，電場から受ける仕事 W〔J〕を求めよ。

(3) このイオンは質量 1.2×10^{-26} kg のリチウムイオンであり，初め A に静止していたものとすると，B に到達したときの速さ v〔m/s〕を求めよ。

考え方 (3)では，電場から受けた仕事が運動エネルギーとなる。

解説&解答 (1) A，B は電気力線にそって d〔m〕離れ，電位差が V〔V〕であるとする。電場の強さを E〔V/m〕とすると

$$\lceil E = \frac{V}{d} \rfloor \quad \text{より} \quad \frac{6.0 \times 10^3}{0.30} = 2.0 \times 10^4 \, \text{V/m}$$

電気量 q〔C〕のイオンが電場から受ける力 F〔N〕は

$\lceil F = qE \rfloor$　より　$F = 1.6 \times 10^{-19} \times 2.0 \times 10^4 = \mathbf{3.2 \times 10^{-15} \, N}$　答

(2)　$\lceil W = qV \rfloor$　より　$W = 1.6 \times 10^{-19} \times 6.0 \times 10^3 = \mathbf{9.6 \times 10^{-16} \, J}$　答

(3)　電場から受けた仕事の分だけ運動エネルギーが増加するから，イオンの質量を m〔kg〕とすれば

$$\frac{1}{2} mv^2 = W \quad \text{より} \quad \frac{1}{2} \times 1.2 \times 10^{-26} \times v^2 = 9.6 \times 10^{-16}$$

よって　$v = \mathbf{4.0 \times 10^5 \, m/s}$　答

4 平行板コンデンサー（電気容量 20 pF）を電圧 10 V の電源で充電した。

(1)　充電が完了したときの電気量 Q〔C〕を求めよ。

(2)　(1)のコンデンサーを次の状態で比誘電率 5.0 の誘電体で満たす操作を行う。

(a)　スイッチを切った状態で誘電体を挿入したときの，電気量 Q_1〔C〕と極板間の電位差 V_1〔V〕を求めよ。

(b)　スイッチを入れた状態で誘電体を挿入したときの，電気量 Q_2〔C〕と極板間の電位差 V_2〔V〕を求めよ。

考え方　$\lceil C = \varepsilon \frac{S}{d} \rfloor$（(19)式），$\lceil \varepsilon_r = \frac{\varepsilon}{\varepsilon_0} \rfloor$（(21)式）より，誘電体で満たすと電気容量が $\varepsilon_r C$ となることを用いる。

解説&解答　(1)　$\lceil Q = CV \rfloor$（(14)式）より

$$Q = (20 \times 10^{-12}) \times 10 = \mathbf{2.0 \times 10^{-10} \, C} \quad 答$$

(2)　比誘電率 $\varepsilon_r = 5.0$ の誘電体で満たしたときの電気容量を C' とすると

$$C' = 5.0 \times (20 \times 10^{-12}) = 1.0 \times 10^{-10} \, \text{F}$$

(a)　スイッチを切った状態では電気量は変わらないから

$$Q_1 = Q = \mathbf{2.0 \times 10^{-10} \, C} \quad 答$$

$\lceil Q = CV \rfloor$（(14)式）より　$V_1 = \dfrac{Q_1}{C'} = \dfrac{2.0 \times 10^{-10}}{1.0 \times 10^{-10}} = \mathbf{2.0 \, V}$　答

(b)　スイッチを入れた状態では極板間の電位差は変わらないから

$$V_2 = \mathbf{10 \, V} \quad 答$$

$\lceil Q = CV \rfloor$（(14)式）より

$$Q_2 = C'V_2 = (1.0 \times 10^{-10}) \times 10 = \mathbf{1.0 \times 10^{-9} \, C} \quad 答$$

5　電気容量がそれぞれ 9.0μF，1.5μF，3.0μF のコンデンサー C_1，C_2，C_3，および 6.0V の直流電源 E を，図のように接続した。各コンデンサーは，電源 E を接続する前は電気量を蓄えていないものとする。

(1)　接続した 3 個のコンデンサーの合成容量 C〔μF〕を求めよ。

(2)　各コンデンサーに蓄えられる電気量 Q_1，Q_2，Q_3〔μC〕を求めよ。

(3)　コンデンサー C_3 に蓄えられる静電エネルギー U〔J〕を求めよ。

考え方　電源に接続されておらず孤立している部分について，電気量の保存を用いる。

解説&解答　(1)　C_2，C_3 の合成容量を C_{23} とすると，この部分は並列なので

$$C_{23} = 1.5 + 3.0 = 4.5\,\text{μF}$$

全体では C_1 と C_{23} の直列接続と考えられるから

$$\frac{1}{C} = \frac{1}{C_1} + \frac{1}{C_{23}} = \frac{1}{9.0} + \frac{1}{4.5} = \frac{1}{3.0} \qquad \text{よって}\quad \boldsymbol{C = 3.0\,\text{μF}}\ \ \text{答}$$

(2)　C_1 に加わる電圧を V_1〔V〕，C_2，C_3 に加わる電圧を V_{23}〔V〕とすると，回路全体の電圧の関係より　$V_1 + V_{23} = 6.0$　……①

3 つのコンデンサーに囲まれた部分の電気量は保存されるので

$$Q_1 = Q_2 + Q_3$$

「$Q = CV$」(⑭式) より，上式にそれぞれの電気量を代入すると

$$9.0 V_1 = 1.5 V_{23} + 3.0 V_{23}\ \ \text{……②}$$

①，②式より　$V_1 = 2.0\text{V}$，$V_{23} = 4.0\text{V}$

以上より　$Q_1 = C_1 V_1 = 9.0 \times 2.0 = \boldsymbol{18\,\text{μC}}$　答

$\qquad\qquad Q_2 = C_2 V_{23} = 1.5 \times 4.0 = \boldsymbol{6.0\,\text{μC}}$　答

$\qquad\qquad Q_3 = C_3 V_{23} = 3.0 \times 4.0 = \boldsymbol{12\,\text{μC}}$　答

(3)　「$U = \dfrac{1}{2} QV$」(㉚式) より

$$U = \frac{1}{2} \times (12 \times 10^{-6}) \times 4.0 = \boldsymbol{2.4 \times 10^{-5}\,\text{J}}\ \ \text{答}$$

第❹編　電気と磁気

6　極板面積 S〔m²〕，極板間隔 d〔m〕，極板間が真空のコンデンサーに Q〔C〕の電荷を与える。真空の誘電率を ε_0〔F/m〕とする。

(1)　コンデンサーが蓄えている静電エネルギー U〔J〕を求めよ。

(2)　極板上の電荷が逃げないようにして，極板間隔をΔd〔m〕だけゆっくりと広げるとき，静電エネルギーの増加量を求めよ。

(3)　2枚の極板は正負に帯電しているので，引力を及ぼしあっている。この引力に逆らって極板を引き離すために，外から加えた力のした仕事が(2)の静電エネルギーの増加になったと考えられる。外力の大きさがこの引力の大きさに等しいとして，この引力の大きさF〔N〕を求めよ。

考え方　まずは電気容量をS，d，ε_0で考え，静電エネルギーを表す。

解説&解答　(1)　コンデンサーの電気容量は$\dfrac{\varepsilon_0 S}{d}$〔F〕であるから，蓄えられている静電エネルギー$U$は　$U = \dfrac{1}{2}\dfrac{Q^2}{C} = \dfrac{Q^2 d}{2\varepsilon_0 S}$〔J〕　**答**

(2)　電気容量は$\dfrac{\varepsilon_0 S}{d+\Delta d}$〔F〕であるから，このとき蓄えられている静電エネルギーをU'〔J〕とすると

$$U' = \frac{Q^2(d+\Delta d)}{2\varepsilon_0 S}\text{〔J〕}$$

である。静電エネルギーの増加ΔUは

$$\Delta U = U' - U = \frac{Q^2 \Delta d}{2\varepsilon_0 S}\text{〔J〕}\quad\textbf{答}$$

(3)　外力の大きさをF〔N〕とすると，外力のした仕事は$F\Delta d$〔J〕である。これがΔUに等しいから

$$F = \frac{\Delta U}{\Delta d} = \frac{Q^2}{2\varepsilon_0 S}\text{〔N〕}\quad\textbf{答}$$

考 考えてみよう！ ●

7　図1のように，$+Q(Q>0)$の電荷を一辺が$2a$の正方形の頂点に固定した。

図2のグラフには，x軸上の$x<0$でのPにおける電位Vと電場Eが示してある。$x>0$での電位と電場のグラフをかけ。おおよその形でよい。ただし，電場はx軸の正の向きのときを$E>0$，負の向きのときを$E<0$として表すこと。

図1

図2

考え方 電荷の配置の対称性に着目する。また，電位の重ねあわせでは電位の値を単に足しあわせればよいが，電場の重ねあわせではベクトルの合成であるから向きに注意する。

解説&解答 右図のように電荷のある位置を点A，B，C，Dとし，原点Oに関して点$P(x, 0)(x \geqq 0)$と対称な点を$P'(-x, 0)$とすると，各電荷との距離には次のような関係がある。

$$AP = BP', \quad BP = AP',$$
$$CP = DP', \quad DP = CP' \quad \cdots\cdots①$$

点P，P'の電位をそれぞれV_P，$V_{P'}$とすると，クーロンの法則の比例定数をkとして

$$V_P = k\frac{Q}{AP} + k\frac{Q}{BP} + k\frac{Q}{CP} + k\frac{Q}{DP}$$

$$V_{P'} = k\frac{Q}{AP'} + k\frac{Q}{BP'} + k\frac{Q}{CP'} + k\frac{Q}{DP'}$$

①式の関係より，$V_P = V_{P'}$であるから，電位VのグラフはV軸に関して対称になる。

次に，点P，P'における電場を考える。点A，Dの電荷が点Pにつくる電場をE_{AD}，点B，Cの電荷が点P'につくる電場を$E_{BC'}$とすると，①式の関係と対称性より $E_{BC'} = -E_{AD}$ $\cdots\cdots②$

同様に，点B，Cの電荷が点Pにつくる電場と点A，Dにある電荷が点P'につくる電場を考えると $E_{AD'} = -E_{BC}$ $\cdots\cdots③$

点Pにおける電場E_Pと点P'における電場，$E_{P'}$は

$$E_P = E_{AD} + E_{BC} \qquad E_{P'} = E_{AD'} + E_{BC'}$$

であるから，②，③式より $E_P = -E_{P'}$

よって，電場Eのグラフは原点Oに関して点対称になる。

以上より，$x>0$ の電位と電場のグラフは**図の破線**のようになる。

答

第 2 章　電流

教 p.256 〜 p.285

1　オームの法則

A　電流

電子やイオンなどが移動することによって電荷(または電気)の流れが生じる。これを**電流**といい、一定の向きに流れる電流を**直流**という。

電流の向きは、正の電荷が移動する向きと定められ、導線を流れる電流の大きさは、単位時間あたりに導線の断面を通過する電気量の大きさで定義される。その単位には**アンペア**(記号 **A**)を用いる($1A=1C/s$)。t [s] 間に Q [C] の電気量が通過するときの電流の大きさを I [A] とすると、次の式が成りたつ。

電流と電気量

$$I=\frac{Q}{t}, \qquad Q=It \tag{31}$$

I [A]　電流　　Q [C]　電気量の大きさ　　t [s]　時間

B　オームの法則

❶**オームの法則**　導体に流れる電流の大きさ I は、導体に加える電圧 V に比例する。これを**オームの法則**という。

オームの法則

$$I=\frac{V}{R}, \qquad V=RI \tag{32}$$

I [A]　電流

V [V]　電圧　　R [Ω]　抵抗

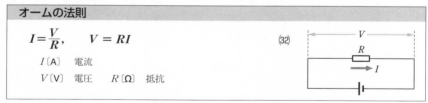

---

(32)式の比例定数 R を導体の**電気抵抗**あるいは**抵抗**といい、電流の流れにくさを表す。

抵抗の単位には**オーム**(記号Ω)が用いられる。1Ωは、導体の両端に1Vの電圧を加えたとき、電流が1Aになるような抵抗値である。

❷**電圧降下**　抵抗 R [Ω] の導体に電流 I [A] が流れると、オームの法則により、抵抗の両端の間で RI [V] だけ電位が下がる。これを**電圧降下**という(教 **p.258 図42**)。抵抗に電流が流れていないときは、電圧降下は 0V で、抵抗の両端は等電位である。

C　オームの法則の意味

❶**電子の運動と電流**　断面積 S [m²] の導体中を自由電子(電気量 $-e$ [C])が移動する速さを v [m/s]、単位体積当たりの自由電子の数を n [1/m³] とすると、電流の大きさ I [A] は次のように表される(教 **p.258 図43**)。

$$I=envS \tag{33}$$

❷オームの法則の意味　右図のように，長さ l〔m〕，断面積 S〔m²〕の導体の両端に電圧 V〔V〕を加えると，導体内部に $E = \dfrac{V}{l}$〔V/m〕の電場が生じる。導体中の自由電子はこの電場から大きさ $e\dfrac{V}{l}$〔N〕の力を受けて，陽イオンと衝突しながら進むが，自由電子全体を平均すると一定の速さ v〔m/s〕で進むようになる。このとき，自由電子は陽イオンから速さ v に比例した抵抗力 kv〔N〕（k は比例定数）を受けているとすると，力のつりあいより

$$e\frac{V}{l} = kv \tag{34}$$

(33)，(34)式より

$$I = en \times \frac{eV}{kl} \times S = \frac{e^2nS}{kl}V \tag{35}$$

これは，オームの法則を表している。ここで

$$R = \frac{kl}{e^2nS} \tag{36}$$

とおくと，$I = \dfrac{V}{R}$ が得られる。

D　抵抗率

❶抵抗率　(36)式において，$\dfrac{k}{e^2n} = \rho$ とおくと，抵抗 R〔Ω〕は次のように表すことができる。

抵抗率

$$R = \rho\frac{l}{S} \tag{37}$$

R〔Ω〕　抵抗　　　　l〔m〕　抵抗の長さ
ρ〔Ω·m〕　抵抗率　　S〔m²〕　抵抗の断面積

比例定数 ρ は，物質の材質や温度によって決まる。これを**抵抗率**（または電気抵抗率，比抵抗）といい，単位は**オームメートル**（記号**Ω·m**）である。
❷物質と抵抗率　送電線には抵抗率が小さいアルミニウムなどが用いられる。一方，抵抗率の大きいニクロムは電熱器などに用いられる。抵抗率は不導体や半導体についても定義できる（**教** p.260 図 47）。

▲長さ・断面積の異なる抵抗

❸**抵抗と温度** 右図は、白熱電灯に電圧を加えた場合の、電流 I と電圧 V の関係を示したものである。I が V に比例せず、グラフが直線にならないのは、白熱電灯のフィラメントの抵抗値が電流とともに増加するためである。導体に電流が流れて温度が上昇すると、陽イオンの熱運動(振動運動)が活発になって、自由電子の進行を妨げるようになり、抵抗値が増加する。

❹**抵抗率の温度変化** あまり広くない温度範囲では、0℃, t〔℃〕のときの抵抗率をそれぞれ ρ_0, ρ〔Ω·m〕とすると、次の関係式が成りたつ。

$$\rho = \rho_0(1 + \alpha t) \tag{38}$$

$\overset{\text{アルファ}}{\alpha}$ は温度上昇1K 当たりの抵抗率の増加の割合で、**抵抗率の温度係数**という。

E 電気とエネルギー

❶**ジュール熱** 抵抗のある導体に電流が流れると、熱が発生する。R〔Ω〕の抵抗に電圧 V〔V〕を加えて、電流 I〔A〕を t〔s〕間流すときの発熱量 Q〔J〕は(39)式に従う。この関係を**ジュールの法則**といい、発生する熱を**ジュール熱**という。

ジュールの法則

$$Q = IVt = I^2Rt = \frac{V^2}{R}t \tag{39}$$

Q〔J〕 ジュール熱　　　V〔V〕 電圧
I〔A〕 電流　　　t〔s〕 時間　　　R〔Ω〕 抵抗

時間 t で熱量 Q 発生

❷**電力量と電力** 抵抗で発生したジュール熱 Q〔J〕((39)式)は、抵抗に流れた電流がした仕事 W〔J〕と等しく、これを**電力量**という。

抵抗に V〔V〕の電圧を加えて、電流が I〔A〕流れているとする。電流は、時間 t〔s〕の間に電気量 It〔C〕を運ぶので、電流のした仕事 W は

$$W = It \times V = IVt \tag{40}$$

となる。また、電流がした仕事の仕事率 P〔W〕を**電力**という。電力は電力量を時間でわることによって求められる。

電力量と電力

$$電力量：W = IVt = I^2Rt = \frac{V^2}{R}t \tag{41}$$

$$電\ \ 力：P = IV = I^2R = \frac{V^2}{R} \tag{42}$$

W〔J〕 電力量　　　V〔V〕 電圧　　　R〔Ω〕 抵抗
I〔A〕 電流　　　t〔s〕 時間　　　P〔W〕 電力

時間 t の電力量 W, 電力 $P = \dfrac{W}{t}$

電力量の単位には，ジュール(仕事と同じ単位)のほか，ワット時(記号 Wh)やキロワット時(記号 kWh)が用いられる。1Wh の電力量とは，1 W (仕事率と同じ単位)の電力で1時間に行う仕事である。また，1kWh $= 10^3$Wh である。

❸ジュール熱の意味　導体に電圧を加えると，導体中に電場ができ，自由電子が動き始める。自由電子は電場によって加速されるが，導体中の陽イオンと衝突して，陽イオンに運動エネルギーを与えるので，平均的な速度がほぼ一定のまま進む。このように，電場からされた仕事によって自由電子が得た電気的なエネルギーが，衝突によって陽イオンの振動エネルギー (熱エネルギー)に変わり，ジュール熱が発生する。

2　直流回路

A　抵抗の接続

❶直列接続　直列接続した R_1, R_2〔Ω〕の各抵抗に加わる電圧 V_1, V_2〔V〕の和は，電源の電圧 V〔V〕と等しい。また，流れる電流の大きさ I〔A〕はどこでも等しい。図の回路の2つの抵抗は，これと同じはたらきをもつ1つの抵抗に置きかえることができる。これを**合成抵抗**という。オームの法則より
$V_1 = R_1I$, $V_2 = R_2I$ が成りたつので，V は次のように表される。

$$V = V_1 + V_2 = R_1I + R_2I = (R_1 + R_2)I$$

合成抵抗を R〔Ω〕とすると $V = RI$ であるから，次の式が成りたつ。

$$R = R_1 + R_2 \tag{43}$$

　一般に，R_1, R_2, ……, R_n〔Ω〕の n 個の抵抗を直列接続したときの合成抵抗 R〔Ω〕は

$$R = R_1 + R_2 + \cdots\cdots + R_n \tag{44}$$

▲直列接続された抵抗の置きかえ

❷並列接続　並列接続した R_1, R_2〔Ω〕の各抵抗に加わる電圧は，ともに電源の電圧 V〔V〕に等しい。また，各抵抗に分岐して流れる電流の大きさ I_1, I_2〔A〕の和は，電源から流れ出る電流の大きさ I〔A〕に等しい。オームの法則より I は次のように表される。

$$I = I_1 + I_2$$
$$= \frac{V}{R_1} + \frac{V}{R_2} = \left(\frac{1}{R_1} + \frac{1}{R_2}\right)V$$

▲並列接続された抵抗の置きかえ

合成抵抗を R〔Ω〕とすると，$I = \dfrac{V}{R}$ であるから，次の式が成りたつ。

$$\frac{1}{R} = \frac{1}{R_1} + \frac{1}{R_2} \tag{45}$$

一般に，n 個の抵抗を並列接続したときの合成抵抗 R〔Ω〕は

$$\frac{1}{R} = \frac{1}{R_1} + \frac{1}{R_2} + \cdots\cdots + \frac{1}{R_n} \tag{46}$$

この R は，R_1，R_2，……，R_n の中で最も小さい値より，さらに小さい。

合成抵抗

①直列接続：$R = R_1 + R_2$

②並列接続：$\dfrac{1}{R} = \dfrac{1}{R_1} + \dfrac{1}{R_2}$

R〔Ω〕 合成抵抗　　R_1, R_2〔Ω〕 それぞれの抵抗

B 電流計・電圧計

❶電流計 電流計は，電流をはかろうとする回路に直列につないで用いる。指針で値を示す電流計では，流れこむ電流に比例して指針が振れるしくみになっている（**教** p.266 図52）。電流計には，その内部に抵抗（**内部抵抗**）があるため，電流計をつなぐことによって回路を流れる電流が変化し，もとの状態を乱してしまう。この変化を少なくするため，電流計の内部抵抗は小さくなっている。

❷分流器 電流計の測定範囲をこえた大きな電流をはかるには，電流計と並列に抵抗を接続して分岐路をつくる（右図）。この抵抗を電流計の**分流器**という。

電流計（内部抵抗 r_A）の測定範囲を n 倍（$n > 1$）に広げる分流器の抵抗値 R_A は次のようになる。

$$R_\mathrm{A} = \frac{r_\mathrm{A}}{n-1} \tag{47}$$

▲電流計と分流器

❸電圧計 電圧計は，電圧（電位差）をはかろうとする回路の2点に並列につないで用いる。電圧計の基本構造は電流計と同じである。

電圧計（内部抵抗 r_v）の目盛りは，電流計の目盛りを r_v 倍した電圧の値にすればよい（**教** p.267 図54）。また，電圧計は回路に並列に接続するので，回路を流れる電流の変化を小さくするため，その内部抵抗は大きくなっている。

❹倍率器 電圧計の測定範囲をこえた大きな電圧をはかるには，電圧計に直列に抵抗を接続すればよい（右図）。この抵抗を電圧計の**倍率器**という。

電圧計（内部抵抗 r_v）の測定範囲を n 倍（$n > 1$）に広げる倍率器の抵抗値 R_v は次のようになる。

$$R_\mathrm{v} = (n-1)r_\mathrm{v} \tag{48}$$

▲電圧計と倍率器

C キルヒホッフの法則

　複雑な回路を考えるときは，電気量保存の法則や，オームの法則などをもとに拡張した，次の**キルヒホッフの法則**が用いられる（**教** p.268 図 56）。

キルヒホッフの法則
キルヒホッフの法則 I　回路中の交点について
流れこむ電流の和＝流れ出る電流の和
キルヒホッフの法則 II　回路中の一回りの閉じた経路について
起電力の和＝電圧降下の和
※電池などがつくりだしている電位差を**起電力**という。

　Ⅰでは，電流の向きを，どちらかの向きに仮定して計算する。計算で得た電流の値が負になれば，仮定と反対の向きに電流が流れていることになる。Ⅱでは初めに，閉じた経路を1周する向きを決める。この向きはどちら向きでもよい。右図のように起電力，電圧降下の正負を定めて，それらの和を考える。

▲起電力と電圧降下の正負

D 電池の起電力と内部抵抗

❶電池の起電力　電池は化学反応により電極間に電位差をつくりだす。電流が流れていない状態での，電池の電極間に生じている電位差を電池の**起電力**という。

❷電池の内部抵抗　電池から流れる電流 I と電池の電極間の電圧（**端子電圧**）V の間の関係をみてみよう。

　電池を右図@のように接続し，可変抵抗器の抵抗値を変えながら端子電圧 V をはかると，V は電流 I が増えると小さくなる（同図⑥）。これは，電池が起電力 E をつくり出すとともに，内部に抵抗（**内部抵抗**）をもつと考えるとうまく説明できる。このグラフは，内部抵抗の抵抗値を r とすると，次の式で表される。

$$V = E - rI \qquad (49)$$

つまり，電池の端子電圧 V は電池の起電力 E から内部抵抗による電圧降下 rI を引いた値になる。

　また，$I = 0$ のとき $V = E$ となるので，起電力は電流が流れていないときの端子電圧とわかる。

❸最大消費電力　右上図@の回路の可変抵抗器について，抵抗値 R 〔Ω〕が電池の内部抵抗 r 〔Ω〕と等しくなるとき，その消費電力 P 〔W〕を最大にできる。

E 抵抗の測定

　未知の抵抗値 R_x〔Ω〕を精密に測定する場合，**ホイートストンブリッジ**という回路がよく用いられる。

　抵抗値 R_1，R_2，R_3，R_x〔Ω〕の抵抗器，検流計（感度のよい電流計）G，電池 E を図のように接続する。R_3〔Ω〕の値を調節し，検流計 G に電流が流れなくなったとき，次の関係が成りたつ。

$$\frac{R_1}{R_2} = \frac{R_3}{R_x} \qquad (50)$$

したがって，R_1，R_2，R_3 の値から，R_x の値を求めることができる。

F 起電力の測定

　電池の起電力などを精密に測定する装置に**電位差計**がある。電位差計は右図のように，電源，一様な抵抗線 ab，検流計 G からなる。

【操作①】　スイッチを起電力のわかっている電池 E_S の側に入れて，点 c を ab 上で動かし，検流計 G に電流が流れない位置が見つかったら，そのときの ac の長さ l_S〔m〕をはかる。このとき，E_S には電流が流れていないので，起電力 E_S〔V〕と ac 間の電位差が等しい（電池の内部抵抗による電圧降下は 0V）。ab 間の単位長さ当たりの抵抗値を r〔Ω/m〕，ab 間に流れる電流を I〔A〕とすると次の式が成りたつ。

$$E_S = (r \times l_S) \times I \qquad (51)$$

【操作②】　スイッチを起電力のわかっていない電池 E_X の側に入れ，同様の手順で，点 c′ の位置を定めて ac′ の長さ l_X〔m〕をはかる。このとき流れる電流も I〔A〕であるから，起電力 E_X〔V〕は

$$E_X = (r \times l_X) \times I \qquad (52)$$

(51)，(52)式より，電池 E_X の起電力 E_X〔V〕は次の式から求められる。

$$\frac{E_X}{E_S} = \frac{l_X}{l_S} \qquad (53)$$

G 非直線抵抗

　電流を流すとその温度が大きく変化する導体では，電流は電圧に比例しない。これは，温度上昇に伴って，導体の抵抗値も大きく変化するからである。このように，電流と電圧の関係を示すグラフが直線にならない抵抗を**非直線抵抗**という。

H コンデンサーを含む直流回路

❶コンデンサーの充電過程　右図のようなコンデンサ
ーを含む直流回路をつくり，スイッチSをa側に入
れると，コンデンサーが充電されていく。このとき，
回路に流れる電流 I（図の矢印の向きを正とする）は
時間とともに変化する（右図ⓐ）。

　コンデンサーの電気量が0の状態でスイッチをa側
に入れると，スイッチを入れた瞬間のコンデンサーの
極板間の電位差は0で，電池の電圧 E〔V〕はすべて抵
抗に加わる（右図ⓑ）。この瞬間に流れる電流 I〔A〕は

$$I = \frac{E}{R} \tag{54}$$

である（右図ⓐ）。その後，充電が進み，極板間の電位
差が大きくなると，抵抗に加わる電圧は小さくなる。
やがて，極板間の電位差が電池の電圧と等しくなると
充電は終了し，回路に電流が流れなくなる。

❷コンデンサーの放電過程　コンデンサーの充電過程
の回路において，充電した後，スイッチSをb側に
入れると，コンデンサーは放電を始める。このとき，
回路に流れる電流 I は，充電の場合と逆向きであり，
時間とともに変化する（右下図）。

　スイッチをb側に入れた直後には，コンデンサー
には電荷が蓄えられており，コンデンサーの極板間の
電位差は E〔V〕である。これと等しい電圧が抵抗に加
わるため，流れる電流 I は次のようになる。

$$I = -\frac{E}{R} \tag{55}$$

（向きが逆であることを−（負）で表している）

　十分に時間が経過すると放電は終了し，電流は流れ
なくなる。

▲コンデンサーの放電

3 半導体

A 半導体

　半導体は，電気の通しやすさが導体と不導体の中間の物質である。

❶半導体の種類　ケイ素（Si）やゲルマニウム（Ge）は，低温では抵抗率が大きく電気
を通しにくいが，温度が上がると固体中を移動できる電子などが生じ電気を通すよう
になる。このような半導体を**真性半導体**という。

　Si や Ge に微量のリン(P)やアルミニウム(Al)のような不純物を入れると，真性半導体に比べて電気を通しやすくなる。これらを**不純物半導体**という。不純物半導体は，不純物の種類によって n 型半導体と p 型半導体に分けられる。

❷ n 型半導体　Si や Ge の結晶の中に微量の P やアンチモン(Sb)などを混ぜたものが **n 型半導体**である。Si や Ge の原子は最も外側の電子殻に 4 個の価電子をもち，これらを互いに共有した共有結合によって結晶をつくる。

　P や Sb は 5 個の価電子をもつから，Si や Ge の結晶に微量入ると，そのうちの 4 つが共有結合に加わり，1 個の価電子が余る(**教** p.278 図 66)。この余った電子は結晶内を動きまわることができ，おもな電流の担い手となる。電流の担い手を**キャリア**という。よって **n 型半導体のキャリアは電子**である。

❸ p 型半導体　Si や Ge の結晶の中に微量の Al やインジウム(In)などを混ぜたものが **p 型半導体**である。Al や In の原子は価電子を 3 個しかもたないので，共有結合をするには電子が 1 個不足して，電子のない所ができる(**教** p.279 図 67)。これを**ホール**(**正孔**)という。電場を与えると，電子が移動してホールを埋める。電子が移ったあとの新しいホールを別の電子が埋めるというように，ホールは電場の向きに移動する。このように，ホールは正の電気をもつ粒子のようにふるまい，おもなキャリアとなる。よって **p 型半導体のキャリアはホール**である。

B 半導体ダイオード

❶半導体ダイオード　p 型半導体と n 型半導体をつなぎ合わせ(**pn 接合**)，両端に電極をつけた電子部品を**半導体ダイオード**という(右図)。

　p 型半導体と n 型半導体を接合した面を**接合面**という。

　半導体ダイオードは，一方向にのみ電流を流す作用(**整流作用**)をもつ電子部品である。

❷整流作用　**教** p.280 図 69 ⓐのように半導体ダイオードに電圧を加えると，電場によって p 型の中のホールは n 型へ，n 型の中の電子は p 型へ引かれ，pn 接合面付近で 1 対ずつ結合しては消える(これを**再結合**という)。このように，pn 接合面付近ではキャリアが消滅するが，その一方で，電極からは新たにキャリアが供給されるため，電流が流れ続ける。この電圧の加え方を**順方向**という。

　これとは逆に，同図ⓑのように電圧を加えると，電場によって p 型の中のホールは p 型側の電極へ，n 型の中の電子は n 型側の電極に引かれる。そのため，pn 接合部付近において，p 型ではホールが減るので負の電気が過剰になり，n 型では電子が減るので正の電気が過剰になる。この結果，p 型と n 型の間に電位差が生じる。この場合には，電流は流れない。この電圧の加え方を**逆方向**という。このとき，pn 接合面付近にはキャリアがほとんど存在しない領域があり，これを**空乏層**という。

右図は，半導体ダイオードに電圧を加えた場合の，電流 I と電圧 V の関係を示したものである。

半導体ダイオードの整流作用を利用して，電流の向きが周期的に変わる交流を，直流に変えることができる（教 **p.281 図 71**）。

▲ダイオードの電流–電圧関係の例

C トランジスター

❶トランジスター　右図のように，3つの不純物半導体を組み合わせたものを**トランジスター**（バイポーラートランジスター）といい，電気信号を増幅するはたらき（**増幅作用**）をもつ。2つのp型半導体の間に薄いn型半導体をはさんだ構造のものを **pnp型トランジスター**といい，2つのn型半導体の間に薄いp型半導体をはさんだ構造のものを **npn型トランジスター**という。トランジスターを構成する3つの部分をそれぞれ，**エミッタ**（E），**ベース**（B），**コレクタ**（C）という。

▲トランジスターの構造と記号

❷増幅作用　トランジスターを利用すると，**ベース電流の小さな変化を，コレクタ電流の大きな変化に変えることができる**。これをトランジスターの増幅作用という。

❸スイッチング作用　トランジスターは，ベース電流を制御することによって，コレクタ電流が流れる状態（ON）とほとんど流れない状態（OFF）をつくることができる。これをトランジスターの**スイッチング作用**という。コレクタ電流の ON–OFF によってデジタル信号をつくりだし，計算などの論理的な処理を電気回路で行うことができる。

───────○ 問　題 ○───────

問19
（教 **p.257**）
一定の電流が流れる導線がある。この導線の断面を 30 秒間に大きさ 9.6 C の電気量が通過するとすれば，電流は何 A か。

考え方　I〔A〕の電流が t〔s〕間流れたときに，導線の断面を通過する電気量の大きさを Q〔C〕とすると　$I = \dfrac{Q}{t}$

解説&解答　$I = \dfrac{9.6}{30} = 0.32\,\textbf{A}$　**答**

第④編 電気と磁気

問20
（教p.257）
導体の両端に 10 V の電圧を加えたとき，0.40 A の電流が流れた。この導体の抵抗は何 Ω か。

考え方 オームの法則「$V = RI$」（㉜式）を用いる。

解説&解答 ㉜式より　$R = \dfrac{V}{I} = \dfrac{10}{0.40} = \mathbf{25\ \Omega}$ 答

問21
（教p.258）
断面積 $1.0 \times 10^{-6}\,\mathrm{m}^2$ の導線に 1.7A の電流が流れているとき，自由電子の平均移動速度 v〔m/s〕を求めよ。導線 $1.0\,\mathrm{m}^3$ 当たりの自由電子の数を $8.5 \times 10^{28}\,/\mathrm{m}^3$，電子の電気量を $-1.6 \times 10^{-19}\,\mathrm{C}$ とする。

考え方 電子の運動と電流に関する式「$I = envS$」（㉝式）を使って考える。

解説&解答 ㉝式より
$$v = \frac{I}{enS} = \frac{1.7}{(1.6 \times 10^{-19}) \times (8.5 \times 10^{28}) \times (1.0 \times 10^{-6})}$$
$$\fallingdotseq \mathbf{1.3 \times 10^{-4}\,m/s} \ 答$$

問22
（教p.259）
断面積が $2.0 \times 10^{-7}\,\mathrm{m}^2$，抵抗率が $1.1 \times 10^{-6}\,\Omega\cdot\mathrm{m}$ のニクロム線を用いて，1.0 Ω の抵抗をつくりたい。ニクロム線の長さを何 m にすればよいか。

考え方 抵抗率の式　「$R = \rho \dfrac{l}{S}$」（㊲式）を用いる。

解説&解答 ㊲式より　$l = \dfrac{RS}{\rho} = \dfrac{1.0 \times (2.0 \times 10^{-7})}{1.1 \times 10^{-6}} \fallingdotseq \mathbf{0.18\ m}$ 答

問23
（教p.261）
0 ℃ でのアルミニウムの抵抗率は $2.5 \times 10^{-8}\,\Omega\cdot\mathrm{m}$ である。40 ℃ のときのアルミニウムの抵抗率は，0 ℃ のときよりどれだけ大きいか。アルミニウムの抵抗率の温度係数を $4.2 \times 10^{-3}/\mathrm{K}$ とする。

考え方 抵抗率の温度変化の式「$\rho = \rho_0(1 + \alpha t)$」（㊳式）を用いればよい。

解説&解答 0℃，t〔℃〕のときのアルミニウムの抵抗率をそれぞれ ρ_0，ρ〔$\Omega\cdot\mathrm{m}$〕とすると，㊳式より
$$\rho - \rho_0 = \rho_0 \alpha t$$
$$= (2.5 \times 10^{-8}) \times (4.2 \times 10^{-3}) \times 40 = \mathbf{4.2 \times 10^{-9}\,\Omega\cdot m} \ 答$$

問24
（教p.262）
(1) 電熱線に 10 V の電圧を加えたところ 1.2 A の電流が流れた。このとき，30 秒間に発生するジュール熱は何 J か。
(2) 抵抗値が 30 Ω の電熱線に 20 V の電圧を加えるとき，1.0 分間に発生するジュール熱は何 J か。

考え方 ㊴式のジュールの法則を用いればよい。

解説&解答 (1)　$Q = IVt = 1.2 \times 10 \times 30 = \mathbf{3.6 \times 10^2\,J}$ 答

(2)　$Q = \dfrac{V^2}{R}t = \dfrac{20^2}{30} \times (1.0 \times 60) = \mathbf{8.0 \times 10^2\,J}$ 答

問25
(教)p.263)

ヒーターを100Vの電圧で使用したところ、3.0Aの電流が流れた。

(1) このヒーターの消費電力は何Wか。

(2) このヒーターが60秒間に消費する電力量は何Jか。

(3) このヒーターが4.0時間に消費する電力量は何kWhか。

考え方 電力量は(41)式、電力は(42)式を用いればよい。

解説&解答
(1) (42)式より $P = IV = 3.0 \times 100 = \mathbf{3.0 \times 10^2 W}$ **答**

(2) (41)式より $W = IVt = 3.0 \times 100 \times 60 = \mathbf{1.8 \times 10^4 J}$ **答**

(3) $W_2 = 3.0 \times 100 \times 4.0 = 1.2 \times 10^3 \text{Wh} = \mathbf{1.2 kWh}$ **答**

問26
(教)p.264)

AB間の合成抵抗は何Ωか。

考え方 直列接続したときの合成抵抗は、各抵抗の和になる。

解説&解答 $R = R_1 + R_2 = 30 + 20 = \mathbf{50\,\Omega}$ **答**

問27
(教)p.265)

AB間の合成抵抗は何Ωか。

考え方 並列接続したときの合成抵抗の逆数は、各抵抗の逆数の和になる。

解説&解答 $\dfrac{1}{R} = \dfrac{1}{R_1} + \dfrac{1}{R_2} = \dfrac{1}{30} + \dfrac{1}{20}$ よって $R = \dfrac{60}{5} = \mathbf{12\,\Omega}$ **答**

問28
(教)p.266)

R〔Ω〕の抵抗、電源、内部抵抗がr_A〔Ω〕の電流計を図のように接続した。電源の電圧をV〔V〕としたとき、電流計の示す値はいくらか。

考え方 R〔Ω〕とr_A〔Ω〕は、直列接続されている。

解説&解答 電流計を流れる電流をI〔A〕、抵抗および電流計に加わる電圧をそれぞれV_1, V_2〔V〕とすると、オームの法則((32)式)より

$$V_1 = RI, \qquad V_2 = r_A I$$

が成りたつ。直列接続なので

$$V = V_1 + V_2 = RI + r_A I = (R + r_A)I$$

よって $I = \dfrac{V}{R + r_A}$〔A〕 **答**

問29
(教)p.266)

50mAまでの電流をはかることができる内部抵抗9.0Ωの電流計がある。これを用いて、500mAまでの電流をはかるようにするには、何Ωの分流器(抵抗)を接続すればよいか。

考え方 分流器と内部抵抗は並列接続されている。

解説&解答 電流計に50mA、分流器に450mA流れるようにすればよい。並列接続より、内部抵抗r_A、分流器の抵抗R_Aにかかる電圧が等しい。

$9.0 \times (50 \times 10^{-3}) = R_A \times (450 \times 10^{-3})$ より $R_A = \mathbf{1.0\,\Omega}$ **答**

第**④**編

電気と磁気

問30
(教p.267)
R〔Ω〕の抵抗，電源，内部抵抗が r_V〔Ω〕の電圧計を図のように接続した。電源から流れる電流を I〔A〕としたとき，電圧計の示す値はいくらか。

考え方　オームの法則((32)式)を用いる。

解説&解答　電圧計の示す電圧を V〔V〕，抵抗および電圧計に流れる電流をそれぞれ I_1, I_2〔A〕とすると，オームの法則((32)式)より

$$I_1 = \frac{V}{R}, \quad I_2 = \frac{V}{r_V}$$

並列接続なので　$I = I_1 + I_2 = \dfrac{V}{R} + \dfrac{V}{r_V} = \dfrac{R + r_V}{R r_V} V$

よって　$V = \dfrac{R r_V}{R + r_V} I$〔V〕　**答**

問31
(教p.267)
3.0V までの電圧をはかることができる内部抵抗 3.0kΩ の電圧計がある。これを用いて，30V までの電圧をはかるようにするには，何 kΩ の倍率器 (抵抗) を接続すればよいか。

考え方　倍率器の式((48)式)を用いる。

解説&解答　測定範囲を n 倍に広げるとすると　$n = \dfrac{30\,\text{V}}{3.0\,\text{V}} = 10$ 倍

(48)式より　$R_V = (n - 1) r_V = (10 - 1) \times 3.0 = \mathbf{27\,kΩ}$　**答**

例題8
(教p.269)
起電力 2.0V の電池 A，起電力 7.0V の電池 B と抵抗値が 1.0Ω，2.0Ω，3.0Ω の抵抗がある。これらを図のように接続する。1.0Ω の抵抗に流れる電流の大きさと向きを求めよ。

考え方　キルヒホッフの法則Ⅰ，Ⅱを適用する。

解説&解答　各抵抗に流れる電流の大きさと向きを図のように仮定する。
キルヒホッフの法則Ⅰを用いると，
点 a について
　　$I_1 + I_2 = I_3$　　　　……①
キルヒホッフの法則Ⅱを用いると，
経路1について
　　$2.0 = 1.0 \times I_1 + 3.0 \times I_3$　…②
経路2について
　　$7.0 = 2.0 \times I_2 + 3.0 \times I_3$　　　　……③

①〜③式を連立して解くと $I_1 = -1.0\,\text{A}$, $I_2 = 2.0\,\text{A}$, $I_3 = 1.0\,\text{A}$

I_1 は負であるので，図に定めた向きと逆向きである。したがって，1.0Ωの抵抗を流れる電流は，**右向きに 1.0 A** である。 **答**

類題8
(教)p.269
起電力3.0Vの電池A，起電力9.0Vの電池Bと抵抗値が1.5Ω，3.0Ω，6.0Ωの抵抗がある。これらを図のように接続する。3.0Ωの抵抗に流れる電流の大きさと向きを求めよ。

考え方 各抵抗に流れる電流の大きさと向きを仮定して，キルヒホッフの法則Ⅰ，Ⅱを用いる。

解説&解答 各抵抗に流れる電流の大きさと向きを図のように仮定する。

キルヒホッフの法則Ⅰを用いると

点aについて

$I_1 + I_2 = I_3$ ……①

キルヒホッフの法則Ⅱを用いると

経路1について

$9.0 = 1.5I_1 + 6.0I_3$ ……②

経路2について

$3.0 = 3.0I_2 + 6.0I_3$ ……③

①〜③式を連立して解くと $I_1 = 2.0\,\text{A}$, $I_2 = -1.0\,\text{A}$, $I_3 = 1.0\,\text{A}$

I_2 は負であるので，図に定めた向きと逆向きである。したがって，3.0Ωの抵抗を流れる電流は，**左向きに 1.0 A** である。 **答**

ドリル

問a
(教)p.270
次の回路図の点A〜Dに着目して，キルヒホッフの法則Ⅰの式を立てよ。

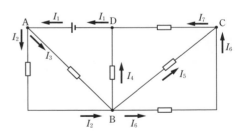

考え方 流れこむ電流の和が左辺，流れ出る電流の和が右辺の式を立てる。

解説&解答 A：$I_1 = I_2 + I_3$， B：$I_2 + I_3 = I_4 + I_5 + I_6$，

C：$I_5 + I_6 = I_7$， D：$I_4 + I_7 = I_1$ **答**

| 問 b
(教p.270) | (1)，(2)のそれぞれの回路図について，閉じた経路①〜③に着目して，キルヒホッフの法則Ⅱの式を立てよ。 |

(1) 　(2)

（考え方）　左辺には電源の起電力の和を，右辺には電圧降下の和とした式を立てる。起電力は上昇する向きを正とし，電圧降下は電位が下降する向きを正とする。

（解説&解答）　(1)　①　$E_1 + E_2 = R_1 I_1 + R_2 I_2$,　②　$E_2 = R_1 I_1 + R_3 I_3$,
　　　　　　③　$E_1 = -R_3 I_3 + R_2 I_2$　答
　　　　　　(2)　①　$E_1 = R_1 I_1 + R_3 I_3$,　②　$E_1 - E_2 = R_1 I_1 + R_2 I_2$,
　　　　　　③　$-E_2 = R_2 I_2 - R_3 I_3$　答

| 問32
(教p.271) | 起電力が 1.5 V，内部抵抗が 0.50 Ω の電池に可変抵抗器を接続し，抵抗値を調整したところ，電流が 0.60 A 流れた。このときの，電池の端子電圧 V〔V〕と可変抵抗器の抵抗値 R〔Ω〕を求めよ。 |

（考え方）　電池の内部抵抗の式（(49)式）を用いる。

（解説&解答）　(49)式より　$V = E - rI = 1.5 - 0.50 \times 0.60 = 1.2$ V　答

　　　　　　「$V = RI$」より　$R = \dfrac{V}{I} = \dfrac{1.2}{0.60} = 2.0$ Ω　答

| 問33
(教p.273) | 図のように，抵抗を組み合わせた回路がある。検流計 G に電流が流れていないとき，抵抗 R の抵抗値は何Ωか。 |

（考え方）　ホイートストンブリッジの式（(50)式）を用いる。

（解説&解答）　(50)式より　$\dfrac{7.0}{5.0} = \dfrac{3.5}{R}$　　よって　$R = \dfrac{3.5 \times 5.0}{7.0} = 2.5$ Ω　答

| 問34
(教p.275) | 教 p.274 図 62 の装置で，電池 E_S の起電力が 1.50 V，ac の長さが 50.0 cm のときに検流計が 0 となった。その後，未知の電池に変えて同様の作業をしたところ，ac' の長さが 43.0 cm で，検流計が 0 となった。未知の電池の起電力を求めよ。 |

考え方　検流計 G に電流が流れないとき，電池の起電力と ac 間の電位差は等しい。

解説&解答　電池 E_S の起電力を $E_S〔V〕$，未知の電池の起電力を $E_X〔V〕$，ab 間の単位長さ当たりの抵抗値を $r〔Ω/m〕$ とする。スイッチを電池 E_S 側に入れたとき，ac $= 0.500$ m で検流計 G に電流が流れない。このとき，ab 間に流れる電流を $I〔A〕$ とすると

$$E_S = (r \times 0.500) \times I \quad \cdots\cdots ①$$

スイッチを未知の電池側に入れたとき，ac′ $= 0.430$ m で検流計 G に電流が流れない。このときも，ac 間に流れる電流は $I〔A〕$ であるから

$$E_X = (r \times 0.430) \times I \quad \cdots\cdots ②$$

①，②式より　$\dfrac{E_X}{E_S} = \dfrac{E_X}{1.50} = \dfrac{0.430}{0.500}$

よって　$E_X = 1.50 \times \dfrac{0.430}{0.500} = \mathbf{1.29\,V}$　**答**

例題9
教p.275
図のグラフは，ある豆電球の電流−電圧特性を示したものである。この豆電球を(1)，(2)のように接続するとき，豆電球に流れる電流はそれぞれ何 A か。

考え方　豆電球に加わる電圧と流れる電流の関係がどのような式で表されるかを考える。

解説&解答　(1)　豆電球に加わる電圧は 1.0 V である。このときの電流の値は，グラフより **0.19 A**　**答**

(2)　電流を $I〔A〕$，豆電球の両端の電圧を $V〔V〕$ とする。(2) の回路において I と V が満たすべき条件を求める。抵抗の両端の電圧は $5.0I〔V〕$ であるから，回路に関する条件は　$1.0 = 5.0I + V$　$\cdots\cdots①$ となる。

豆電球の特性（グラフの曲線）と回路に関する条件(①式)を同時に満たす I と V の組合せは，①式の直線をグラフにかき入れ，交点の値を読みとればよい。よって，電流は **0.14 A**　**答**

第④編　電気と磁気

類題9
(教)p.275

図のグラフは，ある豆電球の電流-電圧特性を示したものである。この豆電球を2つ用意し，図のように接続するとき，豆電球に流れる電流は何Aか。

考え方　回路に関する I, V の式と豆電球の特性を同時に満たす I, V をグラフから読みとる。

解説&解答　各豆電球に加わる電圧を V〔V〕，流れる電流を I〔A〕とする。

抵抗にも I〔A〕の電流が流れているので，抵抗に加わる電圧は，$8.0I$〔V〕である。よって　$3.2 = 8.0I + 2V$　……①

が成りたつ。①式の直線を豆電球の電流-電圧特性のグラフにかき入れ，交点の値を読みとると，電流は **0.25A**　**答**

例題10
(教)p.277

図のように，電池，電荷のないコンデンサー，抵抗，スイッチSを接続する。次の場合，4.0Ωの抵抗を流れる電流の大きさは何Aか。

(1)　スイッチSをa側に入れた直後
(2)　(1)の後，十分に時間が経過したとき
(3)　(2)の後，スイッチSをb側に切りかえた直後

考え方　コンデンサーの充電・放電をするときの電流の変化をふまえて考える。

解説&解答　(1)　コンデンサーには電荷がないので両端の電位差は0である。このとき，4.0Ωの抵抗には電圧 8.0V が加わるので，流れる電流の大きさは

$$I_1 = \frac{8.0}{4.0} = 2.0A \quad 答$$

(1)

(2)　十分に時間が経過すると，充電が終了し，コンデンサーには電荷が流れこまなくなる。よって，4.0Ωの抵抗を流れる電流の大きさは **0A**　**答**

(2)

(3)　コンデンサーの両端の電位差は 8.0V である。このとき，直列接続された 4.0Ω と 1.0Ω の抵抗に電圧 8.0V が加わるので，4.0Ω の抵抗を流れる電流の大きさは

$$I_2 = \frac{8.0}{4.0 + 1.0} = \frac{8.0}{5.0} = 1.6A \quad 答$$

(3)

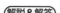 **類題10**
教p.277
図のように，電池，電荷のないコンデンサー，抵抗，スイッチSを接続する。次の場合，$2.0\,\Omega$ の抵抗を流れる電流の大きさは何Aか。
(1) スイッチSを閉じた直後
(2) (1)の後，十分に時間が経過したとき

考え方 (1)は，コンデンサーに電荷は蓄えられていない。(2)は，充電が完了した状態である。

解説&解答 (1) コンデンサーに蓄えられている電気量は0だから，コンデンサーの両端の電圧も0である。このとき，コンデンサーは抵抗のない導線とみなせるので，右図より $2.0\,\Omega$ の抵抗を流れる電流の大きさは**0A** **答**

(2) 充電が終わっているので，コンデンサーに電荷が流れこまなくなる。右図より，$2.0\,\Omega$ の抵抗に流れる電流の大きさは

$$I = \frac{6.0}{4.0 + 2.0} = 1.0\,A \quad \text{答}$$

演習問題

教 p.284 ～ p.285

1 何本かの細い金属線をよりあわせてできている電気コードの一部が破損して，残った部分のコードの断面積 S が 0.10 倍になったとする。電気コードには至る所，同じ大きさの電流が流れているとするなら，この状態は図のような2つの抵抗線の直列接続とみなすことができる。破損して残った部分で発生するジュール熱は，同じ長さの正常な部分で発生するジュール熱の何倍か。抵抗率の温度変化は考えないものとする。

断面積S　　$0.10\,S$

考え方 正常な部分と破損して残った部分をそれぞれ異なる抵抗と考える。抵抗率の式(㊲式)，ジュールの法則(㊴式)を用いる。

解説&解答 正常な部分と破損した部分を同じ長さ l で比較する。
正常な部分

㊲式より　抵抗：$R = \rho \dfrac{l}{S}$

㊴式より　ジュール熱：$Q = I^2 R t$

破損して残った部分

㊲式より　抵抗：$R' = \rho \dfrac{l}{0.10S} = 10\rho \dfrac{l}{S} = 10R$

㊴式より　ジュール熱：$Q' = I^2 R' t = 10 I^2 R t = 10 Q$

よって　$\dfrac{Q'}{Q} = \dfrac{10Q}{Q} = $ **10 倍** **答**

2 　図のような，抵抗，電池，スイッチが接続され
た回路がある。電池には内部抵抗はないものとす
る。

(1)　スイッチSを開いたとき，A，B間の電位差
V 〔V〕を求めよ。

(2)　スイッチSを閉じたとき，4.0 Ωの抵抗Rに
流れる電流の大きさと向きを求めよ。

(考え方)　キルヒホッフの法則 I，II を用いる。

(解説&解答)　(1)　流れる電流を I 〔A〕とすると，キルヒホッフの法則 II より

$$16.0 = (2.0 + 4.0 + 2.0) \times I$$

よって　$I = 2.0\,\text{A}$

A，B間の電位差は抵抗Rの両端の電位差に等しいので

$$V = 4.0 \times 2.0 = \textbf{8.0 V}\quad \boxed{答}$$

(2)　回路に流れる電流の大きさと
向きを図のように仮定する。キ
ルヒホッフの法則 I より，点 a
について

$$I_1 + I_2 = I_3\quad \cdots\cdots ①$$

キルヒホッフの法則 II より，
経路 1 について

$$16.0 = 2.0 \times I_1 + 4.0 \times I_3 + 2.0 \times I_1\quad \cdots\cdots ②$$

経路 2 について

$$20.0 = 2.0 \times I_2 + 4.0 \times I_3 + 2.0 \times I_2\quad \cdots\cdots ③$$

①〜③式を連立して解くと　$I_1 = 1.0\,\text{A}$, $I_2 = 2.0\,\text{A}$, $I_3 = 3.0\,\text{A}$

したがって，抵抗Rを流れる電流は，**下向きに 3.0 A**　 $\boxed{答}$

3 　電池に可変抵抗器をつなぎ，その抵抗値を変えながら
流れる電流 I と電池の端子電圧 V を測定した。$I = 0.40\,\text{A}$
のとき $V = 1.30\,\text{V}$ であり，$I = 0.80\,\text{A}$ のとき $V = 1.10\,\text{V}$
であった。この電池の起電力 E 〔V〕と内部抵抗 r 〔Ω〕を
求めよ。

(考え方)　電池の内部抵抗の式(⑭式)を用いる。

(解説&解答)　⑭式より

$$1.30 = E - 0.40r\quad \cdots\cdots ①$$
$$1.10 = E - 0.80r\quad \cdots\cdots ②$$

①，②式を連立して解くと　$E = \textbf{1.50 V}$,　$r = \textbf{0.50 Ω}$　 $\boxed{答}$

4 図の回路において，ab は長さが100.0cm で太さ
が一定の均質な抵抗線，R は 10.0Ω の標準抵抗，
R_X は抵抗値が不明の抵抗である。ac の長さが
25.0cm のとき，S を閉じても検流計 G には電流が
流れなかった。R_X の抵抗値 R_X〔Ω〕を求めよ。

考え方 メートルブリッジ（**教 p.274 実験36**）
は，ホイートストンブリッジを応用
した回路である。ホイートストンブリッジの式（⑤式）を用いる。

解説&解答 抵抗線の ac，cb の部分の抵抗値をそれぞれ r_{ac}，r_{cb}〔Ω〕とする。ac
と cb の長さの比が 25.0：75.0 であるから，

$$r_{ac} : r_{cb} = 25.0 : 75.0 \quad より \quad r_{cb} = 3.00 r_{ac}$$

ホイートストンブリッジと同様に考えて，⑤式より $\dfrac{10.0}{r_{ac}} = \dfrac{R_X}{r_{cb}}$

以上より　$R_X = \mathbf{30.0\Omega}$ **答**

5 図のような，抵抗，コンデンサー，電池，ス
イッチが接続された回路がある。初め，スイッ
チ S_1 と S_2 は開いており，コンデンサーに電荷
はない。電池には内部抵抗はないものとする。

(1) スイッチ S_1 だけを閉じた直後，3.0kΩ の
抵抗を流れる電流 I_1〔A〕を求めよ。

(2) スイッチ S_1 を閉じて十分に時間が経過し
たときに，3.0kΩ の抵抗を流れる電流 I_2〔A〕を求めよ。

(3) (2)のとき，コンデンサー C_1，C_2 の電気量 Q_1，Q_2〔C〕を求めよ。

(4) 次に，スイッチ S_1 を閉じたまま，スイッチ S_2 も閉じて十分に時間が経過した
とき，コンデンサー C_1，C_2 の電気量 $Q_1{}'$，$Q_2{}'$〔C〕を求めよ。

(5) (4)において，スイッチ S_2 を閉じてから十分に時間が経過するまでの間に，S_2
を通過する電気量の大きさ Q〔C〕を求めよ。

考え方 スイッチを閉じた直後は，コンデンサーに電荷が抵抗なく流れこむ。
また，スイッチを閉じて十分に時間が経過すると，コンデンサーに
電荷は流れこまない。

解説&解答 (1) 充電を始めた瞬間のコンデ
ンサーは，電荷が抵抗なく流
れこむので，抵抗のない導線
とみなせる。よって

$$I_1 = \frac{6.0}{3.0 \times 10^3}$$
$$= \mathbf{2.0 \times 10^{-3} A} \quad \textbf{答}$$

(1) S_1 を閉じた直後

第**4**編　電気と磁気

(2) 十分に時間が経過して充電
が終わったコンデンサーには
電荷が流れこまないので，断
線しているとみなせる。

(2) 十分に時間が経過

キルヒホッフの法則Ⅱより

$$6.0 = (3.0 \times 10^3) \times I_2$$
$$+ (2.0 \times 10^3) \times I_2$$
$$+ (1.0 \times 10^3) \times I_2$$

よって　$I_2 = 1.0 \times 10^{-3}$**A** 答

(3) 3.0kΩの抵抗に加わる電圧は，オームの法則(㉜式)より

$$V = RI = (3.0 \times 10^3) \times (1.0 \times 10^{-3}) = 3.0 \text{V}$$

であるから，C_1 と C_2 に加わる電圧の和は　$6.0 - 3.0 = 3.0$V

よって，コンデンサーの電気量の式「$Q = CV$」(⑭式)より

$$\frac{Q_1}{2.0 \times 10^{-6}} + \frac{Q_2}{3.0 \times 10^{-6}} = 3.0 \qquad \cdots\cdots①$$

また，C_1 と C_2 の間で電気量が保存されるから

$$Q_1 - Q_2 = 0 \qquad \cdots\cdots②$$

①，②式を連立して解くと

$$Q_1 = 3.6 \times 10^{-6}\text{C}, \quad Q_2 = 3.6 \times 10^{-6}\text{C}$$ 答

(4) このとき，各抵抗を流れる電流は(2)と同じく　$I_2 = 1.0 \times 10^{-3}$A
である。また，C_1，C_2 に加わる電圧 V_1'，V_2'〔V〕は，2.0kΩ，
1.0kΩの抵抗に加わる電圧にそれぞれ等しいから

$$V_1' = (2.0 \times 10^3) \times (1.0 \times 10^{-3}) = 2.0 \text{V}$$
$$V_2' = (1.0 \times 10^3) \times (1.0 \times 10^{-3}) = 1.0 \text{V}$$

よって

$$Q_1' = C_1 V_1' = (2.0 \times 10^{-6}) \times 2.0 = 4.0 \times 10^{-6}\text{C}$$ 答
$$Q_2' = C_2 V_2' = (3.0 \times 10^{-6}) \times 1.0 = 3.0 \times 10^{-6}\text{C}$$ 答

(5) 右図の破線で囲まれた部分の電気
量の差が，S_2 を通過した電気量に
等しい。

$C_1 : 2.0\mu$F　　$C_2 : 3.0\mu$F

S_2 を閉じる前の電気量は

$$-Q_1 + Q_2 = -(3.6 \times 10^{-6}) + (3.6 \times 10^{-6})$$
$$= 0 \text{C}$$

S_2 を閉じた後の電気量は

$$-Q_1' + Q_2' = -(4.0 \times 10^{-6}) + (3.0 \times 10^{-6})$$
$$= -1.0 \times 10^{-6}\text{C}$$

よって，通過した電気量の大きさは　1.0×10^{-6}**C** 答

6 図のような，抵抗 R，ダイオード D，電池，スイッチ S が接続された回路がある。
ダイオード D の電流-電圧の特性曲線は下のグラフのようになっている。電池には
内部抵抗はないものとする。

(1) スイッチ S を a 側に入れたときに抵抗 R に流れる電流 I_1〔A〕を求めよ。

(2) スイッチ S を b 側に入れたときに抵抗 R に流れる電流 I_2〔A〕を求めよ。

考え方 グラフより，非直線抵抗である。キルヒホッフの法則 II を用いる。

解説&解答 (1) ダイオードに加わる電圧を V_1〔V〕，順方向に流れる電流を I_1〔A〕とすると，キルヒホッフの法則 II より

$$1.2 = 2I_1 + V_1 \quad \cdots\cdots①$$

が成りたつ。

①式の直線をグラフにかき入れ，交点の値を読みとると **0.3 A** **答**

(2) このときの電圧と電流の関係は，$-0.8 = 2I_2 + V_2$ で，図の破線のようになる。

ダイオードには逆方向の電圧が加わるので，電流は流れない。

よって $I_2 = $ **0 A** **答**

考 **考えてみよう！** ●●●●●●●●●●●●●●●●●●●●●●

7 電流計（内部抵抗 r_A）と電圧計（内部抵抗 r_V）を抵抗 R に接続し，その抵抗値 R を $\dfrac{V}{I}$ から求める。I, V は，電流計，電圧計が示す値を表す。図ⓐ，ⓑのそれぞれの場合の $\dfrac{V}{I}$ の値を R_a，R_b とする。

(1) ⓐの場合，I を V，R，r_V で表し，これから R_a を R，r_V で表せ。

(2) ⓑの場合，V を I，R，r_A で表し，これから R_b を R，r_A で表せ。

(3) R が非常に小さいときと非常に大きいときのそれぞれの場合，ⓐ，ⓑどちらの接続が適当か。

考え方 ⓐでは電流計の電流 I が分割され，抵抗値 R と電圧計の電圧 V は共通。一方，ⓑでは電圧計の電圧 V が分割され，電流 I が共通である。R と r_A，r_V の大小で場合を分けて考察する。

解説&解答 (1) ⓐの場合は，電圧計の示す値 V は抵抗の両端に加わる電圧であり，電流計の示す値 I は抵抗と電圧計を流れる電流の和である。

$$I = \frac{V}{R} + \frac{V}{r_V} = V\left(\frac{1}{R} + \frac{1}{r_V}\right) = \frac{R + r_V}{Rr_V}V \quad \text{答}$$

よって　$R_a = \dfrac{V}{I} = \dfrac{Rr_V}{R + r_V}$　答

(2) ⓑの場合は，電流計の示す値 I は抵抗に流れる電流の値であり，電圧計の示す値 V は，抵抗と電流計に加わる電圧の和である。

$$V = RI + r_AI = (R + r_A)I \quad \text{答}$$

よって　$R_b = \dfrac{V}{I} = R + r_A$　答

(3) R が非常に小さいとき，ⓐでは $R \ll r_V$ として

$$R_a = \frac{Rr_V}{R + r_V} = \frac{R}{\frac{R}{r_V} + 1} \fallingdotseq R$$

ⓑでは

$$R_b = R + r_A$$

となり，R が非常に小さいと，R に対して r_A が無視できなくなるため，測定値 R_b が抵抗値 R を表すとはいえなくなる。
したがって，**ⓐの接続のほうが適当である。** 答
また，R が非常に大きい場合，ⓐでは

$$R_a = \frac{Rr_V}{R + r_V} = \frac{R}{\frac{R}{r_V} + 1}$$

となり，R が非常に大きいと，$\dfrac{R}{r_V}$ の値が無視できなくなるため，測定値 R_a が抵抗値 R を表すとはいえなくなる。
ⓑでは，$R \gg r_A$ として

$$R_b = R + r_A = R\left(1 + \frac{r_A}{R}\right) \fallingdotseq R$$

したがって，**ⓑの接続のほうが適当である。** 答

第 **3** 章　電流と磁場

数 p.286 ～ p.307

磁場

A 磁気力

　棒磁石で砂鉄が多く付着する両端付近を**磁極**といい，引きつける力(**磁気力**)の大きさは磁極の強さ(**磁気量**)による。磁極には **N 極**と **S 極**の 2 種類がある。地球上で北をさす磁極が N 極(正の磁気量)，南をさす磁極が S 極(負の磁気量)である。

　磁極どうしにはたらく力は，同種の極どうしは斥力，異種の極どうしは引力となる。

　電気の場合には，正あるいは負の一方だけの電気を帯びた電荷が存在するが，磁気の場合は，どれほど小さな磁石でも N 極と S 極の両極からなり，両極の強さは等しい。クーロンは，2 つの磁極の間にはたらく磁気力の大きさを調べ，次の法則を発見した。

　2 つの磁極の間にはたらく力の大きさ F は，それぞれの磁気量の大きさ m_1, m_2 の積に比例し，磁極間の距離 r の 2 乗に反比例する。

$$F = k_{\mathrm{m}} \frac{m_1 m_2}{r^2} \quad (k_{\mathrm{m}} \text{は比例定数}) \quad (56)$$

▲磁気力に関するクーロンの法則

これを**磁気力に関するクーロンの法則**という(右図)。真空中で強さの等しい 2 つの磁極を 1m 離して置く。このときにはたらく力の大きさが 6.33×10^4N であるとき，その磁気量を 1 ウェーバ(記号 **Wb**)とする。よって，真空中での k_{m} の値は次のようになる。

$$k_{\mathrm{m}} = 6.33 \times 10^4 \,\mathrm{N \cdot m^2/Wb^2} \quad (57)$$

B 磁場

　磁気力は磁極のまわりの空間を通じて伝えられる。このような磁気力が及ぶ空間には**磁場**(**磁界**)が生じているという。

　N 極が磁気力を受ける向きを**磁場の向き**，磁極の磁気量 1Wb 当たりが受ける磁気力の大きさを**磁場の強さ**と定める。磁場は，大きさと向きをもつベクトルである(右図)。

　磁場が $\vec{H}$ の点に置いた m 〔Wb〕の磁極が受ける力 $\vec{F}$〔N〕は，次のように表される。

$$\vec{F} = m\vec{H} \quad (58)$$

　磁場の単位には，**ニュートン毎ウェーバ**(記号 **N/Wb**)を用いる。

▲磁極が磁場から受ける力

C 磁力線

磁力線はN極から出てS極に入る（左下図）。また，磁力線上の各点における接線はその点での磁場の方向と一致する。さらに，磁場の強さがH〔N/Wb〕の所では，磁場の方向と垂直な断面を通る磁力線を，単位面積当たりH本の割合で引くことにすると，磁力線の密度が磁場の強さに対応する。

磁場と磁力線の関係は，電場と電気力線の関係に似ている。磁気と電気を比較したものを右下表に示す。

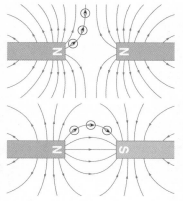

▼磁気と電気の比較

磁気	電気
磁極（磁気量 m〔Wb〕）	電荷（電気量 q〔C〕）
N極，S極	正電荷，負電荷
磁気力に関する クーロンの法則 $F = k_{\mathrm{m}}\dfrac{m_1 m_2}{r^2}$	静電力に関する クーロンの法則 $F = k\dfrac{q_1 q_2}{r^2}$
磁場 H〔N/Wb〕	電場 E〔N/C〕
磁力線	電気力線
N極，S極を単独で 取り出せない	正電荷，負電荷を単独で 取り出せる

D 磁化

磁場の中に置かれた物体が，磁石の性質を帯びることを**磁化**という。磁化のようすは物質によって異なる。鉄のように磁場の向きにきわめて強く磁化される物質を**強磁性体**，磁場の向きにわずかに磁化される物質を**常磁性体**という。また，磁場と逆の向きに弱く磁化される物質を**反磁性体**という（教 p.289 表4）。

2 電流のつくる磁場

A 直線電流がつくる磁場

エルステッド（デンマーク）は，導線と磁針を平行にして導線に電流を流したところ，磁針が振れることを発見した（教 p.290 図78）。これは，**電流は周囲に磁場をつくる**ことを示している。この実験によって，電気現象（電流）と磁気現象（磁場）には関連があることがわかった。

十分に長い導線に直線電流を流すと磁場が生じ，磁力線は導線に垂直な平面内で同心円状になる（次ページ右図）。この磁場の向きは，右ねじの進む向きを電流の向きに合わせたときの右ねじの回る向きになる（**右ねじの法則**）。磁場の強さ H〔N/Wb〕は次のように表され，電流 I〔A〕に比例し，導線からの距離 r〔m〕に反比例する。

$$H = \frac{I}{2\pi r} \tag{59}$$

この式の右辺の単位は A/m なので，磁場の強さの単位には A/m も用いられる。1A/m = 1N/Wb であり，A/m と N/Wb は次元が等しい。

複数の電流が存在する場合の磁場は，電場の場合と同様に，それぞれの電流がつくる磁場の重ねあわせによって求めることができる。

B 円形電流がつくる磁場

円形の導線（コイル）に流れる電流がつくる磁場は，右図のようになる。

円形電流の中心の磁場の向きは，コイル面に垂直であり，右手を握って親指を立てたとき，親指以外の指の向きが電流の向き，親指の向きが円の中心における磁場の向きになる。半径 r〔m〕の円形の導線に I〔A〕の電流が流れるとき，円の中心での磁場の強さ H〔A/m〕は，次のように表される。

$$H = \frac{I}{2r} \tag{60}$$

巻数 N の円形コイルでは，中心での磁場の強さは，(60)式の N 倍となる。

$$H = N\frac{I}{2r} \tag{61}$$

C ソレノイドの電流がつくる磁場

導線を密に巻いた十分に長い円筒状コイルを**ソレノイド**という。ソレノイドに流れる電流がつくる磁場は右図のようになる。

ソレノイドがつくる磁場は，一定の間隔で並ぶ円形電流が周囲につくる磁場の重ねあわせと考えることができる。ソレノイドの内部には軸に平行で一様な磁場ができ，

外部にはほとんど磁場が存在しない。ソレノイドの内部の磁場の強さ H〔A/m〕は，流れる電流を I〔A〕，単位長さ当たりの巻数を n〔1/m〕とすると，次のように表される。

$$H = nI \tag{62}$$

第**4**編 電気と磁気

電流がつくる磁場

①直線電流の周囲の磁場：$H = \dfrac{I}{2\pi r}$

H〔A/m〕　磁場の強さ　　I〔A〕　電流　　r〔m〕　電流からの距離

②円形電流の中心の磁場：$H = \dfrac{I}{2r}$

H〔A/m〕　磁場の強さ　　I〔A〕　電流　　r〔m〕　円形電流の半径

③ソレノイドの内部の磁場：$H = nI$

H〔A/m〕　磁場の強さ

n〔1/m〕　単位長さ当たりの巻数

I〔A〕　電流

---

3 電流が磁場から受ける力

A 直線電流が受ける力

　固定した磁石のN極とS極の間に導線をブラン
コのようにつり下げて，電流を流すと，導線は動き
だす（**教** p.294 図 82）。これは導線に流れている電流
が磁場から力を受けるためである。

　直線電流が磁場から受ける力 F〔N〕の向きは，電
流 I〔A〕の向きと磁場 H〔A/m〕の向きのいずれにも
垂直となる。この向きの関係は，右の図のように開
いた左手の3本の指（中指：電流，人差し指：磁場，
親指：力）の関係に対応しており，これを**フレミン
グの左手の法則**という。

　次ページの図ⓐのように，一様な磁場 H〔A/m〕の
中に磁場の方向と垂直に導線を置いて電流 I〔A〕を

▲**電流が磁場から受ける力**

　フレミングの左手の法則の「**電流
（中指）・磁場（人差し指）・力（親指）**」
は，「**電・磁・力**」とすると記憶しや
すい。また，力の向きは，電流の向
きから磁場の向きに右ねじを回した
ときに，ねじの進む向きと考えるこ
ともできる。

流すとき，導線の長さ l〔m〕の部分が磁場から受ける力の大きさ F〔N〕は，比例定数
を μ として次のように表される。

$$F = \mu I H l \tag{63}$$

　磁場と電流の向きが垂直でない場合，同図ⓑのように電流の値として磁場に垂直な
方向の成分を用いることにより，力を求めることができる。磁場と電流の向きがなす
角を θ とすると，次のように表される。

$$F = \mu I H l \sin \theta \tag{64}$$

この式から，電流が磁場と平行なとき（$\theta = 0°$）は，磁場から力を受けないことがわか

る。比例定数μ〔N/A²〕は周囲の物質の種類によって定まる量で，その物質の**透磁率**という。

▲**直線電流が磁場に垂直な場合（ⓐ）と垂直でない場合（ⓑ）**　ⓑでは，電流IのかわりにIの磁場に垂直な方向の成分$I\sin\theta$を用いて，力を求めることができる。

B 磁束密度

❶**透磁率**　(63)，(64)式の比例定数である透磁率μは周囲の物質の種類によって定まる。真空の透磁率μ_0は

$$\mu_0 = 1.26 \times 10^{-6}\,\text{N/A}^2 \qquad (\mu_0 \text{の値は約 } 4\pi \times 10^{-7}\,\text{N/A}^2) \tag{65}$$

である（πは円周率）。空気の透磁率はほぼμ_0に等しい。また，μ_0に対するμの比

$$\mu_r = \frac{\mu}{\mu_0} \tag{66}$$

をその物質の**比透磁率**という。

❷**磁束密度**　電流が磁場$\overrightarrow{H}$〔A/m〕から力を受けるとき，力の大きさF〔N〕は周囲の物質の透磁率μ〔N/A²〕の値が大きいほど大きくなる（(63)式）。よって，電流が受ける力Fを考える場合には，磁場$\overrightarrow{H}$のかわりに，物質による効果も含めた量を用いて磁場のようすを記述しておくと都合がよい。そこで

$$\overrightarrow{B} = \mu\overrightarrow{H} \tag{67}$$

という量を定義する。これを**磁束密度**といい，単位は**テスラ**（記号 **T**）を用いる。(67)式から，TはN/(A·m)と表すこともできる。磁場$\overrightarrow{H}$と同様に磁束密度$\overrightarrow{B}$はベクトルである。$\overrightarrow{B}$の大きさBを用いると，(64)，(63)式はそれぞれ次のように表すことができる。

電流が磁場から受ける力

$$F = IBl\sin\theta \tag{68}$$
$$F = IBl \quad (\theta = 90° \text{のとき}) \tag{69}$$

F〔N〕　力の大きさ　　I〔A〕　電流
B〔T〕　磁束密度の大きさ　　l〔m〕　導線の長さ
θ　　磁場と電流がなす角

❸**磁束**　磁場 $\overrightarrow{H}$ を磁力線を用いて表すように，磁束密度 $\overrightarrow{B}$ を表すのに**磁束線**を用いる。磁束密度 $\overrightarrow{B}$ が一様な磁場では，$\overrightarrow{B}$ に垂直な面積 S〔m²〕の断面 S を通る磁束線の数 Φ は次のようになる（右図）。

$$\varPhi = BS \tag{70}$$

面積 S〔m²〕

磁束密度の大きさ B〔T〕

この面を貫く磁束 Φ〔Wb〕は Φ = BS

Φ を断面 S を通る**磁束**という。磁束の単位には磁気量と同じ単位 Wb を用いる。したがって，B の単位は **Wb/m²** とも表される。

❹**磁化と透磁率**　ソレノイドに強磁性体である鉄心を入れると，鉄が磁化されて磁石の性質を帯びるので，ソレノイドの内外で磁束密度が大きくなる（右図）。

物質による磁化の度合いの違いが比透磁率 μ_r の違いとなる。常磁性体と強磁性体（$\mu_r > 1$）は磁束密度を大きくし，反磁性体（$\mu_r < 1$）は磁束密度を小さくする効果をもつ（**教** p.296 表 5）。

磁束線　電流　磁束線　電流　鉄心　電流　電流

▲**ソレノイドの磁束**　鉄心には，高純度の特殊な鉄が用いられる。

C　平行電流が及ぼしあう力

右図のように r〔m〕離れた平行導線 P，Q に流れる電流の向きが同じ場合には，電流 I_1〔A〕が導線 Q の位置につくる磁場の向きは導線に垂直で，その磁束密度 B_1〔T〕は

$$B_1 = \frac{\mu I_1}{2\pi r} \tag{71}$$

❶ I_1 が B_1 をつくる

❷ B_1 が I_2 に力を及ぼす

▲**平行電流が及ぼしあう力**

となり，導線 Q（電流 I_2〔A〕）の長さ l〔m〕の部分が B_1〔T〕の磁場から受ける力の向きはフレミングの左手の法則により，導線 P に引き寄せられる向きとなる。この力の大きさ F〔N〕は，(69)式より次のように表される。

$$F = I_2 B_1 l = I_2 \cdot \frac{\mu I_1}{2\pi r} \cdot l = \frac{\mu I_1 I_2}{2\pi r} \cdot l \tag{72}$$

導線 P が受ける力の大きさ F'〔N〕も，(72)式と等しくなる。

電流の向きが同じときには引力，反対のときには斥力となる（**教** p.299 図 87）。

4 ローレンツ力

A ローレンツ力

一般に，電気を帯びた粒子が磁場の中を運動すると力を受ける。この力を**ローレンツ力**という。

電子１個が受けるローレンツ力の大きさ f〔N〕は，電子の電気量を $-e$〔C〕，電子の速さを v〔m/s〕，磁束密度を B〔T〕とすると次のようになる（右図）。

$$f = evB \tag{73}$$

一般に，電気量 q〔C〕をもつ粒子（荷電粒子）が磁束密度 B〔T〕の磁場の中で，磁場に垂直な向きに速さ v〔m/s〕で運動しているときのローレンツ力の大きさ f〔N〕は次の式で表される。

▲ローレンツ力

ローレンツ力	
$f = qvB$ (74)	
f〔N〕	力の大きさ
q〔C〕	電気量の大きさ
v〔m/s〕	速さ
B〔T〕	磁束密度の大きさ

粒子の速度が磁場と角度 θ をなしているときは，磁場と垂直な速度の成分 $v\sin\theta$ を考えると

$$f = qvB\sin\theta \tag{75}$$

となる。ローレンツ力の向きはフレミングの左手の法則で示される（上図）。

▲ローレンツ力の向き

B 一様な磁場内の荷電粒子の運動

❶磁場に垂直に入射する場合　磁束密度 B〔T〕の一様な磁場の中に，質量 m〔kg〕，電気量 q〔C〕の粒子が，磁場に垂直に速さ v〔m/s〕で入射する場合の運動を考える（右図）。

磁場からは粒子の運動方向に垂直にローレンツ力 f〔N〕を受ける。**ローレンツ力は運動方向に垂直であり，仕事をしない。**

よって，粒子の速さ v は一定に保たれる。ローレンツ力の大きさも一定であるから，この力が向心力となって粒子は等速円運動をする。この円の半径 r〔m〕は，同図より次のように表される。

$$r = \frac{mv}{qB} \tag{76}$$

▲一様な磁場に垂直に入射した荷電粒子（正電荷の場合）

また，この等速円運動の周期 T〔s〕は，次のようになる。

$$T = \frac{2\pi r}{v} = \frac{2\pi m}{qB} \tag{77}$$

この周期は粒子の速さ v にはよらず，同じ種類の粒子では，同じ周期で円運動をする。これは，正体がわかっていない粒子の種類を特定する一つの手段となる。質量に対する電気量の比の値 $\frac{q}{m}$〔C/kg〕を，その荷電粒子の**比電荷**という。

❷磁場に斜めに入射する場合　数p.303 図91 のように入射した電気量の大きさ q〔C〕の荷電粒子は，磁場に垂直な方向には大きさ $qvB\sin\theta$ の力を受け，これを向心力として等速円運動を行う。また，磁場に平行な方向の速度成分 $v\cos\theta$ は変化しない。2つの運動を合成すると，粒子の軌道はらせんになる。

C ホール効果

電流が流れている導体や半導体の板に，電流に垂直に磁場を加えると，電流と磁場とに垂直な方向に電位差(ホール電圧)が生じる。この現象を**ホール効果**という。

ホール効果によって，試料中のキャリアの正・負の判定や，単位体積当たりのキャリアの数，キャリアの速さの測定をすることができる。また逆に，特性のわかっている試料を用いて磁束密度の測定ができる。

D サイクロトロン

電場や磁場によって荷電粒子を加速する装置を**加速器**という。加速された高エネルギーの荷電粒子は，原子核や他の粒子に衝突させる実験などに利用される。また，高エネルギーの荷電粒子が放射する X 線などの**放射光**は，物質の構造解析などさまざまな用途に用いられている。

粒子の加速器の一つに**サイクロトロン**がある。右図のように，D 字形で中空の加速電極 D_1，D_2 を対向させて真空中に置き，この面に垂直に磁場を与える。イオン源 S から出た荷電粒子($+q$〔C〕とする)は D_1 に入り，円軌道を描いて D_1 を出る。このとき D_1，D_2 の間(ギャップ)に D_2 側が低くなるように電圧を加えると粒子は加速される。速さの増した粒子が D_2 に入ると，さらに大きな半円を描いてギャップへ出る。

▲サイクロトロンの原理

このとき，前とは逆向きに電圧を加えると粒子は再び加速される。このくり返しによって，ギャップを通過するたびに粒子は速くなる。大きなエネルギーをもった粒子は電極 P で向きを変えて外へ取り出される。

サイクロトロンでは粒子が速くなると軌道半径が大きくなるが，磁場の強さと加速電圧の振動数を変化させることにより，軌道半径を一定に保ちながら加速する**シンクロトロン**などの加速器も使われている。

─◦ 問　題 ◦─

問35
(教p.287)
1.0×10^{-3}Wb の S 極を置くと, 右向きに 1.2×10^{-2}N の磁気力を受ける場所の磁場 $\vec{H}$〔N/Wb〕の向きと強さを求めよ。

考え方 磁極が磁場から受ける力の式(⑸式)を用いる。

解説&解答 S 極が右向きに力を受ける場所では, N 極は左向きに力を受けるので, 磁場の向きは**左向き**である。磁場の強さは, 「$\vec{F} = m\vec{H}$」より

$$H = \frac{F}{m} = \frac{1.2 \times 10^{-2}\text{N}}{1.0 \times 10^{-3}\text{Wb}} = 12\,\text{N/Wb} \quad \boxed{答}$$

問36
(教p.291)
4.0A の直線電流からの距離が 0.50m の点での磁場の強さは何 A/m か。

考え方 直線電流がつくる磁場の式(⑼式)を用いる。

解説&解答 ⑼式より

$$H = \frac{I}{2\pi r} = \frac{4.0}{2 \times 3.14 \times 0.50} \fallingdotseq 1.3\,\text{A/m} \quad \boxed{答}$$

問37
(教p.291)
半径 0.10m の 10 回巻きの円形コイルに 0.50A の電流を流すとき, 円の中心における磁場の強さは何 A/m か。

考え方 円形電流の中心での磁場の式(⑹式)を用いる。

解説&解答 $H = N\dfrac{I}{2r} = 10 \times \dfrac{0.50}{2 \times 0.10} = 25\,\text{A/m} \quad \boxed{答}$

問38
(教p.292)
長さ 0.10m, 巻数 200 のソレノイドに 0.40A の電流を流すと, その内部にできる一様な磁場の強さは何 A/m か。

考え方 ソレノイドの内部の磁場の式(⑿式)を用いる。

解説&解答 単位長さ当たりの巻数　$n = \dfrac{200}{0.10} = 2.0 \times 10^{3}$/m

$$H = nI = (2.0 \times 10^{3}) \times 0.40 = 8.0 \times 10^{2}\,\text{A/m} \quad \boxed{答}$$

例題11
(教p.293)
十分に長い 2 本の導線 A, B を $2d$〔m〕離して平行に張る。図のように, A, B ともに紙面の裏から表の向きに I〔A〕の電流を流した。点 P での磁場の強さ H〔A/m〕を求めよ。円周率を π とする。

考え方 A, B を流れる電流が点 P につくる磁場をそれぞれ考えて, それらを合成する。

解説&解答　A，Bを流れる電流がそれぞ
れ点Pにつくる磁場は右ね
じの法則により，右図に示し
た向きとなる。

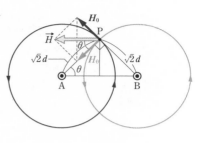

AP＝BP＝$\sqrt{2}\,d$ であるから，
これらの磁場の強さは等しい。
この強さを H_0〔A/m〕とおくと，
(59)式より

$$H_0 = \frac{I}{2\pi\sqrt{2}\,d}$$

∠PAB＝θとすると　$\cos\theta = \dfrac{1}{\sqrt{2}}$　であるから，図より

$$H = H_0\cos\theta \times 2 = \frac{I}{2\pi\sqrt{2}\,d} \times \frac{1}{\sqrt{2}} \times 2 = \frac{I}{2\pi d}\ \text{〔A/m〕}\quad \boxed{答}$$

類題11
教p.293　図のように，半径 r〔m〕の円形コイルAと，十分に長
い直線状の導線Bを同じ平面内に置く。Aの中心P
とBとの距離を $2r$〔m〕とし，A，Bにはそれぞれ I_1，
I_2〔A〕の電流を図に示す向きに流す。円周率を π とする。

(1)　点Pでの磁場 H〔A/m〕を求めよ。紙面に垂直に
　　裏から表へ向かう向きを正とする。

(2)　$H = 0$ とするには，I_2 は I_1 の何倍にすればよいか。

考え方　円形電流と直線電流による磁場の重ねあわせになる。

解説&解答　(1)　円形コイルAに流れる電流が点Pにつくる磁場の強さと向き
　　は，(60)式より

$$H_1 = \frac{I_1}{2r}\text{〔A/m〕}\quad \text{正の向き}$$

導線Bに流れる電流が点Pにつくる磁場の強さと向きは，(59)式
より

$$H_2 = \frac{I_2}{2\pi \times 2r} = \frac{I_2}{4\pi r}\text{〔A/m〕}\quad \text{負の向き}$$

よって　$H = H_1 - H_2 = \dfrac{I_1}{2r} - \dfrac{I_2}{4\pi r}\text{〔A/m〕}\quad \boxed{答}$

(2)　(1)より　$\dfrac{I_1}{2r} - \dfrac{I_2}{4\pi r} = 0$

すなわち　$I_2 = 2\pi I_1$ であればよい。　よって　**2π倍**　$\boxed{答}$

問39
教p.296　25 A/m の一様な磁場中に，磁場に対して垂直に導線を置き，2.0 A の電流
を流す。この導線の 0.10 m の部分が受ける力の大きさは何 N か。透磁率
を 1.26×10^{-6} N/A² とする。

考え方　直線電流が受ける力の式((63)式)を用いる。

解説&解答 (63)式より　$F = \mu I H l = (1.26 \times 10^{-6}) \times 2.0 \times 25 \times 0.10$
$\qquad\qquad\qquad = \mathbf{6.3 \times 10^{-6} N}$　答

問40
教p.298
磁束密度が0.50Tの一様な磁場中に，磁場に対して垂直に導線を置き，4.0Aの電流を流す。導線の0.20mの部分が受ける力の大きさは何Nか。

考え方 磁場と電流がなす角が90°より，電流が磁場から受ける力の式((69)式)を用いる。

解説&解答 (69)式より　$F = IBl = 4.0 \times 0.50 \times 0.20 = \mathbf{0.40 N}$　答

例題12
教p.298
図のように，磁束密度が右向きに2.0×10^{-2}Tの一様な磁場内に，磁場と30°の角をなす向きに長さ0.10mの導体棒PQを置く。P→Qの向きに3.0Aの電流を流すとき，導体棒PQが受ける力の向きと大きさF〔N〕を求めよ。

考え方 導体棒PQが受ける力の大きさは「$F = IBl\sin\theta$」より求める。θは電流と磁場がなす角である。

解説&解答 導体棒PQが磁場から受ける力の向きは，フレミングの左手の法則より，**紙面に垂直で裏から表の向き**　答
また，電流が磁場から受ける力の式「$F = IBl\sin\theta$」((68)式)より
$\qquad F = 3.0 \times (2.0 \times 10^{-2}) \times 0.10 \times \sin 30° = \mathbf{3.0 \times 10^{-3} N}$　答

類題12
教p.298
鉛直上向きの一様な磁場内で，質量m〔kg〕，長さl〔m〕，抵抗R〔Ω〕の導体棒PQを等しい長さの2本の軽い導線で水平につりさげる。図のように，導線の上端を起電力E〔V〕の電池でつないだところ，導線は鉛直線から30°傾いた。重力加速度の大きさをg〔m/s²〕とする。
(1) 導体棒PQに流れる電流の大きさI〔A〕を求めよ。
(2) 一様な磁場の磁束密度の大きさB〔T〕を求めよ。

考え方 導体棒には，重力，導線が引く力，電流が磁場から受ける力の3力がはたらいている。

解説&解答 (1) オームの法則((32)式)より，導体棒PQに流れる電流I〔A〕は

$\qquad I = \dfrac{E}{R}$〔A〕　答

(2) 導体棒PQにはたらく力は，
　　重力mg〔N〕，
　　導線が引く力，
　　電流が磁場から受ける力IBl〔N〕
である(右図)。

第**④**編

電気と磁気

図より，$\tan 30° = \dfrac{IBl}{mg}$

I に(1)の結果を代入すると

$$\frac{1}{\sqrt{3}} = \frac{E}{R} \cdot \frac{Bl}{mg} \quad より \quad B = \frac{\sqrt{3}\,mgR}{3El} \text{〔T〕} \quad \boxed{答}$$

問41
（教p.300）
かつては，真空中で1m離れた平行導線に等しい電流を流し，導線1m当たり 2×10^{-7} N の力がはたらくような電流を1A と定めていた。このことから，真空の透磁率を円周率 π を用いて表せ。

（考え方）　平行電流が及ぼしあう力の式「$F = \dfrac{\mu I_1 I_2}{2\pi r} l$」(72式)を用いる。

（解説&解答）　(72)式より　$2 \times 10^{-7} = \dfrac{\mu_0 \times 1 \times 1}{2\pi \times 1} \times 1$

よって　$\mu_0 = 4\pi \times 10^{-7} \text{N/A}^2$　$\boxed{答}$

思考学習　クリップモーター
教 p.300

Mさんは，磁石，乾電池，エナメル線，クリップを用いて図Aのような装置（クリップモーター）を作成した。コイルの一端（左側）は，紙やすりでエナメルをすべてはがし，反対側の端（右側）はエナメルを半分だけはがしており，b側が下にきたときだけ電流が流れるようになっている。

考察１ 図Aの向きに電流を流すと，コイルは同図のような向きに回転し続けた。この場合，磁石の上側の磁極は，N極とS極のどちらか考えてみよう。

▲図A　クリップモーター

考察２ 片側のエナメルを半分だけ残すことで，a側が下にきたときに電流が流れないようにする理由を考えてみよう。

（考え方）　フレミングの左手の法則により，磁場の向き，電流の向き，力の向き（コイルの回転の向き）を考える。

解説&解答　**考察1**　コイルは右図の向きに回
転しているので，上側と
下側のコイルに流れる電
流が受ける力の向きは，
それぞれ奥に向かう向
き，手前に向かう向きだ
と考えられる。

フレミング左手の法則より，このときの磁場の向きは上向
きなので，磁石の上側の磁極は　**N極**　答

考察2　a 側が下にきたときに電流が
流れているとすると，電流の
流れる向きと電流が磁場から
受ける力は右図のようにな
る。よって，**a 側が下にきた
ときに電流が流れていると，
電流が磁場から受ける力が反**
対になり，減速してしまうが，電流が流れないようにして
おくと慣性により同じ向きの回転運動を持続させることが
できるため。　答

問42
(教p.302)
鉛直上向きの一様な磁場の中で電子が運動する。電子の速度の向きが水平
で北を向いているとき，電子が受ける力の向きを答えよ。

考え方　フレミングの左手の法則を用いる。直角に開いた左手の3指（中指
：電流 I，人差し指：磁場 H，親指：力 F）の関係に対応している。

解説&解答　電流の向きは電子の運動と反対の向きなので，フレミングの左手の
法則より，電子は磁場から**西向きの力**を受ける。　答

例題13
(教p.303)
電極間の電圧 V〔V〕で加速された電子が，真
空の容器内の磁束密度 B〔T〕の一様な磁場の
中に磁場と垂直に入射し，半径 r〔m〕の半円
を描いた。電子の初速度を0として，その比
電荷を求めよ。

考え方　磁場内で，電子はローレンツ力を向心力とした等速円運動を行う。

解説&解答　電子の電気量を $-e$〔C〕，電子の質量を m〔kg〕，電子の速さを v〔m/s〕
とすると，エネルギー保存則より

$$eV = \frac{1}{2}mv^2 \qquad \cdots\cdots ①$$

電子にはローレンツ力 evB〔N〕がはたらき，これが向心力となって
電子は等速円運動をする。

$$m\frac{v^2}{r} = evB \quad \text{より} \quad v = \frac{eBr}{m} \qquad \cdots\cdots ②$$

②式を①式に代入して整理すると　$\dfrac{e}{m} = \dfrac{2V}{B^2r^2}$〔C/kg〕　答

類題13
(教p.303)

紙面に垂直で，磁束密度 B〔T〕の一様な磁場中に質量 m〔kg〕，電気量 q〔C〕の正の荷電粒子を入射させたところ，粒子は半円を描いて点 P に達した。このときの磁場の向きと粒子が点 P に達するまでの時間を求めよ。円周率を π とする。

考え方
解説&解答

磁場内の荷電粒子はローレンツ力を向心力とした等速円運動を行う。等速円運動をしている荷電粒子には，ローレンツ力は荷電粒子から半円の中心へと向かう向きにはたらく。フレミングの左手の法則より，磁場の向きは**紙面の裏から表の向き**である。　答

正の荷電粒子の速さを v〔m/s〕とすると，荷電粒子にはローレンツ力 qvB〔N〕がはたらき，これが向心力となって等速円運動をする。荷電粒子が運動する軌道の半径を r〔m〕とすると

$$m\frac{v^2}{r} = qvB \quad \text{より} \quad v = \frac{qBr}{m} \text{〔m/s〕} \quad \cdots\cdots ①$$

等速円運動の周期を T〔s〕とすると，粒子が点 P に達するまでの時間は $\dfrac{1}{2}T$ である。「$T = \dfrac{2\pi r}{v}$」と①式より

$$\frac{1}{2}T = \frac{\pi r}{v} = \frac{\pi m}{qB} \text{〔s〕} \quad 答$$

 演 習 問 題

教 p.306 〜 p.307

1 図のように，水平な厚紙の上に小さな方位磁針を4つ置く。各方位磁針は厚紙の中心の点 O から 6.0 cm の位置にあり，どれも北をさしている。点 O に導線を鉛直方向に通し，電流を上から下向きに流した。地球の磁場の向きは北向きとする。また，方位磁針どうしが及ぼしあう力は無視できるものとする。

(1) 流す電流が $\sqrt{3}\,\pi$A（π は円周率）のとき，方位磁針 b，d は向きを変えなかったが，a，c は南北の軸から 30° 振れた。地球の磁場の水平分力 H_0〔A/m〕を求めよ。

(2) $3\sqrt{3}\,\pi$A の電流を流すと，各方位磁針はどちらを向くか。

考え方 直線電流のつくる磁場の向きは右ねじの法則にしたがう。地球の磁場との合成を忘れないように。

(解説&解答) (1)　導線から方位磁針の磁極(N 極, S 極)
までの距離は 6.0 cm と考えてよい。
方位磁針は地球の磁場の水平分力
H_0〔A/m〕と電流による磁場 H〔A/m〕と
を合成した磁場の向きに静止する。よ
って

$$\tan 30° = \frac{H}{H_0} \qquad \cdots ①$$

また，電流による磁場 H は

$$H = \frac{I}{2\pi r}$$

$$= \frac{\sqrt{3}\pi}{2\pi \times 6.0 \times 10^{-2}} \qquad \cdots ②$$

①，②式より

$$H_0 = \sqrt{3}\,H = \textbf{25\,A/m} \quad \boxed{答}$$

(2)　$3\sqrt{3}\,\pi$〔A〕が周囲につくる磁場の強さ H〔A/m〕は

$$H = \frac{I}{2\pi r} = \frac{3\sqrt{3}\pi}{2\pi \times 6.0 \times 10^{-2}} = 25\sqrt{3}\ \text{A/m}$$

a〜d 点の地球の磁場 H_0 と電流
による磁場は図のようになり，方
位磁針は両者を合成した磁場の向
きを向く。

a：**北から 60° 東に傾いた向き**
　　　($\tan\theta = \sqrt{3}$ より)
b：**南向き**
　　　($25\sqrt{3}$ A/m > 25 A/m より)
c：**北から 60° 西に傾いた向き**
　　　($\tan\theta = \sqrt{3}$ より)
d：**北向き**　$\boxed{答}$

2　図のように，真空中にある直交座標軸の z 軸上に無
限に長い導線があり，z 軸の正の向きに電流 I_1〔A〕が
流れている。また，yz 座標面に 1 辺の長さ l〔m〕の正
方形のコイル ABCD があり，図のような向きに電流
I_2〔A〕が流れている。ABCD の辺 CD は y 軸上にあり，
辺 AD と z 軸との距離は r〔m〕である。真空の透磁率
を μ_0〔N/A²〕，円周率を π とする。

(1)　I_1 がコイルの辺 AD の位置につくる磁場の大きさ H_1〔A/m〕と向きを求めよ。

(2)　I_1 がコイルの辺 AD に及ぼす力の大きさ F_1〔N〕と向きを求めよ。

(3)　I_1 がコイルの辺 BC に及ぼす力の大きさ F_2〔N〕と向きを求めよ。

(4)　I_1 がコイル ABCD の全体に及ぼす力の大きさ F〔N〕と向きを求めよ。

第4編

電気と磁気

考え方　直線電流がつくる磁場の式「$H = \dfrac{I}{2\pi r}$」(59式)，磁束密度と磁場の関係式「$\vec{B} = \mu\vec{H}$」(67式)，電流が磁場から受ける力の式「$F = IBl$」(69式)を用いる。

解説&解答　(1)　磁場の大きさは(59)式より　$H_1 = \dfrac{I_1}{2\pi r}$ 〔**A/m**〕　答

　　向きは右ねじの法則より **x 軸の負の向き**　答

(2)　力の大きさは(67)，(69)式より

$$F_1 = I_2 \times \frac{\mu_0 I_1}{2\pi r} \times l = \frac{\mu_0 I_1 I_2 l}{2\pi r} \text{〔\textbf{N}〕}　答$$

　　向きはフレミングの左手の法則より **y 軸の負の向き**　答

(3)　(1)，(2)と同様に　$F_2 = I_2 \times \dfrac{\mu_0 I_1}{2\pi(r+l)} \times l = \dfrac{\mu_0 I_1 I_2 l}{2\pi(r+l)}$ 〔**N**〕　答

　　向きはフレミングの左手の法則より **y 軸の正の向き**　答

(4)　辺 AB と CD の電流が磁場から受ける力は逆向きで大きさが等しいからつりあう。

　　よって　$F = |F_2 - F_1| = \dfrac{\mu_0 I_1 I_2 l^2}{2\pi r(r+l)}$ 〔**N**〕　答

　　$F_1 > F_2$ より，合力の向きは **y 軸の負の向き**　答

3　磁束密度 B〔**T**〕の一様な磁場と平行に x 軸をとる。x 軸の原点 O から質量 m〔**kg**〕，電気量 q〔**C**〕の正の荷電粒子を，x 軸と角 θ をなす向きに速さ v〔**m/s**〕で打ち出した。この粒子はその後らせん運動をする。原点 O を出てから，最初に x 軸を横切るまでの時間 t〔**s**〕を求めよ。また，そのときの位置と原点 O との距離 l〔**m**〕を求めよ。円周率を π とする。

考え方　荷電粒子の運動を，x 軸に垂直成分と，x 軸に平行な成分に分けて考察する。

解説&解答　x 軸に垂直な面内でローレンツ力 $qvB\sin\theta$ を受けて等速円運動をする。このときの半径を r〔**m**〕とすると，円運動の運動方程式より

$$m \times \frac{(v\sin\theta)^2}{r} = qvB\sin\theta \quad \text{よって} \quad r = \frac{mv\sin\theta}{qB} \text{〔m〕}$$

最初に x 軸を横切る時間は，粒子が一周する時間，すなわち円運動の周期であるから

$$t = \frac{2\pi r}{v\sin\theta} = \frac{2\pi m}{qB} \text{〔\textbf{s}〕}　答$$

この粒子は x 軸に平行な方向には力を受けず，速さ $v\cos\theta$ の等速直線運動をするから，求める距離 l〔**m**〕は

$$l = v\cos\theta \times t = v\cos\theta \times \frac{2\pi m}{qB} = \frac{2\pi mv\cos\theta}{qB} \text{〔\textbf{m}〕}　答$$

4 図のように，直方体の試料を水平に置き，鉛直下向きに磁束密度 B〔T〕の一様な磁場を加え，I〔A〕の電流を図の向きに流したところ，PQ間に V〔V〕の電圧が生じた。電気素量を e〔C〕とする。

(1) PがQよりも高電位であった。この試料内を流れる電流の担い手は正か負のどちらか。

(2) 試料内を進むキャリア（電流の担い手）は，磁場とPQ間に生じた電場の両方から力を受ける。このとき，試料内を直進するキャリアの速さ v〔m/s〕を求めよ。

(3) 単位体積当たりのキャリアの数 n〔1/m³〕を求めよ。

考え方 荷電粒子にローレンツ力がはたらき，電子は磁場と電流に垂直な方向に集められる。

解説&解答 (1) フレミングの左手の法則より，電流の担い手は P → Q の向きに力を受けて，Q側に集まる。

　　Q側の電位が低いことから，電流の担い手は**負**と考えられる。　**答**

(2) キャリアが直進するとき，キャリアが電場から受ける力と磁場から受ける力はつりあっている。電場の強さを E〔V/m〕とすると

$$eE - evB = 0 \qquad \cdots\cdots①$$

また，電場と電圧の関係から　$E = \dfrac{V}{b}$　$\cdots\cdots②$

①，②式より　$v = \dfrac{V}{Bb}$〔m/s〕　**答**

(3) 「$I = envS$」（㉝式）に(2)の結果と $S = ab$ を代入すると

$$I = en \cdot \dfrac{V}{Bb} \cdot ab \qquad \text{よって} \quad n = \dfrac{BI}{eVa}\text{〔1/m³〕} \quad \textbf{答}$$

第**④**編　電気と磁気

5 図のように，紙面に垂直で磁束密度 B〔T〕の一様な磁場中に，2つのD字形の電極が置かれている。D字形の電極の内部は中空になっており，2つの電極の間には高周波電圧が加えられている。この右側の電極に，質量 m〔kg〕，電気量 q〔C〕の正の荷電粒子を電極面に対して垂直に速さ v_0〔m/s〕で入射させたところ，図の実線のような半円の軌道を描いて，右側の電極を飛び出した。

(1) 右側の電極内における荷電粒子の円軌道の半径 r_0〔m〕と，電極に入射してから飛び出すまでの時間 T_0〔s〕を求めよ。

(2) 右側の電極を飛び出した荷電粒子は，電極間のすき間で電圧 V〔V〕を受けて加速され，左側の電極に入射した。このときの荷電粒子の速さ v_1〔m/s〕を求めよ。

(3) 荷電粒子は左側の電極内でも半円の軌道を描く。この円軌道の半径 r_1〔m〕は，r_0 の何倍になるか。v_0，m，q，V を用いて表せ。また，入射してから飛び出すまでの時間 T_1〔s〕は，T_0 の何倍になるか。

考え方　磁場内の荷電粒子はローレンツ力を向心力として等速円運動を行う。

解説&解答　(1)　ローレンツ力 qv_0B を向心力とするから

$$m\frac{v_0{}^2}{r_0} = qv_0B \quad より \quad r_0 = \frac{mv_0}{qB}\,[\text{m}] \quad\quad \cdots\cdots① \quad 答$$

周期を T とすると　$T_0 = \frac{1}{2}T$ 　　　　　　　$\cdots\cdots②$

「$T = \frac{2\pi r}{v}$」と①, ②式より　$T_0 = \frac{2\pi r_0}{2v_0} = \frac{\pi m}{qB}\,[\text{s}]$ 　答

(2)　エネルギー保存則より　$\frac{1}{2}mv_0{}^2 + qV = \frac{1}{2}mv_1{}^2$

ゆえに　$v_1 = \sqrt{v_0{}^2 + \frac{2qV}{m}}\,[\text{m/s}]$ 　答

(3)　(1)と同様に　$r_1 = \frac{mv_1}{qB}\,[\text{m}]$ 　　　　　　$\cdots\cdots③$

①, ③式と(2)の結果より　$\frac{r_1}{r_0} = \frac{v_1}{v_0} = \sqrt{1 + \frac{2qV}{mv_0{}^2}}$ 倍　答

周期についても同様に　$T_1 = \frac{2\pi r_1}{2v_1} = \frac{\pi m}{qB} = T_0$

よって　**1 倍**　答

考 考えてみよう！ •

6　質量 m [kg], 電気量の大きさ q [C]の荷電粒子を E [N/C]の電場で加速させるとき, この粒子の加速度の大きさは　1　$\times E$ [m/s²]となる。　1　は比電荷とよばれ, 電場 E が一定の場合, この値が大きいほど加速されやすい。つまり, 電気量の大きさ q が同じ場合は, 質量 m が　2　ほど加速されやすく, 質量 m が同じ場合は, 電気量の大きさ q が　3　ほど加速されやすい粒子となる。

(1)　上の文章中の　1　を適切な式で, 　2　～　3　を適切な語で埋めよ。

(2)　電子と陽子で加速されやすいのはどちらか。

考え方　電子と陽子の電気量は符号が逆で大きさは等しい。一方, 陽子の質量は電子の質量の約1800倍である。

解説&解答　(1)　粒子の加速度の大きさを a [m/s²]とすると, 荷電粒子が電場から受ける力の大きさは qE [N]であるから, 運動方程式より

$$ma = qE \quad よって \quad a = \frac{q}{m}\times E$$

1　$\dfrac{q}{m}$ 　　2　**小さい**　　3　**大きい**　答

(2)　電子と陽子の電気量の大きさは等しく, 質量は電子の方が小さい。したがって, (1)の結果より, 加速されやすいのは　**電子**　答

第4章　電磁誘導と電磁波　教 p.308 〜 p.354

1　電磁誘導の法則

A　電磁誘導

❶**電磁誘導**　コイルの内側の空間の磁場（磁束）の変化によってコイルに電圧が生じる現象を**電磁誘導**といい，生じた電圧を**誘導起電力**という。

棒磁石を近づける

電流

棒磁石を静止させる

棒磁石を遠ざける

電流

誘導起電力によって，閉じた回路に流れる電流を**誘導電流**という。

❷**レンツの法則**　右図のように，棒磁石のN極をコイルに近づけると図のような向きに誘導電流が流れ，この電流はコイルを貫く磁束⬆をつくる。この磁束は，棒磁石によって増加した磁束⬇を打ち消す向きに生じている。このように**誘導起電力は，それによって流れる誘導電流のつくる磁束が，外から加えられた磁束の変化を打ち消すような向きに生じる**。これを**レンツの法則**という。

磁束の増加

磁束の増加を打ち消す向きの磁束

誘導電流

▲レンツの法則

❸**ファラデーの電磁誘導の法則**　教 p.310 図 96 のように，1巻きのコイルを貫く磁束が，時間 Δt〔s〕の間に $\Delta\Phi$〔Wb〕だけ変化する（同図ⓐ）。このとき生じる誘導起電力 V〔V〕は，同図ⓑのように正の向きをとると

$$V = -\frac{\Delta\Phi}{\Delta t} \tag{78}$$

となる（同図ⓒ）。コイルが N 回巻きのときは，1巻きのコイルを N 個直列につないだことと同じになり，起電力が N 倍になる。

　レンツの法則やコイルの巻数を含めた電磁誘導の法則を**ファラデーの電磁誘導の法則**といい，次の式で表される。

ファラデーの電磁誘導の法則
$$V = -N\frac{\Delta\Phi}{\Delta t} \tag{79}$$ V〔V〕　誘導起電力　　$\Delta\Phi$〔Wb〕　磁束の変化 N　コイルの巻数　　Δt〔s〕　時間

第**4**編　電気と磁気

B 磁場を横切る導線に生じる誘導起電力

❶磁場中に出入りするコイルに生じる誘導起電力　**教 p.312 図 97** のように，コイルを磁場の中に入れたり出したりする場合にも，コイルに誘導起電力が生じ，誘導電流が流れる。この場合には，時間とともに磁場は変化しないが，コイルを貫く磁束が変化しており，ファラデーの電磁誘導の法則が適用できる。

❷磁場を横切る導線に生じる誘導起電力　右図のように，磁束密度 B〔T〕の一様な磁場の中で，長さ l〔m〕の導線 ab を磁場と垂直な方向に速さ v〔m/s〕で動かすとき，導線には誘導起電力が生じる。このとき，ファラデーの電磁誘導の法則から誘導起電力の大きさを求めることができる。

▲磁場を横切る導線に生じる誘導起電力

　ab は時間 Δt〔s〕間に $v\Delta t$〔m〕移動する。このとき，回路 abcd の面積は $\Delta S = lv\Delta t$〔m²〕だけ増加する。よって，回路 abcd を貫く磁束は，(70)式より $\Delta \Phi = B \cdot \Delta S = Blv\Delta t$〔Wb〕だけ増加する。これは，ab が横切った磁束に相当する。導線 ab に生じる誘導起電力の大きさ V〔V〕は(79)式より，$V = \left| -1 \times \dfrac{\Delta \Phi}{\Delta t} \right| = \dfrac{Blv\Delta t}{\Delta t}$ であるから

$$V = vBl \tag{80}$$

となる。このように磁場を横切る導線には誘導起電力が生じる。

　回路の中の抵抗の抵抗値を R〔Ω〕とすると，この誘導起電力によって回路に流れる誘導電流 I〔A〕は，オームの法則より

$$I = \frac{V}{R} = \frac{vBl}{R} \tag{81}$$

となり，導線を a → b の向きに，抵抗を c → d の向きに流れる。

▲磁場を横切る速さ

　導線が磁場と平行に動く場合，磁場を横切らないため誘導起電力は生じない。図⑥のように導線が磁場と角度 θ をなす方向に速さ v で動く場合，磁場に対する垂直な成分 $v\sin\theta$ で磁場を横切ることになるので，誘導起電力は次のようになる。

$$V = vBl\sin\theta \tag{82}$$

❸ローレンツ力と誘導起電力　❷では，磁場を横切る導線に生じる誘導起電力を，ファラデーの電磁誘導の法則で求めたが，導線内の電子が磁場から受けるローレンツ力をもとに考えても求めることができる。

導線内の電子(電気量$-e$〔C〕)が，右図ⓐのように磁束密度B〔T〕の磁場に対して垂直に速さv〔m/s〕で動くとき，電子が受けるローレンツ力f_B〔N〕は

　　力の向き　：　Q→P　(電子は負電荷)

　　力の大きさ：　$f_B = evB$　　　　　　　　　　　(83)

なので，電子はPへ移動を始め，Pは負，Qは正に帯電して，Q→Pの向きの電場E〔V/m〕が生じる(右図ⓑ)。

電子はこの電場Eから静電気力f_E〔N〕を受ける。

　　力の向き　：　P→Q　(電子は負電荷)

　　力の大きさ：　$f_E = eE$　　　　　　　　　　　(84)

移動した電荷が増すとEが大きくなる。やがて，静電気力f_Eとローレンツ力f_Bがつりあい，電子の移動が終わる(右図ⓒ)。このとき　$eE = evB$　より，次の式が成りたつ。

　　$E = vB$　　　　　　　　　　　　　　　　(85)

導線の長さがl〔m〕のとき，導線の両端の電位差は$V = El$である。したがって，Vは次のように表される。

　　$V = vBl$　　　　　　　　　　　　　　　(86)

▲導線内の電子が受ける力

Ｃ 誘導起電力とエネルギー

磁束密度がB〔T〕の磁場を垂直に横切る長さl〔m〕の軽い導線に，質量m〔kg〕のおもりをつけて，一定の速さv〔m/s〕で引き上げている場合を考える(右図)。このとき，導線の両端には(80)式よりvBl〔V〕の誘導起電力が，電池の起電力とは逆向きに生じる。回路の起電力の和は抵抗での電圧降下に等しいから

　　$V_0 - vBl = RI$　　　　　　　　　　　(87)

が成りたつ。ここで，V_0〔V〕は電池の起電力，I〔A〕は回路に流れる電流，R〔Ω〕は抵抗の抵抗値である。(87)式の両辺にItをかけて，変形すると

　　$IV_0t = vtIBl + I^2Rt$　　　　　　　　(88)

▲磁場を横切る導線

ここで，左辺は時間t〔s〕の間に電池のする仕事$It × V_0$である。また，右辺に現れるIBlは，(69)式より，導線が磁場から受ける力である。導線とおもりの速さは一定なので，この力IBlは，おもりにはたらく重力mgと等しい。また，おもりの移動距離を$h = vt$とおくと

電池の する仕事		重力による位置エネル ギーの増加（おもり）		抵抗で発生す るジュール熱	
$IV_0 t$	$=$	mgh	$+$	$I^2 Rt$	(89)

となる。この式は，誘導起電力が生じる場合の，エネルギーの関係を表している。

D 渦電流

❶**渦電流**　金属板に磁石を近づけたり，上で磁石を動かすと，金属板に誘導電流が流れる。これは，金属板を貫く磁束が変化するためで，このとき金属板を流れる誘導電流を**渦電流**という。

　教 p.318 図 102 ⓐのように，銅板の上で磁石を動かすと，銅板を貫く磁束の変化を打ち消すように渦電流が銅板内を流れる。この渦電流によって，磁石には運動を妨げる向きに磁気力がはたらく（同図ⓑ）。渦電流による現象は磁気力によって生じるため，銅板と磁石が接触していなくても，その効果が現れる。

❷**誘導電場**　金属板を流れる渦電流のように，環状のコイルでない場合にも，誘導電流が流れる。さらに，金属板やコイルが存在していない場合であっても，磁場が変化するとそのまわりの空間には電場が生じる。これを**誘導電場**という（右図）。

　磁場が変化すると，そのまわりの空間に電場が生じる

▲磁場の変化により生じる電場

2 自己誘導と相互誘導

A 自己誘導

　教 p.320 図 104 のように，コイルに流れる電流を変化させるとき，その変化を妨げる向きにコイルに誘導起電力が生じる。この現象を**自己誘導**という。

B コイルの自己インダクタンス

　コイルに流れる電流と誘導起電力の間の関係を考える。一般に，電流がつくる磁場の強さ H〔A/m〕は，電流 I〔A〕に比例する。したがって，コイルを貫く磁束 Φ〔Wb〕も I に比例する。ここで，比例定数を k とすると，次のように表すことができる。

$$\Phi = kI \tag{90}$$

　時間 Δt〔s〕の間に電流が ΔI〔A〕変化するとき，磁束の変化が $\Delta\Phi$〔Wb〕であったとすると，$\Delta\Phi$ と ΔI の関係は⑨式より

$$\Delta\Phi = k\Delta I \tag{91}$$

となる。生じる誘導起電力 V〔V〕は，ファラデーの電磁誘導の法則より

$$V = -N\frac{\Delta\Phi}{\Delta t} = -N\frac{k\Delta I}{\Delta t} = -Nk\frac{\Delta I}{\Delta t} \tag{92}$$

となる（Nはコイルの巻数）。つまり，誘導起電力Vは電流の変化の割合$\dfrac{\Delta I}{\Delta t}$に比例する。ここで，$L = Nk$とおくと，次のように表される。

自己誘導

$$V = -L\frac{\Delta I}{\Delta t} \tag{93}$$

V〔V〕　誘導起電力	ΔI〔A〕　電流の変化	
L〔H〕　自己インダクタンス	Δt〔s〕　時間	

比例定数Lはコイルの自己誘導の大きさを表し，**自己インダクタンス**という。自己インダクタンスの単位には**ヘンリー**（記号 H）を用いる。

芯を入れたソレノイドの自己インダクタンスの値は，芯の物質の透磁率μ〔N/A²〕，単位長さ当たりの巻数n〔1/m〕の2乗，コイルの長さl〔m〕，断面積S〔m²〕に比例する。

C　コイルと抵抗を含む回路

教 **p.322 図105 ⓐ** のような，コイルを含まない回路では，スイッチSを閉じると，回路に流れる電流は瞬時に増加する。

一方，右図のようにコイルを含む回路では，スイッチSを閉じても，電流は瞬時に変化せず徐々に増加する。これはコイルの自己誘導により，電流が増加するのが妨げられるためである。スイッチSを閉じて，コイルに一定の電流が流れている状態から，スイッチSを開くときも，電流は瞬時に変化せず徐々に減少する。

D　コイルに蓄えられるエネルギー

電流が流れているコイルはエネルギーを蓄えていると考えられる。

自己インダクタンスL〔H〕のコイルに流れる電流を，0からI〔A〕にするには，誘導起電力に逆らって仕事をしなければならない。このとき必要な仕事が，コイルに蓄えられるエネルギーU〔J〕となり，次のように表される。

コイルに蓄えられるエネルギー

$$U = \frac{1}{2}LI^2 \tag{94}$$

U〔J〕　コイルに蓄えられるエネルギー	L〔H〕　自己インダクタンス	I〔A〕　電流

E 相互誘導

右図で，コイル 1 のスイッチ S を開閉すると，コイル 1 に自己誘導が起こる。このとき，コイル 1 とコイル 2 の導線がつながっていなくても，同時にコイル 2 の PQ 間にも磁束の変化を打ち消す向きに誘導起電力 V_2 が生じる。この現象を**相互誘導**という。コイル 2 にも，コイル 1 を流れる電流 I_1 によって生じた磁束線が貫くから，V_2 も I_1 の変化の割合に比例する。

相互誘導

$$V_2 = -M \frac{\Delta I_1}{\Delta t}$$
(95)

$V_2〔V〕$　　コイル 1 の電流の変化によってコイル 2 に生じる誘導起電力

$M〔H〕$　　相互インダクタンス

$\Delta I_1〔A〕$　コイル 1 の電流の変化　　$\Delta t〔s〕$　時間

比例定数 M を**相互インダクタンス**といい，その値は 2 つのコイルの巻数や形状，芯の物質の透磁率，2 つのコイルの相互の位置などによって異なる。M の単位は，自己インダクタンス L の単位と同じ H である。

3 交流の発生

A コイルの回転と交流の発生

右図のように，一様な磁場の中を一定の速さで回転するコイルに発生する誘導起電力を考える。

長さ l〔m〕の辺**アイ**は，速さ v〔m/s〕で磁束密度 B〔T〕の磁場中を運動する。コイルの回転角を θ とすると，辺**アイ**の速度と磁場のなす角も θ で

あるので，辺**アイ**に生じる誘導起電力は，⑻式より $vBl\sin\theta$〔V〕である。ただし，誘導起電力は**ア→イ→ウ→エ**の向きを正としている。辺**ウエ**にも，同じ符号で同じ大きさの誘導起電力が生じる。また，辺**イウ**と辺**エア**には誘導起電力は生じない。ゆえに，コイル全体に生じる誘導起電力 V〔V〕は，次のように表される。

$$V = 2vBl\sin\theta$$
(96)

コイルに生じる誘導起電力 V の値は，符号を変えながら周期的に変化することがわかる（**教** p.326-327 表6）。このような，周期的に向きが変わる電圧を**交流電圧**という。

コイルの角速度を ω 〔rad/s〕とすると，コイルの回転角は $\theta = \omega t$ であり，辺**イウ**，辺**エア**の長さを $2r$〔m〕とするとその速さは $v = r\omega$ である。したがって(96)式は

$$V = 2r\omega Bl\sin\omega t = V_0\sin\omega t \qquad (V_0 = 2r\omega Bl) \tag{97}$$

と表すことができる。ここで，V_0 を**交流電圧の最大値**，ωt を**位相**という。(97)式をグラフに表すと右図のようになる。このコイルの両端に抵抗などをつなぐと，周期的に向きが変わる**交流電流（交流）**が流れる。交流の周期 T〔s〕，および振動数 f〔Hz〕は次のように表される。

$$T = \frac{2\pi}{\omega}, \quad f = \frac{1}{T} = \frac{\omega}{2\pi} \tag{98}$$

振動数 f を交流の**周波数**という。また，$\omega(= 2\pi f)$ を交流の**角周波数**という。

B 交流の実効値

❶抵抗を流れる交流電流 (97)式で表される交流電圧 $V = V_0\sin\omega t$ を R〔Ω〕の抵抗に加えたとき，流れる交流電流を I〔A〕とする。交流の場合，電圧 V，電流 I の値が時間とともに変化するが，常にオームの法則 $V = RI$ が成りたっている。したがって

$$I = \frac{V}{R} = \frac{V_0\sin\omega t}{R} = I_0\sin\omega t \quad \left(I_0 = \frac{V_0}{R}\right) \tag{99}$$

と表すことができる。ここで，I_0 を**交流電流の最大値**という。(97)式と(99)式から，電圧 V が最大となるとき，電流 I も最大となり，電圧 V が0となるとき，電流 I も0となることがわかる。このように，電圧と電流の時間的変化のしかたが等しいことを**同位相**であるという。また，最大値 V_0，I_0 の間には次の関係が成りたつ。

$$V_0 = RI_0 \tag{100}$$

❷交流の実効値 家庭で使用される100Vの交流電圧の最大値は，100Vではなく約141Vであり，−141V〜141Vの間で周期的に変化している。100Vとよぶのは，このときの交流で点灯させた電球の明るさが，100Vの直流電源で点灯させたときの明るさと等しくなるからである。このように交流電圧や交流電流の大きさには，そこから計算される電力が直流と同等の効果をもつような値が用いられ，これを**実効値**という。

電圧，電流が(97)式，(99)式で表される交流における，電球の消費電力 P〔W〕は

$$P = IV = I_0V_0\sin^2\omega t = \frac{I_0V_0}{2}(1 - \cos 2\omega t) \tag{101}$$

となり，$0 \sim I_0V_0$〔W〕の間で周期的に変化する（**教** p.329 図111 ⓑ）。その消費電力の時間平均 $\overline{P}$〔W〕は，次のように表される。

$$\overline{P} = \frac{1}{2}I_0V_0 \tag{102}$$

ここで，**交流電圧の実効値** V_e〔V〕と，**交流電流の実効値** I_e〔A〕を

$$V_e = \frac{1}{\sqrt{2}} V_0, \quad I_e = \frac{1}{\sqrt{2}} I_0 \tag{103}$$

と定めると，$\overline{P}$ は次の式で表すことができる。

$$\overline{P} = \frac{1}{2} I_0 V_0 = \frac{1}{\sqrt{2}} I_0 \times \frac{1}{\sqrt{2}} V_0 = I_e V_e \tag{104}$$

さらに，(103)式の実効値 V_e，I_e を用いて(100)式を変形すると

$$V_e = R I_e \tag{105}$$

という関係式が成りたつ。このように実効値を用いると，電力やオームの法則の計算を直流の場合と同様に行うことができる。

実効値に対して，各瞬間の電流・電圧の値をそれぞれの**瞬間値**または**瞬時値**という。I_0，V_0 はそれぞれ，瞬間値 I，V の最大値である。

C 変圧器

変圧器（トランス）は，電磁誘導を利用して交流の電圧を変える装置である。一次コイルに交流電流が流れると，交流は常に大きさと向きが変化するため，鉄心内の磁束も変化し，電磁誘導が起きる。それぞれのコイルに生じる誘導起電力を V_1，V_2〔V〕，コイルの巻数を N_1，N_2 とする。ここで，鉄心の内部を貫く磁束が鉄心外部に漏れないとすると，磁束も磁束の変化も両方のコイルに共通なので

▲変圧器の原理

$$V_1 = -N_1 \frac{\Delta \Phi}{\Delta t}, \quad V_2 = -N_2 \frac{\Delta \Phi}{\Delta t} \tag{106}$$

が成りたつ。V_1，V_2 の実効値を V_{1e}，V_{2e}〔V〕とすると

$$V_{1e} : V_{2e} = N_1 : N_2 \tag{107}$$

となり，交流電圧の比は，コイルの巻数の比に等しい。

4 交流回路

A 交流電圧と交流電流

抵抗を流れる交流電流と，抵抗に加わる交流電圧は，(99)式，(97)式のように表すことができた。ところが，コイルやコンデンサーが交流回路に含まれると，電流の位相と電圧の位相がずれることが知られている。交流回路では，電圧の位相が電流の位相に対して**位相差** ϕ 進んでいるとして

電流 $\quad I = I_0 \sin \omega t \tag{108}$

電圧 $\quad V = V_0 \sin (\omega t + \phi) \tag{109}$

（I_0〔A〕，V_0〔V〕：電流，電圧の最大値，ω〔rad/s〕：角周波数，t〔s〕：時刻）という形の式で表す。

B 交流と抵抗

抵抗の場合，V_0 と I_0 の間には　$V_0 = RI_0$（100式）の関係がある。また，電圧と電流の位相差 $\phi = 0$ である。すなわち**抵抗に加わる電圧 V_R と，抵抗を流れる電流 I_R は同位相である**。

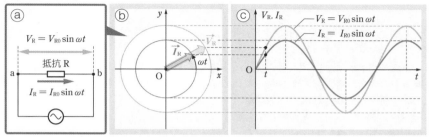

▲**抵抗の電圧と電流の関係**　⒜の回路において，I_R は矢印の向きを正とし，V_R は点 b に対する点 a の電位を表す。交流電圧や交流電流の時間変化を考えるとき，⒝のような，一定の角速度で回転するベクトルを考えることがある。ベクトルの大きさは，交流電圧や交流電流の最大値 V_{R0}，I_{R0} に対応し，ベクトルの回転角を位相に対応している。回転するベクトルの y 成分が，実際の交流電圧，交流電流，すなわち，瞬間値を表している。

C 交流とコイル

❶交流に対するコイルのはたらき　抵抗の無視できる導線を巻いてつくったコイルと，抵抗を直列につなぐ。これに直流電圧を加える場合（**教** p.332 図 114 ⒜）と，同じ実効値の交流電圧を加える場合（同図⒝）とでは，交流電圧のほうが流れる電流が小さくなる。これは，コイルが交流に対して抵抗と同様のはたらきをするためである。

❷コイルのリアクタンス　右図のように，コイルに流れる電流 I_L〔A〕と，コイルに加わる電圧 V_L〔V〕を

$$I_L = I_{L0} \sin \omega t \tag{110}$$
$$V_L = V_{L0} \sin(\omega t + \phi) \tag{111}$$

とおく。ここで，電圧の最大値 V_{L0}〔V〕と，電流の最大値 I_{L0}〔A〕の比を考える。

$$X_L = \frac{V_{L0}}{I_{L0}} \tag{112}$$

X_L は，交流に対する抵抗のはたらきを示す量であり，これをコイルの**リアクタンス**という。単位は抵抗と同じく，**Ω** を用いる。コイルの自己インダクタンスを L〔H〕，交流の周波数を f〔Hz〕とすると，コイルのリアクタンスは次のように表される。

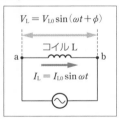

▲**コイルに加える交流電圧**　I_L は矢印の向きを正とし，V_L は点 b に対する点 a の電位を表すものとする。

第**❹**編

電気と磁気

コイルのリアクタンス

$$X_\mathrm{L} = \omega L \quad (\omega = 2\pi f) \tag{113}$$

$X_\mathrm{L}〔\Omega〕$　コイルのリアクタンス　　$L〔\mathrm{H}〕$　自己インダクタンス
$\omega〔\mathrm{rad/s}〕$　角周波数　　　　　　　　$f〔\mathrm{Hz}〕$　周波数

角周波数 ω，周波数 f

　交流では，電流の変化を打ち消すような向きに誘導起電力が生じ，電流が流れにくくなる。コイルのリアクタンスは，コイルの自己インダクタンス $L〔\mathrm{H}〕$ が大きいほど，また電流の変化が速い，すなわち交流の周波数 $f〔\mathrm{Hz}〕$ が大きいほど大きくなる。
　コイルの場合，電圧，電流の最大値 V_L0，I_L0，および，電圧，電流の実効値 $V_\mathrm{Le}〔\mathrm{V}〕$，$I_\mathrm{Le}〔\mathrm{A}〕$ の間にはそれぞれ次の関係式が成りたつ。

$$V_\mathrm{L0} = \omega L I_\mathrm{L0}, \qquad V_\mathrm{Le} = \omega L I_\mathrm{Le} \tag{114}$$

❸位相差　教 p.333 図116 ⓒにおいて，電流 I_0 の変化の割合が最大になるとき（同図①），電圧 V_L が最大となる（コイルに生じる誘導起電力は b→a の向きに最大）。この $\frac{1}{4}$ 周期後，電流 I_L は最大となる（同図②）。以上より，電圧 V_L の変化は電流 I_L に比べ $\frac{1}{4}$ 周期進み，位相差 $\phi = \frac{\pi}{2}$ となる。つまり，**コイルに加わる電圧 V_L の位相は，コイルを流れる電流 I_L よりも，$\frac{\pi}{2}$ だけ進んでいる。**

D 交流とコンデンサー

❶交流に対するコンデンサーのはたらき　教 p.334 図117 ⓐのように，コンデンサーと抵抗を直列につないで直流電圧を加えると，回路に少しの間電流が流れ，その後は流れなくなるが，同図ⓑのように，直流電圧のかわりに交流電圧を加えると，電流が流れ続ける。これは，交流の場合，電圧の向きが常に変わり，そのたびにコンデンサーが充電・放電をくり返すことによって，回路に電流が流れるためである。このとき，コンデンサーの両端に電圧が生じており，コンデンサーは抵抗と同様のはたらきをしている。

❷コンデンサーのリアクタンス　右図のように，コンデンサーに流れる電流 $I_\mathrm{C}〔\mathrm{A}〕$ と，コンデンサーに加わる電圧 $V_\mathrm{C}〔\mathrm{V}〕$ を

$$I_\mathrm{C} = I_\mathrm{C0} \sin \omega t \tag{115}$$
$$V_\mathrm{C} = V_\mathrm{C0} \sin(\omega t + \phi) \tag{116}$$

とおく。ここで，電圧の最大値 $V_\mathrm{C0}〔\mathrm{V}〕$ と，電流の最大値 $I_\mathrm{C0}〔\mathrm{A}〕$ の比を考える。

$$X_\mathrm{C} = \frac{V_\mathrm{C0}}{I_\mathrm{C0}} \tag{117}$$

$X_\mathrm{C}〔\Omega〕$ はコンデンサーの**リアクタンス**という。コンデンサーの電気容量を $C〔\mathrm{F}〕$，交流の周波数を $f〔\mathrm{Hz}〕$ とすると，X_C は次のように表される。

▲コンデンサーに加える交流電圧　I_C は矢印の向きを正とし，V_C は点bに対する点aの電位を表すものとする。

コンデンサーのリアクタンス

$$X_C = \frac{1}{\omega C} \quad (\omega = 2\pi f) \tag{118}$$

X_C〔Ω〕　コンデンサーのリアクタンス　　C〔F〕　電気容量
ω〔rad/s〕　角周波数　　f〔Hz〕　周波数

角周波数 ω, 周波数 f

　コンデンサーのリアクタンスは, コンデンサーの電気容量 C〔F〕が小さいほど, 交流の周波数 f〔Hz〕が小さいほど大きくなる。

　コンデンサーの場合, 電圧, 電流の最大値 V_{C0}, I_{C0}, および, 電圧, 電流の実効値 V_{Ce}〔V〕, I_{Ce}〔A〕の間にはそれぞれ次の関係式が成りたつ。

$$V_{C0} = \frac{1}{\omega C} I_{C0}, \qquad V_{Ce} = \frac{1}{\omega C} I_{Ce} \tag{119}$$

❸位相差　教 p.335 図 119 ⓒにおいて, 電流 I_C は, 最大(同図①)となってから $\frac{1}{4}$ 周期後, 正から負に変化する(同図②)。これは, コンデンサーの左側の極板について, 電荷が流入から流出に変化することを意味するため, このときこの極板の電気量 Q〔C〕が最大となる。よって(14)式より, 電圧 $V_C = \frac{Q}{C}$ も最大となる。以上より, 電圧 V_C の変化は電流 I_C に比べ $\frac{1}{4}$ 周期遅れ, 位相差 $\phi = -\frac{\pi}{2}$ となる。つまり, **コンデンサーに加わる電圧 V_C の位相は, コンデンサーを流れる電流 I_C よりも, $\frac{\pi}{2}$ だけ遅れている。**

E コイル・コンデンサーで消費する電力

❶コイルの消費電力　交流電源にコイルをつないだとき(教 p.338 図 120), コイルに加わる電圧 V_L〔V〕の位相は, コイルに流れる電流 I_L〔A〕よりも $\frac{\pi}{2}$ だけ進んでいるので, I_L, V_L は

$$I_L = I_0 \sin \omega t \tag{120}$$

$$V_L = V_0 \sin \left(\omega t + \frac{\pi}{2} \right) \tag{121}$$

と表される。よって, (120)式と(121)式, (42)式より, コイルで消費する電力 P_L〔W〕は

$$P_L = I_L V_L = I_0 \sin \omega t \cdot V_0 \sin \left(\omega t + \frac{\pi}{2} \right) = I_0 \sin \omega t \cdot V_0 \cos \omega t$$

$$= \frac{1}{2} I_0 V_0 \sin 2\omega t \tag{122}$$

この式から, 電力 P_L の正負は, 右図のように一定時間ごとに入れかわることがわかる。このため, 電力 P_L の時間平均 $\overline{P_L}$〔W〕は 0 になる。よって, コイルでは電力を消費しない。

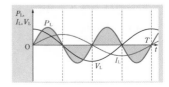

第❹編　電気と磁気

❷コンデンサーの消費電力　交流電源にコンデンサーをつないだとき（**教** p.338 図 122），コンデンサーに加わる電圧 V_C〔V〕の位相は，コンデンサーに流れる電流 I_C〔A〕よりも $\frac{\pi}{2}$ だけ遅れているので，I_C，V_C は

$$I_C = I_0 \sin \omega t \tag{123}$$

$$V_C = V_0 \sin \left(\omega t - \frac{\pi}{2} \right) \tag{124}$$

と表される。よって，(123)式と(124)式，(42)式より，コンデンサーで消費する電力 P_C〔W〕は

$$P_C = I_C V_C = I_0 \sin \omega t \cdot V_0 \sin \left(\omega t - \frac{\pi}{2} \right) = I_0 \sin \omega t \cdot (- V_0 \cos \omega t)$$

$$= -\frac{1}{2} I_0 V_0 \sin 2\omega t \tag{125}$$

この式から，コイルと同様に，コンデンサーで消費する電力 P_C〔W〕も右図のようになり，その時間平均 $\overline{P_C}$〔W〕は 0 になる。

　抵抗，コイル，コンデンサーのそれぞれに交流電流が流れるときの，電圧や電力についてまとめると **教** p.339 表 7 のようになる。

F 交流回路のインピーダンス

❶最大値の合成　右図ⓐのように抵抗 R，コイル L，コンデンサー C の直列回路に交流電源をつなぐ。R，L，C のそれぞれに加わる交流電圧の瞬間値を V_R，V_L，V_C〔V〕とし，その最大値を V_{R0}，V_{L0}，V_{C0}〔V〕とする。このとき，回路全体に加わる交流電圧の瞬間値 V〔V〕は　$V = V_R + V_L + V_C$ となる。一方，V の最大値 V_0〔V〕は $V_0 < V_{R0} + V_{L0} + V_{C0}$ となる。これは，交流電圧 V_R，V_L，V_C の位相がそろっていないためである。右図ⓑのように位相を考慮して最大値をベクトル的に図に表すと，V_0 は次のように表すことができる。

$$V_0 = \sqrt{V_{R0}{}^2 + (V_{L0} - V_{C0})^2} \tag{126}$$

▲最大値の合成

❷インピーダンス　一般に，回路全体を流れる電流 I〔A〕と，回路全体に加わる電圧 V〔V〕との間には，位相差 ϕ が生じる。そこで

　回路全体を流れる電流　$I = I_0 \sin \omega t$ (127)

　回路全体に加わる電圧　$V = V_0 \sin (\omega t + \phi)$ (128)

とおく。回路全体の，交流に対する抵抗のはたらきを

$$Z = \frac{V_0}{I_0} = \frac{V_e}{I_e} \quad (V_e, I_e:V, I \text{ の実効値}) \tag{129}$$

で表し，Z〔Ω〕をこの回路の**インピーダンス**という。

❸**直列回路のインピーダンス**　右図ⓐのように，抵抗値 R〔Ω〕の抵抗，自己インダクタンス L〔H〕のコイル，および電気容量 C〔F〕のコンデンサーを直列に接続し，交流電源をつなぐ。右図ⓑのように電流の位相を基準にとって考えると，この回路のインピーダンス Z〔Ω〕は，(129)式と右図ⓑより

$$Z = \sqrt{R^2 + \left(\omega L - \frac{1}{\omega C}\right)^2} \tag{130}$$

また，電流の位相に対して電圧の位相が ϕ 進むとすると，ϕ は次の式で表される。

$$\tan\phi = \frac{\omega L - \dfrac{1}{\omega C}}{R} \tag{131}$$

▲直列回路のインピーダンス

❹**直列回路の消費電力**　前図ⓐの回路では，コイルとコンデンサーの消費電力の時間平均はともに 0 であるから，回路全体の消費電力の時間平均 $\overline{P}$〔W〕は，抵抗のみについて考えればよい。

$$\overline{P} = RI_e^2 \tag{132}$$

この式は位相差 ϕ を用いて，次のように表すこともできる。

$$\overline{P} = I_e V_e \cos\phi \quad （\cos\phi を \textbf{力率}という。） \tag{133}$$

G 共振

　右図のように，抵抗，コンデンサー，コイルを直列につないだ回路を考える。この回路に加える交流電圧の周波数を変えると，特定の周波数で大きな電流が流れる。この現象を**共振**という。

　共振が起こるときの交流の周波数（**共振周波数**）f_0〔Hz〕は，コイルの自己インダクタンスを L〔H〕，コンデンサーの電気容量を C〔F〕とすると

▲共振回路

$$f_0 = \frac{\omega_0}{2\pi} = \frac{1}{2\pi\sqrt{LC}} \tag{134}$$

と表される。ω_0 は共振が起こるときの角周波数で，$\omega_0 = 2\pi f_0$ である。

　回路の電気抵抗が小さければ，交流の周波数が共振周波数に一致したとき，非常に大きな電流が回路に流れる（**教** p.345 図 128）。このような回路を**共振回路**という。

H 電気振動

　右図の回路でスイッチを A 側に閉じ，コンデンサーを充電する。その後スイッチを B 側に閉じ，コイルを通してコンデンサーに蓄えられた電荷を放電させると，**教** p.346 図 130 のように一定の周期で向きが変わる電流（**振動電流**）が流れ続ける。この現象を**電気振動**

という。この振動回路の周波数 f〔Hz〕を，**固有周波数**という。f と T は

$$f = \frac{\omega}{2\pi} = \frac{1}{2\pi\sqrt{LC}} \tag{135}$$

$$T = \frac{1}{f} = 2\pi\sqrt{LC} \tag{136}$$

と表される。電気振動では，コンデンサーの極板間に生じる電場と，コイルがつくる磁場との間でエネルギーのやりとりが行われる。回路の電気抵抗が 0 の場合は，これらのエネルギーの和は一定に保たれる。

$$\frac{1}{2}LI^2 + \frac{1}{2}CV^2 = 一定 \quad \left(= \frac{1}{2}LI_0{}^2 = \frac{1}{2}CV_0{}^2 \right) \tag{137}$$

実際には，導線やコイルなどに電気抵抗があってジュール熱が発生するため，しだいにエネルギーが熱に変わり，回路に流れる振動電流は減衰する（**教** p.347 図 131）。

5 電磁波

A 電磁波の発見

マクスウェル（イギリス）は，電磁気についての理論的な研究から，変動する電場・磁場が光の速さ c と等しい速さで横波として真空中でも伝わることに気づき，光もこの波の一種であると予言した。ヘルツ（ドイツ）はこの波の発生を実験的に確かめた。この波は**電磁波**とよばれるようになり，さまざまな光の現象が波長の短い電磁波として説明できることが示され，光が電磁波の一種であることが確立された。また，赤外線や紫外線，X 線や γ 線も電磁波の一種であることがわかった。

B 電磁波の発生

❶**磁場の変化により生じる電場** 一般に，コイルがなくて，真空中であっても**磁場が変化すると，そのまわりの空間に電場が生じる。**

❷**電場の変化により生じる磁場**

電場が変化すると，そのまわりの空間に磁場が生じる。

❸**電磁波の発生** 振動回路に電気振動が起こると，コンデンサーの極板間に振動する電場が生じるので，これによって振動する磁場が生じる（**教** p.349 図 135 ⓐ）。この磁場の変化によって，また電場がつくられる。このようにして，次々に発生する電場の電気力線と磁場の磁力線の振動が極板から離れて，遠方へ伝わっていく。この波が電磁波である。電場と磁場は，進行方向に垂直に同位相で振動しながら（**教** p.349 図 136），真空中を光の速さ c で伝わる。真空の誘電率を ε_0，透磁率を μ_0 とすると，c は次のように表される。

$$c = \frac{1}{\sqrt{\varepsilon_0 \mu_0}} \tag{138}$$

電気振動によって生じた電磁波の振動数 f〔Hz〕は，振動回路の固有周波数に等しい。

C 電磁波の性質

❶偏りと横波　電磁波(ここでは電波)の送信アンテナと受信アンテナの角度を **教p.350** 図137 ⓐの①のように平行にすると，電磁波をよく受信する。一方，同②のように直角にすると，電磁波を受信しにくくなる。これは，この電磁波が一定方向に偏って振動しているためで，電磁波が横波であることを示している。

❷回折と干渉　波長が長い電磁波ほど，回折しやすい性質がある。また，回折した電磁波が互いに重なりあって干渉する場合がある。

❸遮蔽　電磁波は遮蔽される性質がある。

❹反射　電磁波は金属板によって反射される。

❺屈折　電磁波をパラフィンなどの面に斜めに当てると，電磁波はそれを透過するときに屈折する。

D 電磁波の種類

電磁波は，振動数の小さい(波長の長い)ほうから順に**電波，赤外線，可視光線，紫外線，X 線，γ 線**と大きく分類される(**教p.352** 図138)。

❶電波　電波は波長が 0.1 mm 程度以上の電磁波である。

❷赤外線　赤外線は，物体からの熱放射に多く含まれ，太陽光にも多く含まれる。赤外線は，物体に当たると吸収されて熱エネルギーになりやすく，**熱線**ともよばれる。

❸可視光線　可視光線は，人の目に感じる電磁波である。

❹紫外線　紫外線は，非常に高温の物体から放射され，太陽光にも含まれる。物質に化学変化を起こさせやすいという性質をもつ。このため，紫外線は**化学線**ともよばれる。

❺X 線，γ 線　X 線やγ 線は波長がきわめて短い電磁波である。

───────────○ 問　題 ○───────────

問43
(**教p.311**)
図のように，コイルに磁石のS極を近づけるとき，コイルに流れる誘導電流の向きは①か②のどちらか。

考え方　レンツの法則を用いる。

解説&解答　コイルに磁石のS極を近づけると，コイルを貫く磁束が右向きに増加する。この変化を打ち消す向きに誘導起電力が生じるから，誘導電流は②の向きに流れる。　**答**

問44
(**教p.311**)
100 回巻きのコイルを貫く磁束が 0.10 秒間に 2.5×10^{-4} Wb 変化した。コイルの両端に生じる誘導起電力の大きさは何 V か。

考え方　ファラデーの電磁誘導の法則((79)式)を用いる。

解説&解答　(79)式より　$V = \left| -N \dfrac{\Delta \Phi}{\Delta t} \right| = 100 \times \dfrac{2.5 \times 10^{-4}}{0.10} = 0.25$ V　**答**

第❹編　電気と磁気

例題14 (教p.311)

図aのような，巻数 100，断面積 $3.0 \times 10^{-4}\,\mathrm{m^2}$ のコイル内の磁束密度 B〔T〕が，図bのグラフのように変化する。磁束密度はコイル内では一様であるとし，図aの矢印の向きを正とする。

図a

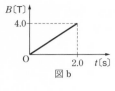
図b

(1) コイルの AB 間に生じる誘導起電力の大きさは何 V か。

(2) AB 間に抵抗をつなぐと，流れる電流の向きは①か②のどちらか。

　　① A →コイル→ B　　② B →コイル→ A

考え方 誘導起電力の大きさは，$\left|\, V = -N\dfrac{\varDelta\varPhi}{\varDelta t} \,\right|$ で求める。誘導起電力の向きは，レンツの法則で判断する。

解説&解答 (1) $\varDelta t = 2.0\,\mathrm{s}$ の間に磁束密度は $\varDelta B = 4.0\,\mathrm{T}$ だけ増加している。「$\varPhi = BS$」(70式)より，磁束の変化 $\varDelta\varPhi$ と $\varDelta B$ の間には，$\varDelta\varPhi = \varDelta B \cdot S$ が成りたつ。ファラデーの電磁誘導の法則より

$$V = \left|\, -N\frac{\varDelta\varPhi}{\varDelta t} \,\right| = N\frac{\varDelta\varPhi}{\varDelta t} = N\frac{\varDelta B \cdot S}{\varDelta t}$$

$$= 100 \times \frac{4.0 \times (3.0 \times 10^{-4})}{2.0} = \mathbf{6.0 \times 10^{-2}\,V} \quad \boxed{答}$$

(2) AB 間に抵抗をつなぐと，コイルには外から加えられた磁束の変化を打ち消すために，下向きに磁束を生じるような誘導電流（B →コイル→ A →抵抗　の向き）が流れる。よって，② 　$\boxed{答}$

類題14 (教p.311)

断面積 S〔m²〕，巻数 N のコイル内の磁束密度 B〔T〕が，図のように変化する。磁場はコイル内では一様であるとする。①～③の区間について，生じる誘導起電力の大きさをそれぞれ求めよ。

考え方 ファラデーの電磁誘導の法則(79式)を用いる。磁束密度が変化しない場合は，誘導起電力は生じない。

解説&解答 生じる誘導起電力の大きさを V〔V〕とする。

① $V = \left|\, -N\dfrac{\varDelta\varPhi}{\varDelta t} \,\right| = \left|\, -N\dfrac{\varDelta B \cdot S}{\varDelta t} \,\right| = \dfrac{NB_0 S}{T}$ 〔V〕　$\boxed{答}$

② $V = \left|\, -N\dfrac{\varDelta\varPhi}{\varDelta t} \,\right| = \mathbf{0\,V}$ 　$\boxed{答}$

③ $V = \left|\, -N\dfrac{\varDelta\varPhi}{\varDelta t} \,\right| = \left|\, -N\dfrac{(0 - B_0)S}{4T - 2T} \,\right| = \dfrac{NB_0 S}{2T}$ 〔V〕　$\boxed{答}$

第④編　電気と磁気

問45
(教p.312)
図のように，xy 平面内の $0 < x < l$ の領域に，紙面の裏から表に向かう一様な磁場が存在している。いま，正方形コイル abcd を xy 平面内で x 軸の正の向きに一定の速さで動かした。コイルの位置が，(1)～(3)の各場合について，誘導電流の流れる向きを次の①～③から選べ。

①a → b → c → d　　②d → c → b → a　　③誘導電流は流れない

(1) 　(2) 　(3)

考え方　レンツの法則を用いる。

解説&解答　磁場について，紙面の裏から表に向かう向きを正として考える。

(1) コイルを貫く正の向きの磁束が増加し，磁束の増加を打ち消す向きに誘導電流が流れる。よって，②である。**答**

(2) 磁束の変化がないため，コイルに誘導電流は流れない。③**答**

(3) コイルを貫く正の向きの磁束が減少し，磁束の減少を打ち消すように誘導電流が流れる。よって，①である。**答**

問46
(教p.314)
図のように，磁束密度が 3.5×10^{-2} T の一様な磁場内を，長さ 8.0×10^{-2} m の導線 PQ が磁場に垂直に 3.0 m/s の速さで動いている。

(1) PQ 間の誘導起電力の大きさは何 V か。

(2) 負の電荷が現れるのは，P，Q 端のどちらか。

考え方　(86)式を用いる。自由電子の集まる側が負，不足する側が正である。

解説&解答　(1) $V = vBl$

$$= 3.0 \times (3.5 \times 10^{-2}) \times (8.0 \times 10^{-2}) = \mathbf{8.4 \times 10^{-3} V}$$　**答**

(2) フレミングの左手の法則より，自由電子にはたらくローレンツ力は Q → P の向きである。よって，**P 端に負電荷が現れる。** **答**

ドリル

問a
(教p.315)
次の各場合について，誘導電流は①と②のどちらの向きに流れるか。

(1) N 極を近づける　　　　　　　(2) S 極を遠ざける

第**❹**編

電気と磁気

(3) N極を遠ざける

(4) S極を近づける

考え方　レンツの法則より，コイルを貫く磁束の変化を打ち消す向きに誘導電流が流れる。

解説&解答
(1)　コイルを下向きに貫く磁束が増加するから，
　　誘導電流の向きは② 　**答**
(2)　コイルを上向きに貫く磁束が減少するから，
　　誘導電流の向きは② 　**答**
(3)　コイルを下向きに貫く磁束が減少するから，
　　誘導電流の向きは① 　**答**
(4)　コイルを上向きに貫く磁束が増加するから，
　　誘導電流の向きは① 　**答**

問b
教p.315　次の各場合のように，平面上の一部(破線の内部)に紙面に垂直で一様な磁場がある(◉は裏から表向き，⊗は表から裏向きの磁場)。図のような向きにコイルを動かすと，誘導電流は時計回りと反時計回りのどちらに流れるか。

(1)　　　　　　　(2)　　　　　　　(3)　　　　　　　(4)

進む向き　　　　進む向き　　　　進む向き　　　　進む向き

◉磁場内　　　　⊗磁場内　　　　◉磁場内　　　　⊗磁場内

考え方　レンツの法則より，コイルを貫く磁束の変化を打ち消す向きに誘導電流が流れる。

解説&解答
(1)　コイルを裏から表に貫く磁束が増加するから，
　　誘導電流の向きは**時計回り**　**答**
(2)　コイルを表から裏に貫く磁束が減少するから，
　　誘導電流の向きは**時計回り**　**答**
(3)　コイルを裏から表に貫く磁束が減少するから，
　　誘導電流の向きは**反時計回り**　**答**
(4)　コイルを表から裏に貫く磁束が増加するから，
　　誘導電流の向きは**反時計回り**　**答**

問c
(教p.315) 次の各場合のように，一様な磁束密度 B〔T〕の磁場がある空間で，導体棒 PQ を図のような向きに動かす。誘導電流は，導体棒中を P → Q と Q → P のどちらの向きに流れるか。

(1)

(2)

(3)

(4)

考え方 レンツの法則より，抵抗と導体棒でつくる回路を貫く磁束の変化を打ち消す向きに誘導電流が流れる。

解説&解答 (1) 回路を上向きに貫く磁束が増加するから，
誘導電流の向きは **Q → P** 　答

(2) 回路を下向きに貫く磁束が増加するから，
誘導電流の向きは **P → Q** 　答

(3) 回路を下向きに貫く磁束が減少するから，
誘導電流の向きは **Q → P** 　答

(4) 回路を上向きに貫く磁束が減少するから，
誘導電流の向きは **P → Q** 　答

例題15
(教p.317) 図のように，鉛直上向きの一様な磁束密度 B〔T〕の磁場内に，l〔m〕の間隔で水平に置かれた2本の導線レール ab，cd がある。bd 間を R〔Ω〕の抵抗でつなぎ，レール上に軽くて抵抗の無視できる導体棒 PQ を置く。これにひもをつけて引き，右向きに一定の速さ v〔m/s〕で動かす。導体棒はレールと垂直を保ちながら，なめらかに動くものとする。

(1) 導体棒 PQ 間に流れる電流の大きさ I〔A〕と向きを求めよ。
(2) 時間 t〔s〕の間に抵抗で発生するジュール熱 Q〔J〕を求めよ。
(3) 導体棒 PQ をひもで t〔s〕間引くときの，ひもを引く力のする仕事 W〔J〕を求めよ。

考え方 (3) ひもを引く力は，導体棒が磁場から受ける力と同じ大きさで，逆向きの力となる。

解説&解答 (1)　導体棒 PQ 間には，Q→P の向きの誘導起電力が生じる。よって，電流の向きは **Q→P** である。誘導起電力の大きさは $V = vBl$ 〔V〕であるから，電流の大きさは

$$I = \frac{V}{R} = \frac{vBl}{R}\text{〔A〕}　\boxed{答}$$

(2)　抵抗で発生するジュール熱は

$$Q = I^2Rt = \frac{v^2B^2l^2t}{R}\text{〔J〕}　\boxed{答}$$

(3)　導体棒が磁場から受ける力の大きさ F〔N〕は

$$F = IBl = \frac{vBl}{R}\cdot Bl = \frac{vB^2l^2}{R}\text{〔N〕}$$

速さを一定に保つには，この F と同じ大きさで逆向きに引き続ければよい。t〔s〕間の導体棒の移動距離は $x = vt$〔m〕より

$$W = Fx = \frac{vB^2l^2}{R}\cdot vt = \frac{v^2B^2l^2t}{R}\text{〔J〕}　\boxed{答}$$

類題15
(教p.317) 図のように，鉛直上向きの一様な磁束密度 B〔T〕の磁場内に，間隔 l〔m〕の２本の平行な導線レールを水平に置く。レールの端を起電力 E〔V〕の電池でつなぎ，レール上に抵抗値 R〔Ω〕の導体棒 PQ を置くと，導体棒は動きだした。導体棒はレールと垂直を保ちながら，なめらかに動くものとする。その後，導体棒が図の向きに速さ v〔m/s〕で動いているとき，次の問いに答えよ。

(1)　導体棒 PQ 間に生じる誘導起電力の大きさ V〔V〕を求めよ。
(2)　導体棒 PQ 間に流れる電流の大きさ I〔A〕と向きを求めよ。
(3)　導体棒が磁場から受ける力の大きさ F〔N〕を求めよ。

考え方 誘導起電力の大きさは80式，電流の大きさはキルヒホッフの法則Ⅱ，磁場から受ける力は69式を用いる。

解説&解答 (1)　80式より，$V = vBl$〔V〕　$\boxed{答}$
(2)　導体棒 PQ 間には，Q→P の向きの誘導起電力が生じる。
キルヒホッフの法則Ⅱより　$E - vBl = RI$

よって　$I = \dfrac{E - vBl}{R}$〔A〕　　向きは **P→Q の向き**　$\boxed{答}$

(3)　69式より

$$F = IBl = \frac{E - vBl}{R}\cdot Bl = \frac{(E - vBl)Bl}{R}\text{〔N〕}　\boxed{答}$$

考 **問47**
(教p.318)

図のように，水平に固定したプラスチック定規の端に1円玉（アルミニウム製）を貼りつけた付せん紙をとりつける。磁石のN極を，1円玉に近づけた位置からすばやく遠ざけたとき，1

円玉に生じる渦電流の向きは，図の右側から見て時計回りか反時計回りのどちらか。

考え方 渦電流は，磁束の変化を打ち消す向きに流れる誘導電流である。

解説&解答 初め，1円玉は磁石のN極がつくる左向きの磁束が貫いている。N極を遠ざけると，左向きの磁束の減少を打ち消す向きに渦電流が生じるから，右側から見て，**時計回り。** 答

問48
(教p.322)

自己インダクタンス 0.10 H のコイルに流れる電流が 5.0×10^{-3} 秒間に一様に 75 mA 減少した。このとき生じる誘導起電力の大きさは何 V か。

考え方 自己誘導の式（(93)式）を用いる。

解説&解答 $V = \left| -L \dfrac{\Delta I}{\Delta t} \right| = 0.10 \times \dfrac{75 \times 10^{-3}}{5.0 \times 10^{-3}} = \mathbf{1.5\,V}$ 答

考 **問49**
(教p.322)

断面積 S，長さ l，巻数 N のソレノイドコイルに I の電流を流す。透磁率を μ_0 とし，コイルの内部には一様な磁場が生じるものとする。

(1) コイルを貫く磁束 Φ を，S，l，N，I，μ_0 を用いて表せ。

(2) コイルを流れる電流が Δt の間に ΔI 変化するとき，コイルに生じる誘導起電力の大きさ V を，S，l，N，μ_0，Δt，ΔI を用いて表せ。

(3) このコイルの自己インダクタンス L を，S，l，N，μ_0 を用いて表せ。

考え方 誘導起電力を「$V = \left| -N \dfrac{\Delta \Phi}{\Delta t} \right|$」（(79)式）より求め，自己誘導の式「$V = \left| -L \dfrac{\Delta I}{\Delta t} \right|$」（(93)式）と比較して自己インダクタンスを求める。

解説&解答 (1) 単位長さ当たりの巻数は $n = \dfrac{N}{l}$ であるから，「$H = nI$」（(62)式），「$\vec{B} = \mu \vec{H}$」（(67)式）より

$$\Phi = BS = \mu_0 HS = \frac{\mu_0 NSI}{l}$$ 答

(2) このときの磁束の変化を $\Delta \Phi$ とすると，(1)の結果より

$$\Delta \Phi = \frac{\mu_0 NS}{l} \Delta I$$

(79)式より $V = \left| -N \dfrac{\Delta \Phi}{\Delta t} \right| = \left| -N \cdot \dfrac{\mu_0 NS}{l} \cdot \dfrac{\Delta I}{\Delta t} \right| = \dfrac{\mu_0 N^2 S}{l} \left| \dfrac{\Delta I}{\Delta t} \right|$ 答

(3) (93)式より $V = \left| -L \dfrac{\Delta I}{\Delta t} \right| = L \left| \dfrac{\Delta I}{\Delta t} \right|$

これと(2)の結果を比較して $L = \dfrac{\mu_0 N^2 S}{l}$ 答

第**4**編

電気と磁気

問50
(教p.323)
自己インダクタンスが 0.10 H のコイルに 0.20 A の電流が流れているとき, このコイルが蓄えているエネルギーは何 J か。

考え方　コイルに蓄えられるエネルギーの式（⑼式）を用いる。

解説&解答　$U = \dfrac{1}{2}LI^2 = \dfrac{1}{2} \times 0.10 \times 0.20^2 = \mathbf{2.0 \times 10^{-3}J}$　答

問51
(教p.324)
図のように, コイル1とコイル2を共通の鉄心に取りつける。このときの, コイル間の相互インダクタンスを 0.15 H とする。コイル1に流れる電流を1秒当たり 0.30 A の割合で増加させた。コイル2に生じる誘導起電力の大きさは何 V か。

考え方　相互誘導の式（⑽式）を用いる。

解説&解答　$V = \left| -M\dfrac{\varDelta I_1}{\varDelta t} \right| = 0.15 \times \dfrac{0.30}{1} = \mathbf{4.5 \times 10^{-2}V}$　答

例題16
(教p.325)
図のような, 自己インダクタンス 0.20 H のコイル, 抵抗値 40 Ω の抵抗, 起電力 20 V の電源, スイッチが接続された回路がある。

(1)　スイッチを閉じた直後に, 回路に流れる電流 I_0 は何 A か。

(2)　スイッチを閉じてから十分に時間が経過したとき, 回路に流れる電流 I は何 A か。

(3)　(2)のとき, コイルが蓄えているエネルギーは何 J か。

考え方　スイッチを閉じた直後は, コイルの自己誘導によって, コイルに流れる電流が増加するのを妨げる向きの誘導起電力が生じるため, 電流は瞬時には変化しない。

解説&解答　(1)　スイッチを閉じた直後は, コイルに流れる電流が増加するのを妨げる向きに誘導起電力が生じるため, 回路を流れる電流は瞬時には変化しない。よって

　　　　$I_0 = \mathbf{0A}$　答

(2)　スイッチを閉じてから十分に時間が経過すると, コイルに流れる電流は一定になるため, コイルには誘導起電力が生じなくなる。よって, オームの法則「$V = RI$」（㉜式）より

　　　　$I = \dfrac{20}{40} = \mathbf{0.50A}$　答

(3)　コイルに蓄えられるエネルギーの式「$U = \dfrac{1}{2}LI^2$」（⑼式）より

　　　　$U = \dfrac{1}{2} \times 0.20 \times 0.50^2 = \mathbf{2.5 \times 10^{-2}J}$　答

類題16
(教p.325)

図のように，抵抗値 R_1, R_2〔Ω〕の抵抗，コイル，起電力 E〔V〕の電池，スイッチが接続された回路がある。次の各場合について，R_1〔Ω〕の抵抗を流れる電流 I〔A〕とコイルに生じる誘導起電力の大きさ V〔V〕を求めよ。

(1) スイッチを閉じた直後
(2) スイッチを閉じてから十分に時間が経過したとき

考え方 スイッチを閉じた直後は，コイルに誘導起電力が生じる。十分に時間が経過すると，コイルに誘導起電力は生じない。

解説&解答 (1) スイッチを閉じた直後は，コイルに誘導起電力が生じ，電流が流れるのを妨げるため，電流は R_2 側に流れる。キルヒホッフの法則Ⅱより

$$E = R_1 I + R_2 I \quad \text{よって} \quad I = \frac{E}{R_1 + R_2} \text{〔A〕} \quad \boxed{答}$$

コイルに生じる誘導起電力の大きさ V は，R_2 の両端の電圧に等しいから

$$V = R_2 I = \frac{R_2 E}{R_1 + R_2} \text{〔V〕} \quad \boxed{答}$$

(2) 十分に時間が経過したとき，電流はコイル側のみに流れる。

$$E = R_1 I \quad \text{より} \quad I = \frac{E}{R_1} \text{〔A〕} \quad \boxed{答}$$

このとき，コイルには誘導起電力は生じない。$V = 0\text{V}$ $\boxed{答}$

問52
(教p.329)

500 W の電気器具を実効値 100 V の交流電圧で使うとき，流れる電流の実効値 I_e〔A〕と最大値 I_0〔A〕を求めよ。

考え方 500 W の電気器具の電力は平均電力。$\overline{P} = I_e V_e$ である。$I_0 = \sqrt{2}\,I_e$ が交流電流の最大値と実効値の関係式。

解説&解答 電流の実効値は $I_e = \dfrac{\overline{P}}{V_e} = \dfrac{500}{100} = 5.00\text{A}$ $\boxed{答}$

電流の最大値は $I_0 = \sqrt{2}\,I_e \fallingdotseq 7.07\text{A}$ $\boxed{答}$

問53
(教p.330)

変圧器を使って 100 V の交流電圧を 25 V にしたい。二次コイルの巻数は，一次コイルの巻数の何倍にすればよいか。

考え方 一次コイルと二次コイルの交流電圧（実効値）の比 $V_{1e} : V_{2e}$ は，一次コイルと二次コイルの巻数の比 $N_1 : N_2$ に等しい。

解説&解答 「$V_{1e} : V_{2e} = N_1 : N_2$」より　$100 : 25 = N_1 : N_2$

よって　$N_2 = 0.25 N_1$ **0.25 倍** $\boxed{答}$

第**4**編

電気と磁気

問54
（教p.330）

抵抗値 5Ω の送電線で送電する。送電電力が 1000W の場合，電圧の実効値が 100V と 1000V のときでは，どちらが送電線で失われる電力が大きいか。

考え方 電力の式「$P = IV = I^2R$」（42式）より，電力は電流の2乗に比例する。

解説＆解答 電圧の実効値が 100V，1000V のときに送電線を流れる電流の実効値をそれぞれ I_{100}，I_{1000} とすると，（42式より

$$I_{100} = \frac{1000}{100} = 10\,\text{A}, \quad I_{1000} = \frac{1000}{1000} = 1\,\text{A}$$

したがって，（42式より，送電線で失われる電力が大きいのは，電流の大きい **100V** のときである。　**答**

問55
（教p.333）

自己インダクタンス 0.32H のコイルに周波数 50Hz，実効値 100V の交流電圧を加えた。流れる電流の実効値は何 A か。

考え方 コイルのリアクタンスは $X_L = \omega L = \dfrac{V_{Le}}{I_{Le}}$（$\omega = 2\pi f$）である。

解説＆解答 $I_{Le} = \dfrac{V_{Le}}{\omega L} = \dfrac{V_{Le}}{2\pi f L}$

$$= \frac{100}{2 \times 3.14 \times 50 \times 0.32} = 0.995\cdots \fallingdotseq \mathbf{1.0\,A} \quad \textbf{答}$$

問56
（教p.335）

電気容量 32μF のコンデンサーに，周波数 50Hz，実効値 100V の交流電圧を加えた。流れる電流の実効値は何 A か。

考え方 コンデンサーのリアクタンスは $X_C = \dfrac{1}{\omega C} = \dfrac{V_{Ce}}{I_{Ce}}$（$\omega = 2\pi f$）である。

解説＆解答 $I_{Ce} = \omega C V_{Ce} = 2\pi f C V_{Ce} = 2 \times 3.14 \times 50 \times (32 \times 10^{-6}) \times 100$

$$= 1.0048 \fallingdotseq \mathbf{1.0\,A} \quad \textbf{答}$$

参考

問a
（教p.337）

時刻 t〔s〕において $V = 2.5\sin100\pi t$ と表される周波数 50Hz の交流電圧 V〔V〕を，コイル（自己インダクタンス 0.10H），コンデンサー（電気容量 30μF）にそれぞれ加える。コイルとコンデンサーに流れる電流 I_L，I_C〔A〕をそれぞれ式で表せ。答えには，π を用いてよい。

考え方 コイルのリアクタンスの式（112，113式），コンデンサーのリアクタンスの式（117，118式）を用いる。

解説＆解答 $V = 2.5\sin100\pi t$ より

交流電圧の最大値　$V_0 = 2.5\,\text{V}$

角周波数　$\omega = 100\pi\,\text{rad/s}$　である。

コイルに流れる電流の最大値を I_{L0}〔A〕とすると，（112，113式より

$$I_{L0} = \frac{V_{L0}}{\omega L} = \frac{2.5}{100\pi \times 0.10} = \frac{0.25}{\pi}\,\text{A}$$

コイルに流れる電流の位相は，コイルに加わる電圧の位相よりも$\dfrac{\pi}{2}$だけ遅れるから

$$I_{\mathrm{L}} = I_{\mathrm{L0}}\sin\left(\omega t - \dfrac{\pi}{2}\right) = -\dfrac{0.25}{\pi}\cos 100\pi t \,[\mathrm{A}]\quad \boxed{答}$$

コンデンサーに流れる電流の最大値を$I_{\mathrm{C0}}[\mathrm{A}]$とすると，(117)，(118)式より

$$I_{\mathrm{C0}} = \omega C V_{\mathrm{C0}} = 100\pi \times (30 \times 10^{-6}) \times 2.5 = 7.5 \times 10^{-3}\pi \,\mathrm{A}$$

コンデンサーに流れる電流の位相は，コンデンサーに加わる電圧の位相よりも$\dfrac{\pi}{2}$だけ進むから

$$I_{\mathrm{C}} = I_{\mathrm{C0}}\sin\left(\omega t + \dfrac{\pi}{2}\right) = 7.5 \times 10^{-3}\pi\cos 100\pi t \,[\mathrm{A}]\quad \boxed{答}$$

問57
(教p.339)
$R\,[\Omega]$の抵抗，自己インダクタンス$L\,[\mathrm{H}]$のコイル，電気容量$C\,[\mathrm{F}]$のコンデンサーに，それぞれ実効値$V_{\mathrm{e}}\,[\mathrm{V}]$の電圧を加える。消費電力の時間平均をそれぞれ求めよ。

考え方　コイル・コンデンサーでは，電力の正負は一定時間ごとに入れかわるから，電力の時間平均は 0 である。

解説&解答
抵抗：$\overline{P_{\mathrm{R}}} = I_{\mathrm{e}}V_{\mathrm{e}} = \dfrac{V_{\mathrm{e}}^{2}}{R}\,[\mathrm{W}]$　$\boxed{答}$

コイル：$\overline{P_{\mathrm{L}}} = 0\,\mathrm{W}$　$\boxed{答}$

コンデンサー：$\overline{P_{\mathrm{C}}} = 0\,\mathrm{W}$　$\boxed{答}$

問58
(教p.340)
抵抗，コイル，コンデンサーの直列回路に交流電圧を加えた。抵抗，コイル，コンデンサーに加わる交流電圧の実効値がそれぞれ 4.0 V，5.0 V，2.0 V であるとき，回路全体に加わる交流電圧の実効値は何 V か。

考え方　実効値でも最大値の式((126)式)と同様の関係が成りたつ。

解説&解答　$V_{\mathrm{e}} = \sqrt{V_{\mathrm{Re}}^{2} + (V_{\mathrm{Le}} - V_{\mathrm{Ce}})^{2}} = \sqrt{4.0^{2} + (5.0 - 2.0)^{2}} = \mathbf{5.0\,V}$　$\boxed{答}$

問59
(教p.340)
抵抗とコイルとコンデンサーを直列接続した回路に実効値 3.0 V の交流電圧を加えたところ，回路には実効値 2.0 A の電流が流れた。この回路のインピーダンスは何Ωか。

考え方　交流回路のインピーダンスの式((129)式)を用いる。

解説&解答　(129)式より　$Z = \dfrac{V_{\mathrm{e}}}{I_{\mathrm{e}}} = \dfrac{3.0}{2.0} = \mathbf{1.5\,\Omega}$　$\boxed{答}$

問60
(教p.342)
$R\,[\Omega]$の抵抗と，電気容量$C\,[\mathrm{F}]$のコンデンサーの直列回路に角周波数ω〔rad/s〕の交流電圧を加える。この回路のインピーダンスを求めよ。

考え方　直列回路より，電流を基準にとって考える。交流回路のインピーダンスの式(⑫式)を用いる。

解説&解答　交流電圧と交流電流の最大値をそれぞれ V_0〔V〕，I_0〔A〕とすると，これらの関係は右図のようになるので

$$V_0 = I_0\sqrt{R^2 + \frac{1}{\omega^2 C^2}}$$

⑫式より　$Z = \dfrac{V_0}{I_0} = \sqrt{R^2 + \dfrac{1}{\omega^2 C^2}}$〔Ω〕　**答**

問61
(教 p.343)
50Ωの抵抗と，コイル，コンデンサーの直列回路に実効値 100 V の交流電圧を加えたところ，回路には実効値 0.40 A の電流が流れた。この回路全体の消費電力の時間平均を求めよ。

考え方　コイル，コンデンサーの消費電力の時間平均はいずれも 0 である。⑬式を用いる。

解説&解答　⑬式より　$\overline{P} = RI_e^2 = 50 \times 0.40^2 = 8.0\,\text{W}$　**答**

思考学習●●● スピーカーと交流回路　　　　　　　　　教 p.343

　スピーカーは，電気信号(さまざまな周波数の交流からなる)を音(空気の振動)に変換する装置であり，交流の周波数が音の周波数となる。また，人が聞くことのできる音の振動数は，約 20 Hz ～ 20 kHz と広いが，1 つのスピーカーでは，よい音質で出せる周波数の範囲に限りがある。そのため，高音用と低音用のスピーカーといったように，複数のスピーカーを組み合わせた音響装置が多い。図は，音響装置の回路の例である。以下，回路内の抵抗を無視する。

考察1　図の音響装置は，高音用スピーカーには高い周波数の交流が，低音用スピーカーには低い周波数の交流が流れるようにすることで，さまざまな周波数の音が出せるようにしている。高音用のスピーカーは，A と B のうちどちらだろうか。理由とともに答えよ。

考察2　高音用，低音用のスピーカーから出力される音の位相は，同位相のほうが好ましい。音の位相は交流電流の位相に影響されるので，交流電流の位相を考慮する必要がある。コンデンサーに流れる電流の位相は，コイルに流れる電流の位相と比べてどうなっているだろうか。ただし，電流は図の矢印の向きを正とする。

考え方　考察**1**では，リアクタンスが小さいほど電流が流れやすくなることを用いる。考察**2**では，スピーカー A，B が並列で，電圧が共通であることを用いる。

解説&解答　考察**1**　**コイルのリアクタンスは周波数に比例するが，コンデンサーのリアクタンスは周波数に反比例する。つまり，交流の周波数が高くなるほどリアクタンスが小さくなり，電流が流れやすくなるのはコンデンサーのほうである。よって，高音用のスピーカーは A である。**　答

考察**2**　交流電圧に対する交流電流の位相は，コンデンサーでは $\frac{\pi}{2}$ 進み，コイルでは $\frac{\pi}{2}$ 遅れるので，コンデンサーに流れる電流の位相は，コイルに流れる電流の位相に比べて **π 進んでいる。**　答

例題17
（数p.344）

図のように，40Ωの抵抗 R，自己インダクタンス 0.20 H のコイル L，電気容量 5.0×10^2 μF のコンデンサー C を直列接続し，交流電圧を加える。交流電圧の実効値を 1.0×10^2 V，周波数を $f = \dfrac{2.0 \times 10^2}{2\pi}$ Hz（≒32 Hz）とする。

1.0×10^2 V

(1)　コイル L のリアクタンス X_L〔Ω〕を求めよ。
(2)　コンデンサーのリアクタンス X_C〔Ω〕を求めよ。
(3)　回路全体のインピーダンス Z〔Ω〕を求めよ。
(4)　回路を流れる交流電流の実効値 I_e〔A〕を求めよ。

考え方　交流電圧の周波数 f から，「$\omega = 2\pi f$」の関係を用いて，交流電圧の角周波数 ω を求める。

解説&解答　交流電圧の角周波数を ω〔rad/s〕とおく。「$\omega = 2\pi f$」より
$$\omega = 2\pi f = 2.0 \times 10^2 \, \text{rad/s}$$

(1)　⑪式より
$$X_L = \omega L = (2.0 \times 10^2) \times 0.20 = \mathbf{40\,\Omega} \quad 答$$

(2)　⑱式より
$$X_C = \frac{1}{\omega C} = \frac{1}{(2.0 \times 10^2) \times (5.0 \times 10^2 \times 10^{-6})} = \mathbf{10\,\Omega} \quad 答$$

(3)　この回路は直列回路であるから，⑬⓪式より
$$Z = \sqrt{R^2 + \left(\omega L - \frac{1}{\omega C}\right)^2} = \sqrt{40^2 + (40 - 10)^2} = \mathbf{50\,\Omega} \quad 答$$

(4)　⑫⑨式より
$$I_e = \frac{V_e}{Z} = \frac{1.0 \times 10^2}{50} = \mathbf{2.0\,A} \quad 答$$

第**❹**編　電気と磁気

第④編 電気と磁気

類題17 **(教p.344)** 図のように，30Ωの抵抗 R，自己インダクタンス 0.15H のコイル L，および電気容量 25μF のコンデンサー C を直列接続し，交流電圧を加える。交流電圧の実効値を 20V，角周波数を $\omega = 4.0 \times 10^2$ rad/s とする。

(1) 回路全体のインピーダンス Z 〔Ω〕を求めよ。

(2) 回路を流れる交流電流の実効値 I_e 〔A〕を求めよ。

(3) この回路の消費電力の時間平均 $\overline{P}$ 〔W〕を求めよ。

考え方 それぞれ，(130)式，(129)式，(132)式を用いる。

解説&解答 (1) コイルのリアクタンスは

$$X_L = \omega L = (4.0 \times 10^2) \times 0.15 = 60\,\Omega$$

コンデンサーのリアクタンスは

$$X_C = \frac{1}{\omega C} = \frac{1}{(4.0 \times 10^2) \times (25 \times 10^{-6})} = 100\,\Omega$$

よって，回路全体のインピーダンスは

$$Z = \sqrt{R^2 + \left(\omega L - \frac{1}{\omega C}\right)^2} = \sqrt{30^2 + (60-100)^2} = \mathbf{50\,\Omega} \quad \boxed{答}$$

(2) $I_e = \dfrac{V_e}{Z} = \dfrac{20}{50} = \mathbf{0.40\,A}$ 　$\boxed{答}$

(3) $\overline{P} = R I_e^2 = 30 \times 0.40^2 = \mathbf{4.8\,W}$ 　$\boxed{答}$

問62 **(教p.345)** 抵抗と，自己インダクタンス 0.50H のコイルと，電気容量 8.0μF のコンデンサーの直列回路の共振周波数は何 Hz か。

考え方 共振周波数の式((134)式)を用いる。

解説&解答 (134)式より

$$f_0 = \frac{1}{2\pi\sqrt{LC}} = \frac{1}{2 \times 3.14 \times \sqrt{0.50 \times (8.0 \times 10^{-6})}}$$
$$= 79.6\cdots \fallingdotseq \mathbf{80\,Hz} \quad \boxed{答}$$

問63 **(教p.347)** 図のように，自己インダクタンス 4.0×10^{-3}H のコイルと，電気容量 2.5×10^{-10}F のコンデンサーを接続する。コンデンサーを電圧 2.0V で充電してから，スイッチを入れると回路には振動電流が流れた。

スイッチ

(1) 振動電流の周期 T〔s〕と周波数 f〔Hz〕を求めよ。

(2) 振動電流が最大となる瞬間，コイルが蓄えているエネルギーは何 J か。

(3) 振動電流の最大値は何 A か。

考え方 それぞれ，(136)式，(30)式，(94)式を用いる。

解説&解答 (1) $T = 2\pi\sqrt{LC} = 2 \times 3.14 \times \sqrt{(4.0 \times 10^{-3}) \times (2.5 \times 10^{-10})}$
$$= 6.28 \times 10^{-6} \fallingdotseq \mathbf{6.3 \times 10^{-6}\,s} \quad \boxed{答}$$

$$f = \frac{1}{T} = \frac{1}{6.28 \times 10^{-6}} = 1.59\cdots \times 10^5 \fallingdotseq \mathbf{1.6 \times 10^5\,Hz}$$ 答

(2)　スイッチを入れる前，コンデンサーが蓄えているエネルギーは

$$U = \frac{1}{2}CV^2 = \frac{1}{2} \times (2.5 \times 10^{-10}) \times 2.0^2 = 5.0 \times 10^{-10}\,J$$

振動電流が最大となる瞬間，このエネルギーがすべてコイルに蓄えられている。よって　$\mathbf{5.0 \times 10^{-10}\,J}$　答

(3)　「$U = \frac{1}{2}LI_0^2$」より

$$5.0 \times 10^{-10} = \frac{1}{2} \times (4.0 \times 10^{-3}) \times I_0^2$$

よって　$I_0 = \mathbf{5.0 \times 10^{-4}\,A}$　答

問64
(教p.349)　周波数が $90\,MHz$（M は 10^6 を表す）の FM ラジオの電波の波長は何 m か。光の速さを $3.0 \times 10^8\,m/s$ とする。

考え方　波長 $\lambda\,[m]$ と周期 $f\,[Hz]$ の関係は，波の速さを $v\,[m/s]$ とすると，「$v = f\lambda$」である。電磁波の速さは $c = 3.0 \times 10^8\,m/s$ であるので，「$c = f\lambda$」となる。

解説&解答　「$c = f\lambda$」より　$\lambda = \dfrac{c}{f} = \dfrac{3.0 \times 10^8}{90 \times 10^6} = 3.33\cdots \fallingdotseq \mathbf{3.3\,m}$　答

考　問65
(教p.350)　家庭用無線 LAN の周波数帯には，$2.4\,GHz$ 帯と $5\,GHz$ 帯がある。この 2 つの周波数帯のうち，電子レンジと近い場所で同時に使用すると，つながりにくくなるのはどちらだろうか。電子レンジは電磁波を利用して加熱する機器であることと，**教** p.352 図 138 を参考にして，理由とともに答えよ。

考え方　電子レンジで使用している電磁波の周波数に近い周波数帯のほうが影響を受けやすい。

解説&解答　**電子レンジの電磁波の周波数は約 2.4 GHz であり，これと近い 2.4 GHz 帯は電子レンジの電磁波の影響を受けやすくなるので，つながりにくくなる。**　答

演習問題

教 p.353 ～ p.354

1　図のように，1辺の長さ $2l\,[m]$ の正方形 ABCD の部分に，紙面に垂直で表から裏に向かう磁束密度 $B\,[T]$ の一様な磁場がある。1辺の長さが $l\,[m]$ の1巻きの正方形コイル abcd を紙面上に置き，x 軸の正の向きに一定の速さ $v\,[m/s]$ で動かす。ただし，コイルの抵抗は $R\,[\Omega]$ とし，辺 bc および辺 BC は x 軸に平行で，辺 ab が辺 CD と重なった時刻を $t = 0\,s$ とする。

(1) コイルを貫く磁束 ϕ〔Wb〕の時間変化を，磁場の向きを正として，グラフに表せ。

(2) コイルに流れる電流 I〔A〕の時間変化をグラフに表せ。ただし，紙面の上から見てコイルを時計回りに流れる電流の向きを正とする。

(3) コイルが磁場から受ける力 F〔N〕の時間変化をグラフに表せ。ただし，x 軸の正の向きを正とする。

(4) コイルが磁束部分を通過し終えるまでに，コイルで生じたジュール熱を求めよ。

(5) コイルが磁束部分を通過し終えるまでに，コイルを動かすために外力のした仕事を求めよ。

考え方 コイルが磁場を通過する時間を，$0 \leqq t \leqq \dfrac{l}{v}$，$\dfrac{l}{v} \leqq t \leqq \dfrac{2l}{v}$，

$\dfrac{2l}{v} \leqq t \leqq \dfrac{3l}{v}$ の3つに分けて考える。

解説&解答 (1) $0 \leqq t \leqq \dfrac{l}{v}$ のとき，コイルを

貫く磁束は0から一定の割合で増加する。

$\dfrac{l}{v} \leqq t \leqq \dfrac{2l}{v}$ のとき，コイル全

体が磁場に入っているので，コイルを貫く磁束は一定で変わらない。このとき，コイルの面積 $S = l^2$ より，コイルを貫く磁束は

$$\phi = BS = Bl^2 〔\text{Wb}〕$$

$\dfrac{2l}{v} \leqq t \leqq \dfrac{3l}{v}$ のとき，コイルを貫く磁束は一定の割合で減少し，

$t = \dfrac{3l}{v}$ で0になる。 **答**

(2) コイルを貫く磁束が変化してい

る間だけ，誘導起電力 V が生じ，

誘導電流 I が流れる。$0 \leqq t \leqq \dfrac{l}{v}$

のとき

$$V = -\frac{\varDelta \phi}{\varDelta t} = -\frac{Bl^2}{\dfrac{l}{v}}$$

$$= -vBl 〔\text{V}〕$$

よって $I = \dfrac{V}{R} = -\dfrac{vBl}{R} 〔\text{A}〕$

$\dfrac{2l}{v} \leqq t \leqq \dfrac{3l}{v}$ のとき，$I = \dfrac{vBl}{R} 〔\text{A}〕$ **答**

第**4**編 電気と磁気

(3)　$0 \leqq t \leqq \dfrac{l}{v}$ のとき，コイルの

辺 ab に流れる電流は，磁場か

ら速度と逆向きの力 F を受け

る。

$$F = IBl = -\dfrac{vBl}{R} \cdot Bl$$

$$= -\dfrac{vB^2l^2}{R} \text{[N]}$$

$\dfrac{2l}{v} \leqq t \leqq \dfrac{3l}{v}$ のとき，コイルの辺 cd に流れる電流は，磁場から速

度と逆向きの力 F を受ける。　答

(4)　$0 \leqq t \leqq \dfrac{l}{v}$ のときに生じたジュール熱を Q_1 [J] とすると，

「$Q = I^2Rt$」より

$$Q_1 = \left(-\dfrac{vBl}{R}\right)^2 \times R \times \dfrac{l}{v} = \dfrac{vB^2l^3}{R} \qquad \cdots\cdots①$$

$\dfrac{l}{v} \leqq t \leqq \dfrac{2l}{v}$ のときは，ジュール熱は発生しない。　　　$\cdots\cdots②$

$\dfrac{2l}{v} \leqq t \leqq \dfrac{3l}{v}$ のときは，①と同じだけジュール熱が発生する。

$\qquad\qquad\qquad\qquad\qquad\qquad\qquad\qquad\qquad\qquad\qquad\cdots\cdots③$

よって　①+②+③$= \dfrac{vB^2l^3}{R} + 0 + \dfrac{vB^2l^3}{R} = \boldsymbol{\dfrac{2vB^2l^3}{R}}$ [J]　答

(5)　大きさ $|F|$ の外力を右向きに加えて，距離 $x = 2l$ だけ動か

したので，仕事は

$$W = |F| \cdot x = \dfrac{vB^2l^2}{R} \cdot 2l = \boldsymbol{\dfrac{2vB^2l^3}{R}} \text{[J]}　答$$

2　図のように，水平で一様な磁束密度 B [T] の磁場内で，コの字
形に曲げた金属柱を磁場に垂直な面内で鉛直に立てる。この金属
柱に長さ l [m]，質量 m [kg] の導体棒を常に水平に保ち，両端が
金属柱に接してなめらかに動けるようにはめた。導体棒の抵抗値
は R [Ω] であり，コの字形の金属柱の抵抗は無視できる。この導
体棒を落下させたところ，やがて導体棒の速さが一定となった。
自己誘導は無視でき，重力加速度の大きさを g [m/s²] とする。

(1)　導体棒の速さが一定のとき，導体棒にはたらく力はつりあっ
ている。導体棒を流れる電流の大きさ I [A] を求めよ。

(2)　導体棒に生じる誘導起電力を考えることにより，導体棒の速さ v [m/s] を求め
よ。

考え方　導体棒にはたらく力は，電流が磁場から受ける力と重力である。

解説&解答　(1)　電流が磁場から受ける力と重力がつりあっているから

$$IBl - mg = 0 \quad \text{よって} \quad I = \frac{mg}{Bl} \text{[A]} \quad \boxed{答}$$

(2) 導体棒の両端に生じる誘導起電力の大きさは，$V = vBl$ [V] であるので，オームの法則より

$$I = \frac{V}{R} = \frac{vBl}{R}$$

(1)の結果より

$$\frac{vBl}{R} = \frac{mg}{Bl} \quad \text{よって} \quad v = \frac{mgR}{B^2l^2} \text{[m/s]} \quad \boxed{答}$$

3 図のように，コイル1とコイル2が鉄心に巻いてある。コイル間の相互インダクタンスが 0.50 H のとき，コイル1を矢印の向きに流れる電流 I_1 [A] をグラフのように変化させる。コイル2の端子電圧 V_2 [V] の時間変化をグラフで示せ。ただし，端子電圧は，図の矢印の向きに電流が流れるときを正とする。

(考え方) 相互誘導の式「$V_2 = -M\dfrac{\Delta I_1}{\Delta t}$」（95式）を用いる。

(解説&解答) 95式より　時刻 $0 \sim 1.0$ s：$V_2 = -0.50 \times \dfrac{3.0 - 0}{1.0 - 0} = -1.5$ V

時刻 $1.0 \sim 3.0$ s：$V_2 = -0.50 \times \dfrac{3.0 - 3.0}{3.0 - 1.0} = 0$ V

時刻 $3.0 \sim 6.0$ s：$V_2 = -0.50 \times \dfrac{0 - 3.0}{6.0 - 3.0} = 0.50$ V

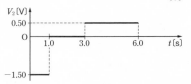

$\boxed{答}$

4 電源電圧が 5.0 V で，周波数を $0.10 \sim 10$ kHz の範囲で変えることのできる交流電源と，自己インダクタンス 25 mH のコイル，電気容量 10 μF のコンデンサーがある。空欄を，数値で埋めよ。なお，問題中の電圧，電流の値はすべて実効値とする。

(1) コイルを交流電源につないで周波数を $\boxed{\text{ア}}$ kHz にするとき，コイルに流れる電流は最も大きく，$\boxed{\text{イ}}$ A である。このときのコイルのリアクタンスは $\boxed{\text{ウ}}$ Ω である。

(2) コンデンサーを交流電源につないで周波数を $\boxed{\text{エ}}$ kHz にするとき，コンデンサーに流れる電流は最も大きく，$\boxed{\text{オ}}$ A である。このときのコンデンサーのリアクタンスは $\boxed{\text{カ}}$ Ω である。

(3)　コイルとコンデンサーを直列に接続し，さらに抵抗値の十分小さい抵抗を直列に接続する。この回路を交流電源につなぎ周波数を □ キ □ kHz にすると，回路に流れる電流は最も大きくなる。

考え方　コイルのリアクタンスは周波数に比例する。コンデンサーのリアクタンスは周波数に反比例する。

解説&解答　(1)　交流の周波数が小さいほど，コイルのリアクタンスは小さくなり，コイルに流れる電流は大きくなる。

(ア)　周波数 $f = 0.10\,\mathbf{kHz}$ のとき　**答**

(ウ)　$X_\mathrm{L} = 2\pi f L = 2 \times 3.14 \times (0.10 \times 10^3) \times (25 \times 10^{-3})$
$= 15.7 \fallingdotseq 16\,\Omega$　**答**

(イ)　$I_\mathrm{Le} = \dfrac{V_\mathrm{e}}{X_\mathrm{L}} = \dfrac{5.0}{15.7} \fallingdotseq 0.32\,\mathbf{A}$　**答**

(2)　交流の周波数が大きいほど，コンデンサーのリアクタンスは小さくなり，コンデンサーに流れる電流は大きくなる。

(エ)　周波数 $f = 10\,\mathbf{kHz}$　**答**

(カ)　$X_\mathrm{C} = \dfrac{1}{2\pi f C} = \dfrac{1}{2 \times 3.14 \times (10 \times 10^3) \times (10 \times 10^{-6})}$

$= \dfrac{1}{6.28 \times 10^{-1}} = 1.59\cdots \fallingdotseq 1.6\,\Omega$　**答**

(オ)　$I_\mathrm{Ce} = \dfrac{V_\mathrm{e}}{X_\mathrm{C}} = 2\pi f C V_\mathrm{e} = 3.14 \fallingdotseq 3.1\,\mathbf{A}$　**答**

(3)(キ)　$f_0 = \dfrac{1}{2\pi\sqrt{LC}} = \dfrac{1}{2 \times 3.14 \times \sqrt{(25 \times 10^{-3}) \times (10 \times 10^{-6})}}$

$= \dfrac{1}{6.28\sqrt{25 \times 10^{-8}}} = 3.18\cdots \times 10^2\,\mathbf{Hz} \fallingdotseq 0.32\,\mathbf{kHz}$　**答**

5　図のように，自己インダクタンス $2.0\,\mathbf{mH}$ のコイル L，電気容量 $2.0 \times 10^{-7}\,\mathbf{F}$ のコンデンサー C，起電力 $30\,\mathbf{V}$ の電池 E を接続する。初め，スイッチ S を a 側に入れ，十分に時間が経過してから b 側へ入れると，コイルとコンデンサーの回路に電気振動が起こる。

(1)　この電気振動の周波数 f〔Hz〕を求めよ。

(2)　スイッチを b 側に入れてから，振動電流が最大になるまでの時間 t〔s〕を求めよ。

(3)　振動電流の最大値 I_0〔A〕を求めよ。ただし，導線の抵抗を無視するものとする。

考え方　(3)では，抵抗を無視できるので電場と磁場のエネルギーの和が一定に保たれる。

(解説&解答) (1) 共振回路の固有周波数は

$$f = \frac{1}{2\pi\sqrt{LC}} = \frac{1}{2 \times 3.14 \times \sqrt{(2.0 \times 10^{-3}) \times (2.0 \times 10^{-7})}}$$
$$= 7.96\cdots \times 10^3 \fallingdotseq \mathbf{8.0 \times 10^3\,Hz} \quad \boxed{答}$$

(2) 電気振動の周期 T〔s〕の $\frac{1}{4}$ だけ進んだとき，振動電流が初めて最大となる。

$$t = \frac{T}{4} = \frac{1}{4f} = \frac{2 \times 3.14 \times \sqrt{(2.0 \times 10^{-3}) \times (2.0 \times 10^{-7})}}{4}$$
$$= 3.14 \times 10^{-5} \fallingdotseq \mathbf{3.1 \times 10^{-5}\,s} \quad \boxed{答}$$

(3) エネルギー保存則により 「$\frac{1}{2}CV_0{}^2 = \frac{1}{2}LI_0{}^2$」

よって $I_0 = \sqrt{\dfrac{C}{L}}V_0 = \sqrt{\dfrac{2.0 \times 10^{-7}}{2.0 \times 10^{-3}}} \times 30 = \mathbf{0.30\,A} \quad \boxed{答}$

考えてみよう！

6 図は，破砕した廃棄物を材質ごとに選別する装置である。ベルトコンベアでゆっくりと運ばれてきた廃棄物の破片は，高速で回転する磁石ドラム（磁極が交互になるように配列されており，付近の磁場は激しく変動する）のところで，材質ごとに落

下方向が変わることで選別される。銅やアルミニウムなどの非磁性金属（強磁性体ではない金属）が遠くに落下するのはなぜだろうか。非磁性金属の内部で起こる現象に着目して，理由とともに説明しよう。

(考え方) 磁場が変動すると電磁誘導により磁束の変化を打ち消す向きの磁束をつくるような渦電流が流れる。

(解説&解答) 磁石ドラム付近は磁場が激しく変動しているので，非磁性金属には渦電流が流れる。そのため，非磁性金属は常に磁石と反発するように磁気力が生じ，遠くに飛ばされるから。 $\boxed{答}$

第 1 章　電子と光

教 p.356 〜 p.381

1 電子

A 放電

❶気体放電　空気などの気体には，ふつう，電流は流れない。しかし，高い電圧を加えたりすると電流が流れるようになる。このような，気体の中を電流が流れる現象を**気体放電**という。

❷真空放電　教 p.356 図1 のように，両端に電極を封入したガラス管に高い電圧を加える。内部の空気を抜いていくと，管全体が内部にわずかに残っている気体特有の色の光を発するようになる。このような希薄な気体による放電を**真空放電**という。ガラス管内の真空度を増していくと，管内の光は消え，陽極側の管壁が蛍光を発する。

　蛍光は，陰極から出た何かが陽極側に向かって進み，管壁にぶつかることによって起こると考えられる。そこで，陰極から出ているものは，**陰極線**と名づけられた。

B 陰極線

　陰極線には，次のような性質がある。
①写真フィルムを感光する(化学変化を起こす)。
②蛍光物質に当たると，蛍光を発する。
③物体によってさえぎられ，物体の後方にその影をつくる(教 p.357 図2 ⓐ)。
④電場や磁場によって，進む方向が負電荷が曲げられるのと同じ向きに曲げられる(同図ⓑ, ⓒ)。
⑤性質①〜④は，陰極の金属の種類や管内の気体の種類には関係がない。

　このような性質から，陰極線は負電荷をもつ(④)ある特定の粒子の流れで(③)，その粒子はすべての金属に共通に含まれていることがわかった(⑤)。現在では，この粒子は**電子**であることが知られており，陰極線のことを**電子線**ともいう。

C 電子の比電荷

❶電子の発見　粒子の質量 m 〔kg〕に対する電気量の大きさ e 〔C〕の比の値 $\dfrac{e}{m}$ 〔C/kg〕を**比電荷**という。J.J. トムソンは，実験を通じて陰極線の粒子の比電荷を求めることに成功し，その値は常に一定の値 $\dfrac{e}{m} ≒ 2 × 10^{11}$ C/kg になることがわかった。このことから，物質の中には負電荷をもった粒子が共通に含まれていることが明らかになり，この粒子は**電子**とよばれるようになった。

❷電子の比電荷の測定　次ページの図のように，強さ E 〔V/m〕の電場のみを加え，電気量 $-e$ 〔C〕($e>0$)，質量 m 〔kg〕の電子を，電場に対して垂直に速さ v 〔m/s〕で入射させる。電場の加わる区間の長さを l 〔m〕とし，これらの中央から L 〔m〕の位置に蛍

光物質を塗ったついたて(蛍光面)を入射方向に垂直に置く。電子が直進したときに達する点Oを原点として，同図のように互いに垂直なx軸とy軸をとる。このとき，電子は点Oからyだけずれた点Pに達する。ずれた距離は次の式で表される(**教** p.360 参考)。

$$y = \frac{e}{m} \cdot \frac{El}{v^2} L \qquad (1)$$

次に，右図のように，電場に対して垂直に磁束密度B〔T〕の磁場を加え，電子が直進するように磁場の強さを調整する。このとき，電子が電場から受ける力と磁場から受けるローレンツ力がつりあうので $eE = evB$ が成りたつ。この式から電子の速さは $v = \frac{E}{B}$ となり，これを(1)式に代入して，変形すると

$$\frac{e}{m} = \frac{Ey}{B^2 lL} \qquad (2)$$

右辺に現れる量はいずれも測定可能な量であるため，この式から比電荷を求めることができる。

D 電気素量

　ミリカンは，2つの平行な極板に電圧を加えて一様な電場をつくり，その中に霧吹きから油滴を吹きこみ，個々の油滴の動きを顕微鏡で観測する実験を行った(右図)。

　油滴周辺の空気の分子にX線を当ててイオンにする。このイオンが付着して油滴は帯電し，電場から静電気力を受ける。電圧をいろいろ変え，油滴が浮かんだまま静止するように，電場の強さ E〔V/m〕を調整する。このとき，油滴の質量を m〔kg〕，電気量を $-q$〔C〕$(q > 0)$ とすると，油滴にはたらく重力 mg〔N〕と静電気力 qE〔N〕がつりあい，次の式が成りたつ。

$$mg = qE \quad (g〔m/s^2〕は重力加速度の大きさ) \qquad (3)$$

　次に，電場の強さを0にすると，油滴は落下し始めるが，空気の抵抗のため，やがて一定の速さ(終端速度)で落下するようになる。空気の抵抗力の大きさは油滴の速さに比例するので，比例定数を k，終端速度を v とすると，重力と空気の抵抗力のつりあいから次の式が成りたつ。

$$mg = kv \tag{4}$$

(3), (4)式から次の式が得られる。

$$q = \frac{kv}{E} \tag{5}$$

(5)式から q を求めると，常におよそ $e = 1.6 \times 10^{-19} C$ の整数倍になり，これから e〔C〕は電気量の最小単位であることがわかった。これを**電気素量**という。ミリカンの実験の後も，電子の比電荷の精密な測定が行われ，その結果，次の値になることがわかった。

$$\frac{e}{m} = 1.75882001076 \times 10^{11} (\fallingdotseq 1.76 \times 10^{11})\ C/kg \tag{6}$$

また，電気素量は1個の電子がもつ電気量の絶対値に等しいことがわかり，精密な測定の結果

$$e = 1.602176634 \times 10^{-19} (\fallingdotseq 1.60 \times 10^{-19})\ C \tag{7}$$

とされた。この2式から電子の質量は次のようになる。

$$m = e \div \frac{e}{m} = 9.1093837015 \times 10^{-31} (\fallingdotseq 9.11 \times 10^{-31})\ kg \tag{8}$$

2 光の粒子性

A 光量子仮説

光を含め電磁波は，電場と磁場の振動が伝わる波動である。しかし，光を波動と考えると理解できない現象が出てきた。アインシュタインは，「光は**光子**（**光量子**）と名づけた粒子の集まりの流れであり，振動数 ν〔Hz〕の光の光子1個は，次の式で表されるエネルギーをもつ」ことを提唱した。これをアインシュタインの**光量子仮説**という。

光子のエネルギー

$$E = h\nu = \frac{hc}{\lambda} \tag{9}$$

E〔J〕　光子のエネルギー　　ν〔Hz〕　光の振動数　　λ〔m〕　光の波長
h〔J·s〕　プランク定数　　c〔m/s〕　真空中の光の速さ

ここで，c〔m/s〕は真空中での光の速さ，λ〔m〕は光の波長で，

$$h = 6.63 \times 10^{-34}\ J·s \tag{10}$$

は**プランク定数**とよばれる定数である。

このように光は波動性をもつと同時に，粒子性もあわせもつ。

アインシュタインの光量子仮説は，それに先だって提唱されたプランクの量子仮説とともに量子力学の発展に大きな役割をはたした。

B 光電効果

❶光電効果　みがいた金属の表面に光を当てると，電子が金属から飛び出してくることが知られている。この現象を**光電効果**といい，飛び出してくる電子を**光電子**という。

光電効果は，次のような特徴をもつ。

①当てる光の振動数がある値 ν_0〔Hz〕より小さいときには，光を強くしても光電子は飛び出さない。この ν_0 を**限界振動数**，そのときの波長を**限界波長**という。ν_0 は金属の種類によって決まる固有の値である。

②光の振動数が ν_0 より大きいと，光が弱くてもすぐに光電子が飛び出す。

③飛び出した光電子の運動エネルギーの最大値 K_0〔J〕は，光の振動数が大きいほど大きくなる（**数** p.365 図7）。

④振動数が一定のまま光を強くしていくと，それに比例して飛び出す光電子の数は増えるが，K_0 は変わらない。

❷光電効果の説明　金属内の自由電子は正の電荷から引力を受けているので，電子を金属の外に取り出すには，仕事が必要である。この仕事の最小値 W は金属ごとに決まっており，**仕事関数**といわれる。

光電効果は，光が電子に W をこえるエネルギーを与えることによって起こると考えられる。しかし光を波動と考えた場合には，光電効果の特徴①〜④を説明することができなかった。

一方，光を粒子と考え，光電効果が起こる際には，1個の光子のエネルギーが1個の電子に受け渡されると考えると，①〜④の特徴はすべてうまく説明ができる。つまり，(9)式で表される光子のエネルギー $h\nu$ から，仕事関数 W を差し引いた残りが電子の運動エネルギーの最大値 K_0 になると考えられる。

光電効果	
$$K_0 = h\nu - W \qquad (11)$$	
K_0〔J〕　電子の運動エネルギーの最大値	
h〔J·s〕　プランク定数　　W〔J〕　仕事関数	
ν〔Hz〕　光の振動数	

限界振動数 ν_0 では，$K_0 = 0$ であるから，(11)式より次の関係が得られる。

$$W = h\nu_0 \qquad (12)$$

(11)式より，**数** p.365 図7 のグラフの傾きは金属によらず一定で，プランク定数 h に等しい（右図）。

❸光電効果の実験　光電管の陰極に，限界振動数 ν_0〔Hz〕より大きい振動数の光を当てると，光電子が飛び出し，陽極に流れこむ。この**光電流**を測定することにより，陽極に到達した光電子の数を知ることができる（次ページ右上図）。この測定の結果はおよそ次ページ右下図のようになり，陽極の電位が正であれば，飛び出した光電子はほぼすべて陽

▲光の振動数と電子の運動エネルギーの最大値との関係

極に流れこむ。このため，電圧を高くしても，光電流の大きさは一定である。陽極の電位が0のときも，光電子は運動エネルギー K_0〔J〕をもって陰極を飛び出すので，陽極に流れこむ。

しかし，陽極の電位を負にしてさらに下げていくと，ある電位 $-V_0$〔V〕で，陽極に到達する直前に光電子の運動エネルギーが0になってしまう。このとき $K_0 = eV_0$ が成りたち，この**阻止電圧** V_0 を測定することにより，K_0〔J〕を知ることができる。

▲光電効果の実験

C 電子ボルト

電子や光子1個のエネルギーは，きわめて小さい。このような場合，エネルギーの単位として，ジュール（記号 J）のほかに**電子ボルト**（記号 **eV**）

$$1\,\mathrm{eV} = 1.60 \times 10^{-19}\,\mathrm{J} \tag{13}$$

が使われることがある。1eV は電気量 e〔C〕（e は電気素量）の粒子が真空中で1Vの電圧によって加速されるときに得る運動エネルギーに等しい。また，$10^6\,\mathrm{eV}$ を**メガ電子ボルト**（記号 **MeV**）という。

▲陽極の電位と光電流との関係

3 X線

A X線

19世紀末，レントゲンは，放電管から正体不明の強い透過力をもつ放射線が出ることを発見し，それを **X線** とよんだ。X線は電離作用をもつが，電場や磁場に影響されずに直進するので，荷電粒子ではない。のちにX線は，紫外線よりさらに波長の短い電磁波であることがわかった。X線はその強い透過力を利用して，医療診断などに利用される。また，X線は蛍光物質を光らせる性質をもつ。

B X線の発生

X線の発生には，X線管という装置がよく用いられている（**教** p.370 図 12）。電流による発熱で陰極から放出される電子（**熱電子**）は高い電圧によって加速され，陽極（ターゲット）に衝突する。その際1個の電子のもつエネルギーの一部または全部がX線光子のエネルギーになり，残りはターゲットで発生する熱になる。

次ページの図は，ターゲットにモリブデンを用いた場合に発生するX線の強さと波長の関係（スペクトル）を，模式的に示したものである。発生するX線のスペクトルはある最短の波長に始まり，それより長い波長を連続的に含んでおり，これを**連続 X線**という。

電子のエネルギーがすべて1個のX線光子のエネルギーに変わるとき，X線光子のエネルギーは最大になる。このときのX線の振動数を ν_0 [Hz]，波長を λ_0 [m]，電子の初速度を0とし加速電圧を V [V] とすると

$$eV = h\nu_0 = \frac{hc}{\lambda_0} \tag{14}$$

これより，最短波長 λ_0 は，加速電圧 V によって決まることがわかる。

$$\lambda_0 = \frac{hc}{eV} \tag{15}$$

連続X線のほかに特定のエネルギーをもつ

▲モリブデンのX線スペクトル

X線が強く放射され，これは**固有X線**（**特性X線**ともいう）といわれる。固有X線の波長はターゲットの材質によって決まっている。

C X線の波動性とブラッグの条件

❶X線の波動性　X線が波動であるなら，波動現象に特有の回折や干渉の現象を起こすはずである。X線の波長は光の波長よりもはるかに短いので，光の干渉で用いる回折格子では干渉が容易には起こせない。

ラウエは，結晶はX線に対し回折格子としてはたらき，干渉の現象を起こすのではないかと考えた。この予想にもとづき，硫化亜鉛の結晶に細くしぼったX線を当てる実験が行われ，多数の斑点からなる模様の写真が得られた。これは**ラウエ斑点**といわれ，結晶内に規則正しく並ぶ原子によって散乱されたX線が，干渉することによって生じたものである。このような現象を**X線回折**という（**教 p.372 図14**）。

❷ブラッグの条件　結晶内では，規則正しく並んだ原子を含む互いに平行な平面を何組も考えられる。その1組の平行平面に波長 λ [m] のX線を，平面と角 θ をなす方向から入射させる（次ページの図）。X線は多くの平行平面内の原子によって散乱される。散乱されたX線が干渉して強めあうのは，反射の法則を満たす方向で，しかも，隣りあう2つの平面で反射されたX線が同位相になる場合である。

この反射された2つのX線の道のりの差は，平行平面の間隔を d [m] とすると，$2d\sin\theta$ である。この道のりの差が波長の整数倍になれば，2つのX線が同位相になるから，この条件は

$$2d\sin\theta = n\lambda \qquad (n = 1,\ 2,\ 3,\ \cdots) \tag{16}$$

と表される。これを**ブラッグの条件**といい，その条件を満たす方向にラウエ斑点が生じる。斑点が多いのは，結晶内に原子のつくる平行平面が何種類もあることによる。

原子間隔のわかっている結晶を使ってX線回折の実験をすると，(16)式によって未知のX線の波長が求められる。また，波長のわかっているX線を用いると，結晶のいろいろな平行面の間隔が求められ，結晶構造を調べることができる。

結晶を回して，強い反射が
検出される角 θ をさがす

▲結晶による X 線の回折

D X 線の粒子性とコンプトン効果

X 線は波動性とともに，強い粒子性を示す。その例が**コンプトン効果**であり，**教** p.374 図 16 ⓐのように，波長 λ〔m〕の X 線（入射 X 線）が物質によって散乱されるとき，散乱された X 線（散乱 X 線）の中に，もとの X 線よりも長い波長 λ'〔m〕のものが含まれる現象である（同図ⓑ）。この現象は，X 線を波動と考えたのでは理解できない。

アインシュタインの光量子仮説では，光子はエネルギー $h\nu$〔J〕をもつと同時に，その進む向きに運動量 p〔kg・m/s〕をもつとされていた。

光子の運動量
$$p = \frac{h\nu}{c} = \frac{h}{\lambda} \tag{17}$$
p〔kg・m/s〕 光子の運動量　　ν〔Hz〕 光の振動数　　λ〔m〕 光の波長
h〔J・s〕 プランク定数　　c〔m/s〕 真空中の光の速さ

X 線を粒子とみなし，次図のように X 線光子が物質中の電子（質量 m〔kg〕）と弾性衝突すると仮定したとき，エネルギーと運動量がともに保存されることから，次の式が得られる。

$$\lambda' - \lambda = \frac{h}{mc}(1 - \cos\theta) \fallingdotseq 2.4 \times 10^{-12}\,\mathrm{m} \times (1 - \cos\theta) \tag{18}$$

エネルギーの保存
$$\frac{hc}{\lambda} = \frac{hc}{\lambda'} + \frac{1}{2}mv^2 \quad \cdots ⓐ$$
入射 X 線　散乱 X 線　　電子

運動量の保存
x 軸方向：$\dfrac{h}{\lambda} = \dfrac{h}{\lambda'}\cos\theta + mv\cos\phi$ $\cdots ⓑ$

y 軸方向：$0 = \dfrac{h}{\lambda'}\sin\theta - mv\sin\phi$ $\cdots ⓒ$

▲コンプトン効果

4 粒子の波動性

A 物質波

　これまでに光やX線などの電磁波は波動としての性質と，粒子としての性質をあわせもつことを学んだ。このように一見すると相反する2つの性質をもつ現象は，**粒子と波動の二重性**といわれる。ド・ブロイは，粒子と考えられている電子などにも波動性があるのではないかと考えた。彼は，質量m〔kg〕，速さv〔m/s〕，大きさ$p = mv$〔kg·m/s〕の運動量をもつ粒子は，次の式で与えられる波長（**ド・ブロイ波長**）の波としての性質をあわせもつという仮説を立てた。

ド・ブロイ波長
$$\lambda = \frac{h}{p} = \frac{h}{mv} \tag{19}$$
λ〔m〕　ド・ブロイ波長　　p〔kg·m/s〕　粒子の運動量　　v〔m/s〕　粒子の速さ
h〔J·s〕　プランク定数　　m〔kg〕　粒子の質量

　このように，物質としての粒子が波動としてふるまうときの波を**物質波（ド・ブロイ波）**といい，特に粒子が電子のときの波を**電子波**という。(19)式は，波長λの光を粒子とみなしたときの運動量pを表す式「$p = \frac{h}{\lambda}$」((17)式)と同じ形であることがわかる。この関係式は，電子や光を粒子とみなした場合の運動量pと，波動とみなした場合の波長λを結びつける式といえる（**教** p.376 図 18）。

B 電子線の回折・干渉

❶電子線の回折　デビッソンとガーマー，G.P.トムソン，菊池正士は，結晶に電子線を当てて，散乱または透過した電子線の強度を測定し，X線に対するラウエ斑点と同様の模様を得ることに成功した。これらの実験により，物質波が仮想的なものではなく，実在するものであることが示された。X線や電子線・中性子線を用いた回折実験は，結晶中の原子の配置を調べる代表的な方法である。

❷電子線の干渉　**教** p.378 図 20 ⓐのように，対称な電場をつくる装置を用いて電子線を2つの向きに曲げると，これが仮想的な複スリットの役割をはたす。検出器(蛍光面)に到達した電子は1点ずつ粒子として観測されるが(同図ⓑ)，その数が増えるにつれ，干渉による縞模様が現れる。この実験結果は，電子における粒子と波動の二重性を明確に表している。

C 不確定性原理

　電子など微視的な粒子は，**量子力学**とよばれる自然法則に支配され，位置と運動量のような関係にある2つの量を同時に正確に決めることはできない。これを**不確定性原理**という。次図の振幅の2乗はそれぞれの場所に電子を見出す確率を与える。

ⓐ 位置の不確定の度合いが小さい状態

1つの電子

位置

位置は精度よく定まるが, 波長
(または運動量)は不確かになる

ⓑ 波長の不確定の度合いが小さい状態

位置

波長(または運動量)は精度よく
定まるが, 位置は不確かになる

▲不確定性原理

────────○ 問　題 ○────────

問1
(教p.360)
磁束密度 B〔T〕の磁場中に，電子を速さ v〔m/s〕で磁場に垂直に入射させたところ，電子は半径 r〔m〕の等速円運動を行った。電子の電気量を $-e$〔C〕，質量を m〔kg〕とし，電子の比電荷 $\dfrac{e}{m}$ を B, v, r を用いて表せ。

考え方　ローレンツ力 evB を向心力として等速円運動をしている。

解説&解答　$m\dfrac{v^2}{r} = evB$ より　$\dfrac{e}{m} = \dfrac{v}{Br}$〔C/kg〕　**答**

例題1
(教p.361)
図のような，一様な電場 E〔V/m〕を加えた長さ l〔m〕の極板間の領域に，電子を速さ v〔m/s〕で電場に垂直に入射させたところ，電子の軌道は曲げられた。電子の電気量を $-e$〔C〕，質量を m〔kg〕とする。

(1)　電場内での電子の加速度の大きさ a〔m/s²〕を求めよ。

(2)　電子が電場を通過する時間 t〔s〕を求めよ。電子は極板に当たることなく電場を通過するものとする。

(3)　電子が電場を通過する間に，電場と平行な方向に距離 y〔m〕だけずれたとする。電子の比電荷 $\dfrac{e}{m}$ を，E, v, l, y を用いて表せ。

(4)　$l = 5.0 \times 10^{-2}$m，$E = 6.0 \times 10^4$V/m，$v = 5.0 \times 10^7$m/s の条件で実験を行い，$y = 5.4 \times 10^{-3}$m の結果が得られた。比電荷の値を求めよ。

考え方　電子は放物運動をする。電場に垂直な方向(入射方向)には等速直線運動，電場に平行な方向には等加速度直線運動をする。

解説&解答　(1)　電子は大きさ eE〔N〕の静電気力を受ける。電子の運動方程式より

$$ma = eE \quad \text{よって} \quad a = \dfrac{eE}{m} \text{〔m/s²〕} \cdots\cdots① \quad \text{答}$$

(2)　電子は，電場に垂直な方向には等速直線運動をするので

$$l = vt \quad \text{よって} \quad t = \dfrac{l}{v} \text{〔s〕} \cdots\cdots② \quad \text{答}$$

第**5**編

原子

(3) 電子が電場を通過する間に，電場に平行な方向には等加速度直線運動をする。①，②式の結果を用いて

$$y = \frac{1}{2}at^2 = \frac{1}{2} \times \frac{eE}{m} \times \left(\frac{l}{v}\right)^2$$

これを $\frac{e}{m}$ について解くと　$\frac{e}{m} = \frac{2v^2y}{El^2}$〔C/kg〕　答

(4) (3)の結果に，与えられた数値を代入する。

$$\frac{e}{m} = \frac{2 \times (5.0 \times 10^7)^2 \times (5.4 \times 10^{-3})}{(6.0 \times 10^4) \times (5.0 \times 10^{-2})^2} = 1.8 \times 10^{11}\,\text{C/kg}$$　答

類題1
(教p.361)

図のように，下向きの一様な電場 E〔V/m〕が加わる領域 P に，電子を速さ v〔m/s〕で電場に垂直に入射させたところ，電子は軌道を曲げられ，紙面内を運動した。さらに，領域 P 内に一様な磁場を加え，磁束密度 B〔T〕の値を調整したところ，同様に入射させた電子は領域 P 内を直進するようになった。

(1) 加えた磁場の向きを答えよ。

(2) v〔m/s〕を，E，B を用いて表せ。

考え方　電子は直進したので，電子が電場から受けた力と磁場から受けた力はつりあう。

解説&解答　(1) 電子が磁場から受ける力は，図の下向きであるから，フレミングの左手の法則より，磁場の向きは，**紙面に垂直に表から裏の向き。** 答

(2) 電子が電場から受ける静電気力と磁場から受けるローレンツ力がつりあうから

$$eE - evB = 0　より　v = \frac{E}{B}\text{〔m/s〕}$$　答

例題2
(教p.363)

ミリカンの実験で，いろいろな油滴の電気量の大きさ q〔C〕を測定し，13.1，9.7，8.1，6.4，3.2（単位は 10^{-19} C）の値を得た。q〔C〕は電気素量 e〔C〕の整数倍であると仮定し，e〔C〕を有効数字2桁で求めよ。

考え方　大きさの順で隣りあう2つの測定値の差は，e の整数倍に相当する。

解説&解答　測定値の差をとると，3.4，1.6，1.7，3.2（$\times 10^{-19}$ C）となるので，e の値はほぼ 1.6×10^{-19} C と考えられる。したがって，各測定値は $8e$，$6e$，$5e$，$4e$，$2e$ としてよい。測定値の和を $8+6+5+4+2$ でわると，e が求められる。

$$e = \frac{(13.1 + 9.7 + 8.1 + 6.4 + 3.2) \times 10^{-19}}{8 + 6 + 5 + 4 + 2}$$

$$\fallingdotseq 1.6 \times 10^{-19}\,\text{C}$$　答

類題2 （教p.363）
ミリカンの実験で，5個の油滴の電気量の大きさを求めたところ，次の数値を得た。この結果から，電気素量 e〔C〕を有効数字3桁で求めよ。

　　1.66, 4.74, 6.39, 8.03, 11.22 （$\times 10^{-19}$C）

考え方　電気量 $q \div$ 電気素量 $e = n$ （n は整数）である。

解説&解答　測定値の差をとると，3.08, 1.65, 1.64, 3.19 （$\times 10^{-19}$C）となるので，e の値はほぼ 1.6×10^{-19}C と考えられる。したがって，各測定値は e, $3e$, $4e$, $5e$, $7e$ としてよい。測定値の和を $1+3+4+5+7$ でわると，e が求められる。

$$e = \frac{(1.66 + 4.74 + 6.39 + 8.03 + 11.22) \times 10^{-19}}{1 + 3 + 4 + 5 + 7}$$
$$\fallingdotseq \mathbf{1.60 \times 10^{-19}C} \quad \boxed{答}$$

問2 （教p.364）
振動数が 5.0×10^{14}Hz の光の光子1個がもつエネルギーは何Jか。プランク定数を 6.6×10^{-34}J·s とする。

考え方　光子のエネルギーの式（(9)式）を用いる。

解説&解答　(9)式より　$E = h\nu = (6.6 \times 10^{-34}) \times (5.0 \times 10^{14}) = \mathbf{3.3 \times 10^{-19}J}$　$\boxed{答}$

考 **問3** （教p.365）
帯電して箔が開いている箔検電器がある。上部の金属板に紫外線を当てたときに箔の開きが小さくなる場合，最初に蓄えていた電荷は正か負のどちらか。

考え方　金属板に紫外線を当てると，光電効果により光電子が飛び出す。このとき，箔と金属板の間で自由電子が移動する。

解説&解答　光電効果によって金属板から光電子が飛び出すと，自由電子が箔から金属板側に移動する。箔の開きが小さくなったことから，もともと箔は負に帯電しており，自由電子の移動に伴い，箔の部分の負の電気量が減少したと考えられる。よって　**負**　$\boxed{答}$

問4 （教p.366）
仕事関数 2.9×10^{-19}J の金属に，光子のエネルギーが 6.0×10^{-19}J の紫外線を当てたとき，飛び出してくる光電子の運動エネルギーの最大値は何Jか。

考え方　光電効果の式（(11)式）を用いる。

解説&解答　「$K_0 = h\nu - W$」((11)式)より，運動エネルギーの最大値 K_0〔J〕は
$$K_0 = (6.0 \times 10^{-19}) - (2.9 \times 10^{-19}) = \mathbf{3.1 \times 10^{-19}J}\quad \boxed{答}$$

問5 （教p.368）
光電効果の実験で，光電管に当てる光を強くしたとき（振動数は一定），陽極の電位（横軸）と光電流（縦軸）の関係を示すグラフとして最も適当なものを，①〜④（破線は変化前）の中から選べ。

①　②　③　④

考え方　光電流の最大値と阻止電圧（グラフの横軸との交点）に注目する。

解説&解答　陰極から出た光電子がすべて陽極に達するとき，光電流は最大となる。光電流の最大値は，光を強くすると大きくなる。また，光の強さを変えても振動数を変えなければ，光子 1 個が電子 1 個に与えるエネルギーは変化しないため，阻止電圧は変わらない。したがって，① **答**

例題 3
数 p.368

光電管に振動数 8.0×10^{14} Hz の紫外線を当てながら，陰極に対する陽極の電位 V〔V〕を変化させる。V を 0 から下げていき，$V = -1.5$ V となったとき，光電流は 0 になった。プランク定数を 6.6×10^{-34} J·s, 電気素量を 1.6×10^{-19} C とする。

(1)　光電管に当てた光の光子 1 個がもつエネルギー E〔J〕を求めよ。

(2)　陰極から飛び出す光電子の運動エネルギーの最大値 K_0〔J〕を求めよ。

(3)　陰極の金属の仕事関数 W〔J〕を求めよ。

(4)　この光電管を用いて光電効果を生じさせるためには，当てる光の振動数は ν_0〔Hz〕より大きくなければならない。ν_0 を求めよ。

考え方　$V = -1.5$ V となったとき，陰極から飛び出した光電子は陽極に到達できなくなる。

解説&解答　(1)　光子のエネルギーの式「$E = h\nu$」((9)式) より
$$E = (6.6 \times 10^{-34}) \times (8.0 \times 10^{14})$$
$$= 5.28 \times 10^{-19} \fallingdotseq \textbf{5.3} \times \textbf{10}^{-19}\textbf{J}　\textbf{答}$$

(2)　陰極から飛び出す光電子は，阻止電圧 ($V_0 = 1.5$ V) によって，運動エネルギーをすべて失う。したがって
$$K_0 = eV_0 = (1.6 \times 10^{-19}) \times 1.5 = \textbf{2.4} \times \textbf{10}^{-19}\textbf{J}　\textbf{答}$$

(3)　「$K_0 = h\nu - W$」((11)式) より
$$W = h\nu - K_0 = (5.28 \times 10^{-19}) - (2.4 \times 10^{-19})$$
$$\fallingdotseq \textbf{2.9} \times \textbf{10}^{-19}\textbf{J}　\textbf{答}$$

(4)　ν_0 (限界振動数) では，光子のエネルギーはすべて仕事関数として使われるので，「$W = h\nu_0$」((12)式) より
$$\nu_0 = \frac{W}{h} = \frac{2.9 \times 10^{-19}}{6.6 \times 10^{-34}} \fallingdotseq \textbf{4.4} \times \textbf{10}^{14}\textbf{Hz}　\textbf{答}$$

陰極

陽極

光

光電管

電源

Ⓐ

Ⓥ

類題3 **(教p.368)** ある金属にさまざまな振動数の単色光を当て、飛び出してくる光電子の運動エネルギーの最大値を測定したところ、振動数ν〔Hz〕と運動エネルギーの最大値K_0〔J〕の間に、図のような関係を得た。

(1) プランク定数h〔J・s〕を求めよ。

(2) 金属の仕事関数W〔J〕を求めよ。

(考え方) 「$K_0 = h\nu - W$」（(11)式）より、グラフの傾きがh、K_0切片が$-W$を表す。

(解説&解答) (1) 「$K_0 = h\nu - W$」にグラフ上の2点の座標を代入すると

$$0 = h \times (5.6 \times 10^{14}) - W \quad \cdots\cdots ①$$
$$3.3 \times 10^{-19} = h \times (10.6 \times 10^{14}) - W \quad \cdots\cdots ②$$

②式−①式より

$$3.3 \times 10^{-19} = h \times (5.0 \times 10^{14})$$

よって　$h = \dfrac{3.3 \times 10^{-19}}{5.0 \times 10^{14}}$

$$= \mathbf{6.6 \times 10^{-34}\,J\cdot s} \quad \boxed{答}$$

(2) ①式より

$$W = (6.6 \times 10^{-34}) \times (5.6 \times 10^{14}) \fallingdotseq \mathbf{3.7 \times 10^{-19}\,J} \quad \boxed{答}$$

問6 **(教p.369)** 真空中において2.0Vの電圧で加速したときに電子が得るエネルギーは何eVか。それは何Jか。電気素量を1.6×10^{-19}Cとする。

(考え方) 電気量e〔C〕の粒子が真空中で1Vの電圧によって加速されるときの運動エネルギーが1eVである。

(解説&解答) 電子の電気量はe〔C〕だから2.0Vの電圧で加速したときの運動エネルギーは**2.0eV** $\boxed{答}$

$1eV : 1.60 \times 10^{-19}\,J = 2.0\,eV : E〔J〕$より

$$E = (1.60 \times 10^{-19}) \times 2.0 = \mathbf{3.2 \times 10^{-19}\,J} \quad \boxed{答}$$

例題4 **(教p.371)** 図は、X線管で発生させたX線の強さと波長の関係を表すグラフである。X線管の加速電圧V〔V〕を求めよ。プランク定数を$h = 6.6 \times 10^{-34}$J・s、真空中の光の速さを$c = 3.0 \times 10^8$m/s、電気素量を$e = 1.6 \times 10^{-19}$Cとする。

(考え方) 加速電圧Vによって電子が得たエネルギーeVが、すべてX線光子のエネルギー$E = \dfrac{hc}{\lambda}$になるとき、そのX線の波長は最短となる。

(解説&解答) X線の最短波長を λ_0〔m〕とおくと $eV = \dfrac{hc}{\lambda_0}$ よって $V = \dfrac{hc}{e\lambda_0}$

図より X 線の最短波長は $\lambda_0 = 3.0 \times 10^{-11}$ m なので,

$$V = \frac{(6.6 \times 10^{-34}) \times (3.0 \times 10^{8})}{(1.6 \times 10^{-19}) \times (3.0 \times 10^{-11})} \fallingdotseq \textbf{4.1} \times \textbf{10}^{\textbf{4}}\textbf{V}$$ 答

類題 4
(教p.371) X 線管の金属電極間に 2.2×10^{4} V の加速電圧を加えた。
(1) 発生する X 線の最短波長は何 m か。プランク定数を 6.6×10^{-34} J·s,
真空中の光の速さを 3.0×10^{8} m/s,電気素量を 1.6×10^{-19} C とする。
(2) 加速電圧を 2 倍にすると,最短波長は何 m になるか。

(考え方) 最短波長と加速電圧の式(⒂式)を用いる。

(解説&解答) (1) ⒂式より

$$\lambda_0 = \frac{hc}{eV} = \frac{(6.6 \times 10^{-34}) \times (3.0 \times 10^{8})}{(1.6 \times 10^{-19}) \times (2.2 \times 10^{4})}$$

$$= 5.625 \times 10^{-11} \fallingdotseq \textbf{5.6} \times \textbf{10}^{\textbf{-11}}\textbf{m}$$ 答

(2) ⒂式より,最短波長は加速電圧に反比例するから,加速電圧を

2 倍にすると,最短波長は $\dfrac{1}{2}$ 倍になる。

$$\frac{5.625 \times 10^{-11}}{2} \fallingdotseq \textbf{2.8} \times \textbf{10}^{\textbf{-11}}\textbf{m}$$ 答

問 7
(教p.373) 波長 3.0×10^{-10} m の X 線を結晶面に照射した。照射方向を初め結晶面に平行にし,しだいに傾けていったところ,照射方向を結晶面のなす角が $30°$ のとき,最初に強く反射した。反射を生じた原子配列面の間隔は何 m か。

(考え方) 照射方向をしだいに傾けていくと,道のりの差が大きくなっていく。"最初に強く反射"→道のりの差が少しずつ大きくなりちょうど1波長のときであるから $n = 1$

(解説&解答) 道のりの差 $= 2d\sin\theta = 2d\sin 30° = 1 \times \lambda$

$$d = \frac{1 \times \lambda}{2\sin 30°} = \frac{1 \times 3.0 \times 10^{-10}}{2 \times \frac{1}{2}} = \textbf{3.0} \times \textbf{10}^{\textbf{-10}}\textbf{m}$$ 答

問 8
(教p.375) ある X 線光子が 6.0×10^{-16} J のエネルギーをもち,右向きに進んでいるとする。この X 線光子の運動量はどの向きに何 kg·m/s か。真空中の光の速さを 3.0×10^{8} m/s とする。

(考え方) 光子のエネルギーの式((9)式)と運動量の式(⒄式)を用いる。

(解説&解答) 運動量の向きは運動の向きと同じ**右向き**。 答

運動量の大きさは,(9),⒄式より

$$p = \frac{h\nu}{c} = \frac{6.0 \times 10^{-16}}{3.0 \times 10^{8}} = \textbf{2.0} \times \textbf{10}^{\textbf{-24}}\textbf{kg·m/s}$$ 答

問9
(教p.376)

速さ 1.0×10^7 m/s の電子の電子波の波長は何 m か。また，速さ 20 m/s の野球ボール(質量 0.15 kg)に対して物質波を考えるとき，その波長は何 m か。プランク定数を 6.6×10^{-34} J·s，電子の質量を 9.1×10^{-31} kg とする。

考え方　質量をもつ粒子も波のようにふるまう。これを物質波といい，このときの波長 λ は「$\lambda = \dfrac{h}{p} = \dfrac{h}{mv}$」(⒆式)となる。

解説&解答　「$\lambda = \dfrac{h}{mv}$」に数値を代入して

$$\lambda = \frac{6.6 \times 10^{-34}}{(9.1 \times 10^{-31}) \times (1.0 \times 10^7)} \fallingdotseq 7.3 \times 10^{-11}\,\text{m}　\text{答}$$

ボールも波のようにふるまうと考えると「$\lambda = \dfrac{h}{mv}$」より

$$\lambda = \frac{6.6 \times 10^{-34}}{0.15 \times 20} = 2.2 \times 10^{-34}\,\text{m}　\text{答}$$

例題5
(教p.377)

真空中において，電子(質量 m〔kg〕，電気量 $-e$〔C〕)を電圧 V〔V〕で加速した。このときの電子波の波長 λ〔m〕を求めよ。プランク定数を h〔J·s〕とする。

考え方　電子波の波長 λ は「$\lambda = \dfrac{h}{p} = \dfrac{h}{mv}$」(⒆式)から求められる。

解説&解答　加速された電子の速さを v〔m/s〕とすると，電子の運動エネルギーは

$$\frac{1}{2}mv^2 = eV　　\text{よって}　v = \sqrt{\frac{2eV}{m}}$$

「$\lambda = \dfrac{h}{mv}$」(⒆式)より　$\lambda = \dfrac{h}{\sqrt{2meV}}$〔m〕　答

類題5
(教p.377)

真空中において，電子を電圧 45.5V で加速した。
このときの電子波の波長 λ〔m〕を求めよ。プランク定数を 6.6×10^{-34} J·s，電子の質量を 9.1×10^{-31} kg，電気素量を 1.6×10^{-19} C とする。

考え方　例題5を利用する。

解説&解答　例題5より　$\lambda = \dfrac{h}{\sqrt{2meV}}$

$$= \frac{6.6 \times 10^{-34}}{\sqrt{2 \times (9.1 \times 10^{-31}) \times (1.6 \times 10^{-19}) \times 45.5}}$$

$$\fallingdotseq 1.8 \times 10^{-10}\,\text{m}　\text{答}$$

第**⑤**編

原子

📝 演 習 問 題

教 p.381

1 光電管で図の回路をつくった。波長 2.5×10^{-7} m の紫
外線を当てながら B の電位が A よりも高くなるように電
圧を増していくと，AB 間の電圧が 2.8 V になったとき回
路の電流が 0 になった。また，波長 4.5×10^{-7} m の可視
光線で同様の実験をすると，0.6 V のときに電流が 0 にな
った。プランク定数 h 〔J・s〕を求めよ。電気素量を
1.6×10^{-19} C，真空中の光の速さを 3.0×10^{8} m/s とする。

(考え方) 光電効果の式（(11)式）を用いる。

(解説&解答) (11)式より $eV_0 = h\nu - W$　ここで　$\nu = \dfrac{c}{\lambda}$　とおくと

$$eV_0 = \frac{hc}{\lambda} - W \quad \text{この式に，数値を代入して}$$

$$(1.6 \times 10^{-19}) \times 2.8 = \frac{h \times (3.0 \times 10^{8})}{2.5 \times 10^{-7}} - W \quad \cdots\cdots \text{①}$$

$$(1.6 \times 10^{-19}) \times 0.6 = \frac{h \times (3.0 \times 10^{8})}{4.5 \times 10^{-7}} - W \quad \cdots\cdots \text{②}$$

①，②式より W を消去して　$h = \boldsymbol{6.6 \times 10^{-34}}$ **J・s** 答

2 波長 λ〔m〕の X 線光子が，静止している質量 m〔kg〕の電
子に衝突して，角 90° の方向に散乱し，波長が λ'〔m〕となり，
電子は速さ v〔m/s〕ではね飛ばされた。真空中の光の速さ
を c〔m/s〕，プランク定数を h〔J・s〕とする。

(1) 衝突前後のエネルギー保存則の式を書け。

(2) 衝突前後の運動量ベクトルの関係を考えることにより，$(mv)^2$ を式で表せ。

(3) 近似式 $\dfrac{\lambda'}{\lambda} + \dfrac{\lambda}{\lambda'} \fallingdotseq 2$ を用いて，$\lambda' - \lambda$ を v を用いない式で表せ。

(考え方) 光子のエネルギーは(9)式，運動量の大きさは(17)式で与えられる。

(解説&解答) (1) 光子のエネルギーは「$E = \dfrac{hc}{\lambda}$」（(9)式）で与えられる。衝突後の
電子の運動エネルギーも考慮して，エネルギー保存則の式は次の
ようになる。

$$\frac{hc}{\lambda} = \frac{hc}{\lambda'} + \frac{1}{2} mv^2 \quad \text{答} \quad \cdots\cdots \text{①}$$

(2) 光子の運動量の大きさは「$p = \dfrac{h}{\lambda}$」（(17)
式）で与えられるので，衝突前後の運動
量ベクトルの関係は右図のようになる。
三平方の定理より

$$(mv)^2 = \left(\frac{h}{\lambda}\right)^2 + \left(\frac{h}{\lambda'}\right)^2 = h^2\left(\frac{1}{\lambda^2} + \frac{1}{\lambda'^2}\right) \quad \text{答} \quad \cdots\cdots \text{②}$$

(3) ①式より $\dfrac{1}{\lambda} - \dfrac{1}{\lambda'} = \dfrac{1}{2mhc}(mv)^2$

これに②式を代入して

$$\dfrac{1}{\lambda} - \dfrac{1}{\lambda'} = \dfrac{1}{2mhc} \times h^2\left(\dfrac{1}{\lambda^2} + \dfrac{1}{\lambda'^2}\right)$$

両辺に $\lambda\lambda'$ をかけると

$$\lambda' - \lambda = \dfrac{h}{2mc}\left(\dfrac{\lambda'}{\lambda} + \dfrac{\lambda}{\lambda'}\right)$$

$\dfrac{\lambda'}{\lambda} + \dfrac{\lambda}{\lambda'} \fallingdotseq 2$ より $\boldsymbol{\lambda' - \lambda = \dfrac{h}{mc}}$ 答

3 図のように,規則正しく配列された原子がつくる面の間隔が d〔m〕の結晶に,運動エネルギー E〔J〕の電子を用いた電子線を原子の配列面と θ の角をなす方向に入射させる。θ を $0°$ から増加させながら反射電子線の強度を測定したところ,$\theta = 30°$ のとき,4回目の極大を示した。原子の配列面の間隔 d〔m〕を求めよ。電子の質量を m〔kg〕,プランク定数を h〔J·s〕とする。

入射電子線 　　　反射電子線
原子

考え方 ブラッグの条件(⑯式)を用いる。

解説&解答 電子の速さを v〔m/s〕とすると,運動エネルギーについて

$$E = \dfrac{1}{2}mv^2 \quad \text{より} \quad v = \sqrt{\dfrac{2E}{m}}$$

電子波のド・ブロイ波長 λ〔m〕は

$$\lambda = \dfrac{h}{mv} = \dfrac{h}{\sqrt{2mE}}$$

これをブラッグの条件($\theta = 30°$,$n = 4$ の場合)に当てはめると

$$2d\sin30° = 4 \times \dfrac{h}{\sqrt{2mE}}$$

よって $d = \dfrac{4h}{\sqrt{2mE}} = \boldsymbol{h\sqrt{\dfrac{8}{mE}}}$〔m〕 答

考 考えてみよう! ・・・・・・・・・・・・・・・・・・・

4 人の肌が屋外で日焼けをするのは,太陽光線によって皮膚組織にエネルギーが与えられ,皮膚が炎症を起こすためである。日焼けの原因となるのは,可視光線よりも紫外線であるといわれているが,これはなぜだろうか。光の粒子性に着目して説明してみよう。

考え方 光子1個のもつエネルギーを考える。

解説&解答 **可視光線よりも波長の短い紫外線のほうが光子1個のもつエネルギーが大きく,皮膚組織に対して一度に多くのエネルギーを与えるため。** 答

第**5**編 原子

第 2 章　原子と原子核　　教 p.382 〜 p.417

1 原子の構造とエネルギー準位

A ラザフォードの原子模型

陰極線の実験から負の電気量 $-e$ をもった電子が発見され，比電荷の測定などから，すべての元素の原子は電子をもつと考えられた。一方，原子は電気的に中性であるから，原子には正の電気をもっている部分があるはずである。

原子の構造について，いろいろな模型が考えられた。

そして，原子(大きさ 10^{-10} m 程度)内の正電荷が集中した 10^{-15} 〜 10^{-14} m 程度の重い部分は**原子核**と名づけられた。また正電荷をもつ原子核と，その周囲を回る電子とからなる原子の模型は，**ラザフォードの原子模型**とよばれる(右図)。

原子核

B 水素原子のスペクトル

❶**スペクトル**　光を波長によって分けたものを**スペクトル**という。

❷**連続スペクトルと線スペクトル**　一般に，高温の固体や液体が出す光は，波長が広い範囲で連続的に分布した**連続スペクトル**を示す(教 p.384 図 24 ⓐ)。一方，高温の気体が出す光は，いくつかの輝線がとびとびに分布する**線スペクトル**を示す(同図ⓑ)。これは，気体の原子が発する光で，その波長は元素の種類によって決まっている。

❸**水素原子の線スペクトル**　同図ⓒは，最も簡単な原子である水素原子の線スペクトルである。バルマーは，この輝線の波長 λ〔m〕の並びに次のような規則性があることを発見した。

$$\lambda = 3.65 \times 10^{-7} \text{m} \times \frac{n^2}{n^2 - 2^2} \quad (n = 3,\ 4,\ 5,\ 6) \tag{20}$$

バルマーは，(20)式の 4 本の輝線を分析したが，のちにより大きな n に対する輝線が紫外線の領域で発見された。この一連の輝線群を**バルマー系列**という。その後，さらに波長の短い紫外線の領域でも輝線群(**ライマン系列**)が，また赤外線の領域でも別の輝線群(**パッシェン系列**)が発見された(教 p.384 図 25)。これらすべての系列は，次の形に表される。

$$\frac{1}{\lambda} = R\left(\frac{1}{n'^2} - \frac{1}{n^2}\right) \quad \begin{pmatrix} n' = 1,\ 2,\ 3,\ \cdots \\ n = n'+1,\ n'+2,\ n'+3,\ \cdots \end{pmatrix} \tag{21}$$

ただし，$R = 1.10 \times 10^7$/m で，これを**リュードベリ定数**という。

この式で $n' = 1$ の場合がライマン系列，$n' = 2$ の場合がバルマー系列，$n' = 3$ の場合がパッシェン系列になる。

C　ボーアの理論

　従来の電磁波の理論では，原子核のまわりを回転する電子は電磁波を放射し，エネルギーを失う。その結果，電子の軌道半径は小さくなっていくので，ラザフォードの原子模型では安定な原子を表すことができない。ボーアは，水素原子のスペクトル系列に注目し，次の仮定❶，❷を設けて水素原子について理論をつくり，難点を解決した。

$2\pi r = 8\lambda$

$2\pi r = 7.8\lambda$

▲電子の軌道と電子波
ⓑの場合は電子波が干渉によって打ち消されるので，このような軌道は存在しない。

❶**量子条件**　原子には定常状態があり，定常状態では電磁波を出さない。定常状態の条件は，電子の質量をm〔kg〕，速さをv〔m/s〕，軌道半径をr〔m〕とすると，次の式で与えられる。

$$mvr = n\cdot\frac{h}{2\pi} \quad (n = 1,\ 2,\ \cdots) \tag{22}$$

この式は，電子波の波長をλ〔m〕とし，物質波の考え「$\lambda=\dfrac{h}{mv}$」を用いて書き直すと

$$2\pi r = n\cdot\frac{h}{mv} = n\lambda \quad (n = 1,\ 2,\ \cdots) \tag{23}$$

となる。これは，軌道の1周の長さが電子波の波長の整数倍になるとき定常状態になることを表している（右図）。

　量子条件の結果，後で見るように，rもvもとびとびになるので，定常状態での電子のエネルギーE_n〔J〕もとびとびの値になる。nを**量子数**，定常状態またはそのエネルギーE_n〔J〕を**エネルギー準位**という。

❷**振動数条件**　電子がエネルギー準位E_n〔J〕からそれよりも低いエネルギー準位$E_{n'}$〔J〕に移るとき，これらの差のエネルギー

$$E_n - E_{n'} = h\nu \tag{24}$$

をもつ光子を放出する。また，低いエネルギー準位$E_{n'}$〔J〕にある電子は，(24)式で定まるエネルギー$h\nu$〔J〕の光子を吸収して高いエネルギー準位E_n〔J〕に移る（右図）。

▲光子の吸収と放出

❸**エネルギー準位の計算**　ボーアは，この2つの仮定を使って，水素原子のスペクトルを次のように説明した。

　水素原子内の電子（質量m〔kg〕）が原子核（電気量e〔C〕）のまわりを速さv〔m/s〕，半径r〔m〕で等速円運動するとき，静電気力が向心力のはたらきをするから，半径方向の運動方程式は

$$m\frac{v^2}{r} = k_0\frac{e^2}{r^2} \tag{25}$$

となる（k_0〔N·m²/C²〕は真空中のクーロンの法則の比例定数）。定常状態では(23)式が満たされるから，この式を用いてvを消去すると

$$r = \frac{h^2}{4\pi^2 k_0 m e^2}\cdot n^2 \quad (n = 1,\ 2,\ 3,\ \cdots) \tag{26}$$

▲水素原子の電子の運動

となる。(26)式は水素原子内の電子がとりえる軌道半径を示す。

　この電子のエネルギー E〔J〕は，運動エネルギー $\frac{1}{2}mv^2$〔J〕と静電気力による位置エネルギー U〔J〕との和である。

　万有引力の場合と同様に無限遠を基準にとると，$U = -k_0\dfrac{e^2}{r}$ である。これと，(25)式より $mv^2 = k_0\dfrac{e^2}{r}$ であることを用いると

$$E = \frac{1}{2}mv^2 + \left(-k_0\frac{e^2}{r}\right) = \frac{1}{2}\times k_0\frac{e^2}{r} - k_0\frac{e^2}{r} = -\frac{k_0e^2}{2r} \tag{27}$$

となる。この式に(26)式を代入し，E を E_n と書くと

$$E_n = -\frac{2\pi^2k_0^2me^4}{h^2}\cdot\frac{1}{n^2} \quad (n = 1,\ 2,\ 3,\ \cdots) \tag{28}$$

が得られる。$n = 1$ のときのエネルギーが最低で，このエネルギー準位の状態を水素原子の**基底状態**という。(26)，(28)式から，$n = 2,\ 3,\ \cdots$ となるにつれて，電子の軌道は外側へ移りエネルギーは大きくなる。これらの状態を**励起状態**という。

　電子が定常状態 E_n から $E_{n'}$ へ移るときに放出される光の波長を λ〔m〕とすると，振動数条件((24)式)から，次の関係が導かれる。

$$\frac{1}{\lambda} = \frac{\nu}{c} = \frac{1}{c}\left(\frac{E_n - E_{n'}}{h}\right) = \frac{2\pi^2k_0^2me^4}{ch^3}\left(\frac{1}{n'^2} - \frac{1}{n^2}\right) = R\left(\frac{1}{n'^2} - \frac{1}{n^2}\right) \tag{29}$$

ここで，R はリュードベリ定数

$$R = \frac{2\pi^2k_0^2me^4}{ch^3} = 1.10\times10^7/\text{m} \tag{30}$$

であることから，(29)式は(21)式と一致する。このようにして，ボーアは，水素原子のスペクトルを理論的に説明することに成功した。R を用いると，(28)式は次のように表される。

$$E_n = -\frac{Rch}{n^2} \quad (n = 1,\ 2,\ 3,\ \cdots) \tag{31}$$

ボーアの理論

　　軌道半径　　$r = \dfrac{h^2}{4\pi^2k_0me^2}\cdot n^2$ 　$(n = 1,\ 2,\ 3,\ \cdots)$

　　エネルギー準位　$E_n = -\dfrac{2\pi^2k_0^2me^4}{h^2}\cdot\dfrac{1}{n^2} = -\dfrac{Rch}{n^2}$ 　$(n = 1,\ 2,\ 3,\ \cdots)$

r〔m〕	電子の軌道半径	m〔kg〕	電子の質量
E_n〔J〕	電子のエネルギー	e〔C〕	電気素量
h〔J·s〕	プランク定数	R〔1/m〕	リュードベリ定数
k_0〔N·m²/C²〕	真空中のクーロンの法則の比例定数	c〔m/s〕	真空中の光の速さ

❹エネルギー準位とスペクトル系列　ボーアの理論に従うと，ライマン系列は，電子が，$n \geqq 2$ の軌道から，$n = 1$（基底状態）の軌道に移るときに放射されるスペクトル線の一群であることがわかる。また，バルマー系列，パッシェン系列は，エネルギーの大きい軌道から，それぞれ $n = 2$，$n = 3$ の軌道へ移るときに放射されるスペクトルの一群である（**教** p.388 図 29）。

2 原子核

A 原子核の構成

原子は，中心にある原子核と，原子核をとりまく電子（電気量 $-e$）からなる。原子核は，原子の 10 万分の 1 程度の大きさであり，正の電気量 e をもつ陽子と，電気をもたない中性子とからなる。

原子 { 原子核 { 陽子……電気量 $+e$，　　質量 1.673×10^{-27} kg
中性子…電気量 0，　　　質量 1.675×10^{-27} kg
電子………………電気量 $-e$，　　質量 9.109×10^{-31} kg

元素（原子の種類）は，原子核に含まれる陽子の数で決まり，その数を**原子番号**という。陽子と中性子を総称して**核子**といい，核子の総数を**質量数**という。原子番号（陽子の数）を Z，中性子の数を N，質量数を A とすると，$A = Z + N$ である。原子や原子核は，元素記号と，その左上に質量数，左下に原子番号をつけて表される（右下図）。原子番号 Z の元素の原子核は Ze の正の電気量をもつ。

核子が $10^{-15} \sim 10^{-14}$ m 程度の狭い空間に集まっているのは，核子どうしが静電気力よりはるかに強い力で引きあっているからである。この力を**核力**という。

▲原子と原子核の構成

▲原子番号と質量数（例：炭素）

B 同位体

同じ元素（陽子の数が同じ）でも，中性子の数が異なる原子がある。これらの原子を互いに**同位体（アイソトープ）**という。同位体の例を**教** p.392 表 2 に示す。

同位体を区別する場合は，$^{12}_6$C，$^{13}_6$C のように質量数の違いで表す。

水素の原子核 $^1_1$H は陽子であり，$^2_1$H，$^3_1$H の原子核はそれぞれ，重陽子，三重陽子といわれる。

一般に，同じ元素の同位体は化学的な性質がほぼ同じである。しかし，物理的性質は大きく異なることがある。原子が出す線スペクトルの波長も同位体によってわずかに異なる。

C 統一原子質量単位

　原子の質量はきわめて小さい。そのため，$^{12}_{6}$C 原子 1 個の質量の $\frac{1}{12}$ を**統一原子質量単位**（記号 **u**）

$$1u = 1.66 \times 10^{-24}g \quad (= 1.66 \times 10^{-27}kg) \tag{32}$$

として質量の単位に用いることがある。

D 原子量

　$^{12}_{6}$C 原子の質量は，統一原子質量単位を用いると 12u である。この値 12 を基準として，他の原子 1 個の質量を相対的に表した値を，元素の**原子量**という。実際には，多くの元素には複数の同位体が存在するため，元素の原子量は，各同位体の相対的な質量にその存在比を乗じて計算した平均値となる。例えば炭素の原子量は，**教 p.392 表2** より次のように求められる。

$$12 \times 0.9893 + 13.0034 \times 0.0107 \fallingdotseq 12.01 \tag{33}$$

3 放射線とその性質

A 放射線

　天然に存在する原子核の中には，ウラン U やラジウム Ra，炭素 $^{14}_{6}$C など，不安定なものがあり，**放射線**とよばれる，粒子の流れや波長の短い電磁波を出しながら，自然に別の原子核に変わっていく。この現象を**放射性崩壊**といい，自然に放射線を出す性質を**放射能**という。放射能をもつ同位体を**放射性同位体（ラジオアイソトープ）**，放射能をもつ物質を**放射性物質**という（**教 p.395 図32**）。

　放射線は，物質を透過し，物質中の原子から電子をはじきとばして原子をイオンにするはたらき（**電離作用**）をもっている。

　放射性同位体から出るおもな放射線には，**α線**，**β線**，**γ線**の 3 種類がある（下表）。これらは磁場の中で異なる進み方をする（右図）。中性子の流れである**中性子線**や X 線も放射線の一種である。

▼**放射線の性質**

種類	本体	電離作用	透過力				
α線	ヘリウム $^{4}_{2}$He の原子核	強	弱	紙	木板	鉛板	水
β線	電子	中	中				
γ線	波長の短い電磁波（→**教 p.351**）	弱	強				
中性子線	中性子	弱	強				

B α崩壊・β崩壊

α線の放出は，原子核から陽子2個と中性子2個が $_2^4$He（α粒子）となって出ていく現象である。この現象をα崩壊といい，原子核は，質量数が4，原子番号が2だけ小さい原子核に変わる（右図ⓐ）。

β線の放出は，原子核中の中性子が陽子に変化するとき電子が飛び出す現象である。この現象をβ崩壊といい，原子核は，質量数が同じで原子番号が1だけ大きな原子核に変わる（右図ⓑ）。

崩壊後の原子核は不安定である場合が多く，安定な原子核になるまでα崩壊やβ崩壊を続け，次々に新しい原子核に変わっていく（**教** p.397 図35）。

α崩壊やβ崩壊で生じる新しい原子核は，励起状態にあることが多い。その場合，同じ原子核の，よりエネルギーの低い状態に移ることがある。このとき，エネルギーが電磁波（γ線）として放出される。γ線の放出では，原子番号も質量数も変化しない。

C 半減期

原子核が放射性崩壊によって他の原子核に変わるとき，もとの原子核の数が半分になるまでの時間は，それぞれの原子核で決まっている。この時間を**半減期**という。初めの原子核の数を N_0，時間 t 後に壊れないで残っている原子核の数を N，半減期を T とすると，残留率 $\dfrac{N}{N_0}$ について，次の式が成りたつ（**教** p.398 図36）。

> **半減期**
>
> $$\frac{N}{N_0} = \left(\frac{1}{2}\right)^{\frac{t}{T}} \tag{34}$$
>
> N_0　初めの原子核の数　　　　t　経過時間
> N　時間 t 後に壊れないで　　T　半減期
> 　　　残っている原子核の数

1個の原子核が1秒間に崩壊する確率は，原子核の種類によって決まっている。半減期が原子核によって決まっているのはこのためであり，半減期の間に1個の原子核が崩壊する確率は $\dfrac{1}{2}$ である。したがって，多数の原子核の集団では，半減期 T の間にその半数が崩壊し，残った原子核の半数がその後 T の間に崩壊し，そのく

▼いろいろな半減期

原子核	崩壊の型	半減期
n※	β	10.2 分
$_6^{14}$C	β	5.70×10^3 年
$_{15}^{32}$P	β	14.27 日
$_{19}^{40}$K	β	1.25×10^9 年
$_{27}^{60}$Co	β	5.271 年
$_{38}^{89}$Sr	β	50.56 日
$_{38}^{90}$Sr	β	28.91 年
$_{53}^{131}$I	β	8.03 日
$_{55}^{134}$Cs	β	2.065 年
$_{55}^{137}$Cs	β	30.08 年
$_{86}^{222}$Rn	α	3.82 日
$_{88}^{226}$Ra	α	1.60×10^3 年
$_{92}^{235}$U	α	7.04×10^8 年
$_{92}^{238}$U	α	4.47×10^9 年
$_{94}^{239}$Pu	α	2.41×10^4 年

※中性子は原子核内では安定に存在しうるが，単独では不安定であり，β崩壊により陽子に変わる。

り返しによって，原子核の数が減少していく。

D 放射線の測定単位

放射線に関して用いられる単位には，放射能の強さを表す**ベクレル**（記号 **Bq**），人体などが受ける放射線の量（強さ）を表す**グレイ**（記号 **Gy**）や**シーベルト**（記号 **Sv**）などがある（**教** p.401 表 5）。

放射線測定などでは，単位時間当たりに受ける放射線の量（線量率）を，マイクロシーベルト毎時（μSv/h）という単位で表すことが多い。

E 放射線の影響と利用

人体が放射線を受けることを**被曝**という。放射線はその電離作用によって生物の細胞に大きく影響を及ぼし，被曝量が大きい場合には急性の障害を引き起こすこともある。この影響を最小限にするには，放射線源から離れるなどの対策をとる必要がある。

一方，放射線は，非破壊検査やがんの治療，診断，農作物の品種改良など，産業・医学などの分野で幅広く活用されている。

4 核反応と核エネルギー

A 核反応

ラザフォードは，内部にα線源を設置し密閉した箱に窒素ガスを詰めると陽子が飛び出すことを発見し

$$^{14}_{7}\text{N} + {}^{4}_{2}\text{He} \longrightarrow {}^{17}_{8}\text{O} + {}^{1}_{1}\text{H} \tag{35}$$

という反応が起こることをつきとめた（右図）。このように原子核が変わる反応を**核反応**，または**原子核反応**という。

●は陽子
●は中性子

化学反応では，原子の種類は変化せず，原子の組合せが変わるだけであるが，核反応では原子核が変化し，別の種類の原子ができる。

正の電気をもつ2つの原子核の間には遠距離では斥力の静電気力がはたらく。核反応は，2つの原子核がこの斥力にうちかって，核力がはたらく近距離に近づいたとき，初めて起こる。

そのため核反応を起こすには，2つの原子核の間に大きな衝突のエネルギー（運動エネルギー）を与える必要がある。そのための装置が加速器である。

一方，電気をもたない中性子は他の原子核に近づきやすい。

一般に，核反応では，**反応の前後で質量数の和と電気量の和は一定に保たれる**。

B 質量とエネルギーの等価性

原子核の質量は，それを構成する核子の質量の和よりも小さい。原子番号 Z，質量数 A の原子核の質量を m_0，陽子と中性子の質量を m_p，m_n とするとき，両者の差

$$\Delta m = Z m_\mathrm{p} + (A - Z) m_\mathrm{n} - m_0 \tag{36}$$

を**質量欠損**という。

質量欠損の意味は，アインシュタインの相対性理論によって明らかになる。それによれば，質量とエネルギーとは同等(等価)であって，質量 m〔kg〕の物体は，静止状態において次の式で表されるエネルギー E〔J〕をもつことになる。

▲原子核の結合エネルギー

> **質量とエネルギーの等価性**
>
> $$E = mc^2 \tag{37}$$
>
> E〔J〕　エネルギー　　　m〔kg〕　質量
> c〔m/s〕　真空中の光の速さ

このことから，陽子と中性子がばらばらで存在するときよりも，まとまって原子核を構成しているときのほうが，エネルギーが Δmc^2 だけ小さいことになる。逆に原子核をばらばらの核子にするには，Δmc^2 だけのエネルギーを与える必要がある。この意味で，Δmc^2 を原子核の**結合エネルギー**という(右上図)。

質量数 A は核子の数を表しているので，核子1個当たりの結合エネルギーは $\dfrac{\Delta mc^2}{A}$ と表される。

C 核エネルギー

一般に，核反応では，原子核の質量の和が，反応の前後で変化する。この質量の和が反応によって減少する場合，反応前後の質量差に相当するエネルギーが**核エネルギー**として解放される。このとき，結合エネルギーの和は増加しており，解放される核エネルギーは，結合エネルギーの和の変化に等しい(右図)。

核反応で解放されるエネルギーはきわめて大きい。化学反応で発生するエネルギーは，多くの場合，1回の反応で数 eV 程度であるのに対し，核反応では数 MeV 以上のエネルギーが発生すること

▲核反応　P＋Q→R＋S　で発生する核エネルギーと結合エネルギー

が多い。例えば，**教** p.407 例題 8 の $_1^1\mathrm{H}$ と $_3^7\mathrm{Li}$ の核反応では，1 回で約 17.4 MeV のエネルギーが発生する。これらの原子が 1 mol（数 g）ずつ反応したとすると

$$(17.4 \times 10^6) \times (1.60 \times 10^{-19}) \times (6.02 \times 10^{23})\ \mathrm{J} \fallingdotseq 1.68 \times 10^{12}\ \mathrm{J} \tag{38}$$

という膨大なエネルギーが発生することになる。これは石油約 40 トンを燃やしたときのエネルギーに相当する。

D 核分裂反応

　1 つの原子核が，いくつかの原子核に分かれる反応を**核分裂**という（右図）。

▲ウランの核分裂の一例

　核子 1 個当たりの結合エネルギーは，質量数が 56 の鉄のあたりで最大値をとる。そのため，ウランのように質量数が大きい原子核は，1 つの原子核でいるより 2 つの原子核に分裂したほうが，エネルギー的に安定である（**教** p.407 図 43）。このことが，核分裂の起こる原因である。

E 原子力発電

　右図は，ウランを核燃料とするときの原子力発電の原理を示している。遅い中性子（熱運動と同程度の速さの中性子）が $_{92}^{235}\mathrm{U}$ に衝突すると，図に示すようにいろいろな壊れ方の核分裂が起こる。このとき，いずれの場合も 200 MeV 程度のエネルギーが解放され，2 ～ 3 個の速い中性子が出る。この速い中性子を，減速材（水や重水など）に衝突させて遅くして $_{92}^{235}\mathrm{U}$ に衝突させ，新たな核分裂を起こしやすくする。このようにして次々に核分裂が起こることを**連鎖反応**という。連鎖反応が持続的

▲**原子力発電の原理（連鎖反応）**　$_{92}^{238}\mathrm{U}$ は核反応にほとんど関係しない。

に保たれる条件がちょうど満たされるとき，原子炉は**臨界**にあるといい，中性子数は一定に保たれている。なお，少ない燃料では核燃料表面から中性子が核反応することなく失われるので，核燃料の量には下限があり，**臨界量**とよばれる。

　原子力発電の稼働にあたっては，重大事故に対する厳重かつ多重の安全対策が必要である。また，寿命の長い放射性廃棄物の処理も重要な課題である。

F 核融合反応

　太陽などの恒星では，原子核どうしが衝突して質量数の大きな原子核が生まれている。このように，より質量数の大きな原子核ができる反応を**核融合**という（**教** p.410 図 45）。軽い原子核どうしが反応し，より質量の大きな原子核になるとき，結合エネルギーが増加し，その差のエネルギーが解放される（**教** p.410 図 46）。

　太陽(中心温度約 1600 万 K)の中では，4 個の水素原子核(陽子)から，いくつかの段階を経て，1 個のヘリウム原子核が生成されている。このとき，約 27 MeV のエネルギーが解放される。

$$4{}_1^1\mathrm{H} + 2\mathrm{e}^- \longrightarrow {}_2^4\mathrm{He} + 2\nu_e \quad (\nu_e：電子ニュートリノ) \tag{39}$$

　地上でも，安定した核融合反応を持続させることができれば，エネルギー源の一つとなることから核融合の研究開発が進められている。

5 素粒子

A 自然の階層性と素粒子

❶自然の階層性　物質を細かく分けていくと，段階的に分子，原子，原子核といった構成単位が現れる。これを**自然の階層性**といい，その究極に位置する粒子を，物質を構成する基本的要素と考えて**素粒子**という。

❷素粒子の分類　現在，自然界を構成する基本的な粒子は，核力などの強い力のはたらく**ハドロン**(陽子，中性子，π中間子など)と，強い力のはたらかない**レプトン**(電子やニュートリノ，μ粒子など)と，力を伝達する**ゲージ粒子**(電磁気力を媒介する光子など)などに分類され，多くの粒子を統一して説明することが試みられている。ハドロンはさらに，陽子や中性子などの**バリオン(重粒子)**と，π中間子などの**中間子**に分けられる。

B クォーク模型

　ハドロンに属する粒子をバリオンと中間子に分類し説明する模型として，**クォーク模型**が提案された。それは，電気量の大きさが $\frac{1}{3}e$ や $\frac{2}{3}e$ (e は電気素量)である粒子(**クォーク**)を考え，バリオンはクォーク 3 個から，中間子はクォーク 1 個とクォークの反粒子である反クォーク 1 個からなるとする模型である(右図)。

バリオン(重粒子)　例：陽子
u が 2 つ　d が 1 つ

中間子　例：π⁺中間子
u が 1 つ　d̄ が 1 つ
(d̄ は d の反粒子)

▲ハドロンの例

▼クォークとレプトン

	世代			電気量
	第1世代	第2世代	第3世代	
クォーク	アップ u	チャーム c	トップ t	$\frac{2}{3}e$
	ダウン d	ストレンジ s	ボトム b	$-\frac{1}{3}e$
レプトン	電子 e⁻	ミュー粒子 μ⁻	タウ粒子 τ⁻	$-e$
	電子ニュートリノ ν_e	ミューニュートリノ ν_μ	タウニュートリノ ν_τ	0

クォークを単独の粒子として核子や中間子の外に取り出すことはできないが，その後の実験で，陽子は電気量の大きさが $\frac{1}{3}e$ と $\frac{2}{3}e$ の粒子からなることが確認された。また，2つのクォークを強い力で結びつけるゲージ粒子（グルーオン）が存在するらしいこともわかった。このように，ハドロンは，クォークからなる複合粒子であると考えられるようになった。

C 自然界に存在する4つの力

自然界には，重力（万有引力），電磁気力のほかに，原子核をつくるための強い力，β 崩壊などではたらく弱い力の4種類がある（下表）。これらの力（相互作用ということもある）は，ゲージ粒子を媒介して伝わると考えられている。4つの力は，宇宙の初期には1つだったと考えられており（下図），現在これらの力を統一しようとする試みがなされている。

▼ **4つの力とゲージ粒子**
重力と電磁気力の強さの比較には，2つの陽子間にはたらく力を用いた。

力の種類	重力（万有引力）	電磁気力	強い力	弱い力
具体例	太陽と地球の間にはたらく力 地球と地球上の物体にはたらく力	原子核に電子を結びつけ原子をつくる力 γ 線の放出に関係する力 化学反応を起こす力	原子核をつくるもとになる力（核力） クォーク間にはたらく力	β 崩壊をつかさどる力 中性子や μ 粒子などの寿命を決める力
相対的強さ	10^{-38}	10^{-2}	1	10^{-5}
到達距離	無限大	無限大	$10^{-15}\,\mathrm{m}$	$10^{-17}\,\mathrm{m}$
力の源	質量	電荷	色荷（しきか）	弱荷（じゃくか）
力を媒介するゲージ粒子	グラビトン（重力子） ［未発見］	フォトン（光子）	グルーオン（膠着子（こうちゃくし））	ウィークボソン（$W^{\pm}$粒子，Z^0粒子） W^+ W^- Z^0

　宇宙のごく初期に，物質がどのようになっていたかはまだはっきりとはわかっていないが，まず基本的な粒子がつくられ，徐々に構造が生まれ，長い時間をかけて現在のすがたになったと考えられている。素粒子の研究が，実は宇宙の研究と密接にかかわっており，絶え間ない探究が続けられている。

○─問　題─○

問10
(教p.388)
水素原子内の電子が定常状態 $E_3 = -1.5\,\text{eV}$ から $E_1 = -13.6\,\text{eV}$ へ移るときに放出する光(紫外線)の光子のエネルギーは何 eV か。また，その波長は何 m か。プランク定数 $h = 6.6 \times 10^{-34}\,\text{J·s}$，電気素量 $e = 1.6 \times 10^{-19}\,\text{C}$，真空中の光の速さ $c = 3.0 \times 10^8\,\text{m/s}$ とする。

考え方　定常状態 E_3 から E_1 に，軌道が内側に移る際，このエネルギーの差が光子のエネルギーになる。

解説&解答　光子のエネルギーは
$$E_3 - E_1 = -1.5 - (-13.6) = \mathbf{12.1\,eV}　\text{答}$$
また，光子のエネルギーの式((9)式)より
$$\lambda = \frac{hc}{E} = \frac{(6.6 \times 10^{-34}) \times (3.0 \times 10^8)}{12.1 \times (1.6 \times 10^{-19})} \fallingdotseq \mathbf{1.0 \times 10^{-7}\,m}　\text{答}$$

問11
(教p.391)
次の原子の，陽子の数，中性子の数をそれぞれ求めよ。
(1) ^3_1H　(2) ^4_2He　(3) $^{35}_{17}\text{Cl}$　(4) $^{37}_{17}\text{Cl}$

考え方　中性子の数＝質量数－原子番号(陽子の数)である。

解説&解答　(1)　陽子：**1**個，中性子：$3 - 1 = \mathbf{2}$個　　答
(2)　陽子：**2**個，中性子：$4 - 2 = \mathbf{2}$個　　答
(3)　陽子：**17**個，中性子：$35 - 17 = \mathbf{18}$個　　答
(4)　陽子：**17**個，中性子：$37 - 17 = \mathbf{20}$個　　答

問12
(教p.392)
$^{12}_6\text{C}$ 原子1個の質量を単位 g で表せ。$1\text{u} = 1.66 \times 10^{-24}\,\text{g}$ とする。

考え方　$^{12}_6\text{C}$ 原子1個の質量の $\frac{1}{12}$ が 1u である。

解説&解答　$12 \times 1\text{u} = 12 \times (1.66 \times 10^{-24})\,\text{g} \fallingdotseq \mathbf{1.99 \times 10^{-23}\,g}$　答

問13
(教p.393)
塩素には2つの同位体 $^{35}_{17}\text{Cl}$(質量 35.0 u)，$^{37}_{17}\text{Cl}$(質量 37.0 u)が 3:1 の比率で存在する。塩素の原子量を求めよ。

考え方　塩素には，質量の異なる同位体が存在するので，塩素の原子量を求めるときには，存在比を乗じて平均値を求める。

解説&解答　各同位体の質量にその存在比を乗じて計算する。
$$\text{原子量} = 35.0 \times \frac{3}{3+1} + 37.0 \times \frac{1}{3+1} = \mathbf{35.5}　\text{答}$$

問14
（教p.396）
α線とβ線は磁場内で曲げられるが，β線のほうが大きく曲げられる。これはなぜだろうか。粒子の初速度の大きさは等しいとみなせるものとする。

考え方　ローレンツ力による等速円運動の半径の式「$r = \dfrac{mv}{qB}$」を考える。

解説&解答　$^4_2$He（α線）に比べて，電子（β線）の質量がきわめて小さく，質量に対する電気量の大きさの比の値（比電荷）が大きいため。　**答**

例題6
（教p.397）
$^{235}_{92}$U は，α崩壊を7回，β崩壊を4回行って，安定な原子核になる。この原子核の原子番号Zと質量数Aを求めよ。

考え方　α崩壊では原子番号が2，質量数が4減少し，β崩壊では原子番号が1増加する。

解説&解答　原子番号 $Z = 92 - 2 \times 7 + 1 \times 4 =$ **82**　**答**
質量数 $A = 235 - 4 \times 7 =$ **207**　**答**

類題6
（教p.397）
$^{232}_{90}$Th はα崩壊をx回，β崩壊をy回行って，安定な原子核$^{208}_{82}$Pbになる。xとyを求めよ。

考え方　α崩壊は，原子核から陽子2個と中性子2個が$^4_2$He（α粒子）となって出ていく現象である。β崩壊は，質量数が同じで原子番号が1だけ大きな原子核に変わる現象である。

解説&解答　原子番号について　$90 - 2x + y = 82$　……①
質量数について　$232 - 4x = 208$　……②
①，②式より　$x =$ **6**，$y =$ **4**　**答**

例題7
（教p.399）
図は，放射性崩壊をする原子核$^{226}_{88}$Ra の残留率（崩壊せずに残っている原子核の割合）と時間の関係を表すグラフである。

(1) $^{226}_{88}$Ra の半減期は何年か。

(2) 6.0 g の $^{226}_{88}$Ra のうち，3.2×10^3 年後に崩壊せずに残っているのは何 g か。

(3) $^{226}_{88}$Ra の数が初めの$\dfrac{1}{8}$になるのは何年後か。

考え方　半減期の時間が経過するたび，残留率（または崩壊していない原子核の数）が$\dfrac{1}{2}$倍になる。

解説&解答　(1) 図より，半減期（残留率が半分になる時間）は　$\mathbf{1.6 \times 10^3}$ **年**　**答**
(2) 崩壊せずに残っている$^{226}_{88}$Ra の質量を m〔g〕とすると，
$$\left\lceil \frac{N}{N_0} = \left(\frac{1}{2}\right)^{\frac{t}{T}} \right\rceil （34式）より$$

$$\frac{m}{6.0} = \left(\frac{1}{2}\right)^{\frac{3.2 \times 10^3}{1.6 \times 10^3}} = \left(\frac{1}{2}\right)^2 = \frac{1}{4}$$

よって　$m = \dfrac{1}{4} \times 6.0 = \textbf{1.5g}$　答

(3)　t 年後に $\dfrac{1}{8}$ になったとすると，「$\dfrac{N}{N_0} = \left(\dfrac{1}{2}\right)^{\frac{t}{T}}$」(㉞式) より

$$\dfrac{1}{8} = \left(\dfrac{1}{2}\right)^3 = \left(\dfrac{1}{2}\right)^{\frac{t}{1.6 \times 10^3}}$$

よって　$t = 3 \times (1.6 \times 10^3) = \textbf{4.8} \times \textbf{10}^3$ **年後**　答

類題7
(教p.399)
放射性崩壊をする原子核がある。この原子核 8.0g のうち，56 日後に崩壊せずに残っていたのは 0.50g であったとする。
(1)　この原子核の半減期は何日か。
(2)　崩壊せずに残っている原子核の質量が 0.25g になるのは，初めから数えて何日後か。

考え方　半減期の式(㉞式)を用いる。

解説&解答　(1)　崩壊前後の質量の比は，崩壊前後の原子核の数の比 $\dfrac{N}{N_0}$ に等しいので　$\dfrac{0.50}{8.0} = \left(\dfrac{1}{2}\right)^4 = \left(\dfrac{1}{2}\right)^{\frac{56}{T}}$

よって　$\dfrac{56}{T} = 4$　　したがって　$T = \textbf{14 日}$　答

(2)　$\dfrac{0.25}{8.0} = \left(\dfrac{1}{2}\right)^5 = \left(\dfrac{1}{2}\right)^{\frac{t}{14}}$

よって　$\dfrac{t}{14} = 5$　　したがって　$t = \textbf{70 日後}$　答

問15
(教p.403)
ジョリオ・キュリー夫妻(フランス)は，α 粒子を $^{27}_{13}\text{Al}$ に衝突させてリンの放射性同位体 $^{30}_{15}\text{P}$ をつくった。このときの核反応を式で表せ。

考え方　原子核反応では，反応の前後で，電気量の和，質量数の和は一定である。

解説&解答　α 粒子はヘリウムの原子核で ^4_2He であり，中性子は ^1_0n である。
$^{27}_{13}\text{Al} + {}^4_2\text{He} \longrightarrow {}^{30}_{15}\text{P} + {}^A_Z\text{X}$ とする。
電気量の和一定より　$13 + 2 = 15 + Z$　　$Z = 0$
質量数の和一定より　$27 + 4 = 30 + A$　　$A = 1$
ゆえに　$^{27}_{13}\text{Al} + {}^4_2\text{He} \longrightarrow {}^{30}_{15}\text{P} + {}^1_0\text{n}$　答

問16
(教p.405)
^4_2He 原子核の質量欠損は何 kg か。また，結合エネルギーは何 J か。ただし，真空中の光の速さは 3.0×10^8 m/s，陽子の質量は 1.673×10^{-27} kg，中性子の質量は 1.675×10^{-27} kg，^4_2He 原子核の質量は 6.646×10^{-27} kg とする。

考え方　質量欠損を「$\Delta m = Zm_\text{p} + (A - Z)m_\text{n} - m_0$」(㊱式) より求め，質量とエネルギーの等価性「$E = mc^2$」(㊲式) より結合エネルギーへと変換する。

(解説&解答) (36)式より質量欠損は

$$\Delta m = 2 \times (1.673 \times 10^{-27}) + (4-2) \times (1.675 \times 10^{-27})$$
$$- (6.646 \times 10^{-27})$$
$$= \mathbf{5.0 \times 10^{-29} \, kg} \quad 答$$

(37)式より，結合エネルギーは

$$E = \Delta mc^2 = (5.0 \times 10^{-29}) \times (3.0 \times 10^8)^2 = \mathbf{4.5 \times 10^{-12} \, J} \quad 答$$

例題8 (教p.407) 次の核反応で放出されるエネルギー E〔MeV〕を求めよ。

$$^1_1\text{H} + ^7_3\text{Li} \longrightarrow ^4_2\text{He} + ^4_2\text{He}$$

$^1_1$H, $^7_3$Li, $^4_2$He 原子核の質量をそれぞれ 1.0078 u, 7.0160 u, 4.0026 u, 真空中の光の速さを 3.00×10^8 m/s, 電気素量を 1.60×10^{-19} C, $1\,u = 1.66 \times 10^{-27}$ kg とする。

(考え方) 反応前後の質量の減少がエネルギーとして放出される。質量とエネルギーの単位に注意する（$1\,u = 1.66 \times 10^{-27}$ kg, $1\,eV = 1.60 \times 10^{-19}$ J）。

(解説&解答) 反応前後での質量の減少は

$$(1.0078 + 7.0160) - 4.0026 \times 2 = 0.0186 \, u$$

「$E = mc^2$」（(37)式）より

$$E = \{0.0186 \times (1.66 \times 10^{-27})\} \times (3.00 \times 10^8)^2 \, J$$

$1\,MeV = 10^6\,eV = (1.60 \times 10^{-19}) \times 10^6$ J を用いて

$$E = \frac{\{0.0186 \times (1.66 \times 10^{-27})\} \times (3.00 \times 10^8)^2}{(1.60 \times 10^{-19}) \times 10^6} \fallingdotseq \mathbf{17.4 \, MeV} \quad 答$$

類題8 (教p.407) 次の核分裂反応で放出されるエネルギー E〔J〕を求めよ。

$$^{235}_{92}\text{U} + ^1_0\text{n} \longrightarrow ^{92}_{36}\text{Kr} + ^{141}_{56}\text{Ba} + 3\,^1_0\text{n}$$

$^{235}_{92}$U, $^{92}_{36}$Kr, $^{141}_{56}$Ba 原子核，中性子 $^1_0$n の質量をそれぞれ M_U, M_{Kr}, M_{Ba}, M_n〔kg〕とし，光の速さを c〔m/s〕とする。

(考え方) 質量とエネルギーの等価性（(37)式）を用いる。

(解説&解答) 反応前後での質量の減少は

$$m = (M_U + M_n) - (M_{Kr} + M_{Ba} + 3M_n)$$
$$= M_U - M_{Kr} - M_{Ba} - 2M_n \,〔kg〕$$

(37)式より

$$E = mc^2 = \mathbf{(M_U - M_{Kr} - M_{Ba} - 2M_n)\,c^2}\,〔J〕 \quad 答$$

問17 (教p.410) 核融合反応 $^2_1\text{H} + ^2_1\text{H} \longrightarrow ^3_1\text{H} + ^1_1\text{H}$ において放出されるエネルギー E〔MeV〕を求めよ。ただし，$^2_1$H, $^3_1$H の核子1個当たりの結合エネルギーは，それぞれ 1.1 MeV, 2.8 MeV である。

(考え方) 反応前後の結合エネルギーの差が放出されるエネルギー E である。

(解説&解答) $^2_1$H の結合エネルギー $E_1 = 1.1 \times 2 = 2.2$ MeV

$^3_1$H の結合エネルギー $E_2 = 2.8 \times 3 = 8.4$ MeV

ばらばらのエネルギー状態を 0 MeV とすると，各エネルギーは

$$^2_1\text{H} + \,^2_1\text{H} \longrightarrow \,^3_1\text{H} + \,^1_1\text{H} + E$$
$$(-2.2)\quad(-2.2)\qquad(-8.4)\qquad 0$$

エネルギー保存則より

$$(-2.2)+(-2.2)=(-8.4)+E$$
$$E = 4.0\,\text{MeV}\quad\boxed{答}$$

問18 （教p.413）
中性子は，アップクォーク u とダウンクォーク d の組合せで構成されている。教 **p.413 表6** を参考に中性子を構成している u と d の数を求めよ。

考え方　教 **p.413 表6** より，u 1個の電気量は $\frac{2}{3}e$，d 1個の電気量は $-\frac{1}{3}e$ である。

解説&解答　u と d を組み合わせた中性子の電気量は 0 であるから，中性子は u 1個と d 2個とから成っている。

中性子の電気量 $=\left(\frac{2}{3}e\times1\right)+\left(-\frac{1}{3}e\times2\right)=0$

したがって　**u は1個，d は2個**　**答**

演 習 問 題

教 p.417

第⑤編 原子

1 ヘリウムイオン He⁺ は，原子核（陽子2個をもつ）のまわりを1個の電子が等速円運動をしていると考えられる。電子の質量を m〔kg〕，電気素量を e〔C〕，プランク定数を h〔J·s〕，クーロンの法則の比例定数を k_0〔N·m²/C²〕とする。

(1)　電子の速さを v〔m/s〕，軌道半径を r〔m〕として，電子の等速円運動に必要な向心力の大きさを m，v，r を用いて表せ。
(2)　電子が受ける静電気力の大きさを k_0，e，r を用いて表せ。
(3)　電子の軌道は円周の長さが電子波の波長の n 倍（n は自然数）のものだけが可能であるとして，半径 r を n，h，k_0，m，e，π（円周率）を用いて表せ。
(4)　電子のエネルギー E〔J〕を運動エネルギーと静電気力による位置エネルギー（基準を無限遠にとる）の和として，n，h，k_0，m，e，π を用いて表せ。

考え方　ヘリウムイオンは，原子核に2個の陽子をもつので軌道上をまわる電子が受ける静電気力が $k\dfrac{2e\cdot e}{r^2}=2k\dfrac{e^2}{r^2}$ となることに注意して，水素原子と同様に考える。

解説&解答　(1)　等速円運動の公式より加速度 $a=\dfrac{v^2}{r}$ であるから，中心方向の運動方程式より

向心力 $= m\dfrac{v^2}{r}$〔N〕　**答**

(2)　原子核の電気量は $2e$ であるから，クーロンの法則より

$$\text{静電気力の大きさ} = k_0 \frac{2e \times e}{r^2} = \frac{2k_0 e^2}{r^2} \text{〔N〕}\quad \boxed{答}$$

(3) 円周の長さは $2\pi r$ であるから，電子波の波長を λ とすると

$$2\pi r = n\lambda$$

また，電子の運動量 $p = mv$ から，$\lambda = \dfrac{h}{p} = \dfrac{h}{mv}$ なので

$$2\pi r = n\left(\frac{h}{mv}\right) \quad\quad \cdots\cdots ①$$

電子は，(2)で求めた静電気力を向心力とする等速円運動をしているから，(1)を用いて

$$m\frac{v^2}{r} = \frac{2k_0 e^2}{r^2} \quad\quad \cdots\cdots ②$$

②式より

$$mv = \sqrt{\frac{2mk_0 e^2}{r}} \quad\quad \cdots\cdots ③$$

③式を①式に代入して整理すると

$$r = \frac{h^2}{8\pi^2 k_0 m e^2} \cdot n^2 \text{〔m〕}\quad \boxed{答}$$

(4) 軌道上の電位は $V = k_0 \dfrac{2e}{r}$ だから

$$\text{電子の位置エネルギー} = (-e)V$$
$$= (-e)k_0\frac{2e}{r} = -\frac{2k_0 e^2}{r}$$

電子のエネルギー E は

$$E = \frac{1}{2}mv^2 + \left(-\frac{2k_0 e^2}{r}\right)$$

②式より，$mv^2 = \dfrac{2k_0 e^2}{r}$ だから

$$E = \frac{1}{2}\left(\frac{2k_0 e^2}{r}\right) - \frac{2k_0 e^2}{r} = -\frac{k_0 e^2}{r} \quad\quad \cdots\cdots ④$$

④式に(3)の r を代入すると

$$E = -\frac{k_0 e^2}{\dfrac{h^2}{8\pi^2 k_0 m e^2}\cdot n^2} = -\frac{8\pi^2 k_0^2 m e^4}{h^2}\cdot\frac{1}{n^2} \text{〔J〕}\quad \boxed{答}$$

2 $^{131}_{53}\mathrm{I}$ は，半減期 8.0 日で β 崩壊をして Xe(キセノン)に変わる。

(1) この Xe の質量数および原子番号はそれぞれいくらか。

(2) ある時刻に $^{131}_{53}\mathrm{I}$ が 16 g あった。$^{131}_{53}\mathrm{I}$ が 4.0 g になるのは何日後か。

(3) 32 日後には，$^{131}_{53}\mathrm{I}$ は何 g になるか。

(考え方) (1) α 崩壊では，原子番号が 2 だけ減少し，質量数が 4 だけ減少する。β 崩壊では，原子番号が 1 だけ増加し，質量数は変わらない。

(2), (3) はじめの原子核の数を N_0 とし，時間 t だけ経過したとき，

崩壊しないで残っている原子核の数を N，半減期を T とすると，㉞式より次の式が成りたつ。

$$N = N_0 \left(\frac{1}{2}\right)^{\frac{t}{T}} \quad \cdots\cdots ①$$

解説&解答 (1) β 崩壊では，質量数は変わらず，原子番号が1だけ増加するので

質量数 **131**　　原子番号 **54** **答**

(2) ①式より

$$4.0 = 16 \left(\frac{1}{2}\right)^{\frac{t}{8.0}}$$

$$\left(\frac{1}{2}\right)^2 = \left(\frac{1}{2}\right)^{\frac{t}{8.0}} \quad よって \quad t = \textbf{16 日後} \ \textbf{答}$$

(3) ①式より

$$N = 16 \left(\frac{1}{2}\right)^{\frac{32}{8.0}} = 16 \left(\frac{1}{2}\right)^4 = \textbf{1.0 g} \ \textbf{答}$$

3 2つの重陽子による次の核融合反応について，以下の問いに答えよ。

$$^2_1\text{H} + ^2_1\text{H} \longrightarrow ^3_2\text{He} + ^1_0\text{n}$$

(1) この核融合反応1回における質量の減少は何 u か。原子核 ^2_1H，^3_2He，中性子 ^1_0n の質量を，それぞれ 2.0136 u，3.0149 u，1.0087 u とする。

(2) (1)における質量の減少により放出されるエネルギーの大きさは何 J か。$1\text{u} = 1.66 \times 10^{-27}$ kg，真空中の光の速さを $c = 3.0 \times 10^8$ m/s とする。

(3) この核融合反応を起こすには，2つの重陽子を $r_0 = 4.0 \times 10^{-15}$ m 程度の距離まで近づける必要がある。その距離における重陽子間の静電気力による位置エネルギー（無限に離れているときを基準にとる）は何 J か。クーロンの法則の比例定数を $k_0 = 9.0 \times 10^9$ N·m²/C²，電気素量を $e = 1.6 \times 10^{-19}$ C とする。

考え方　　$^2_1\text{H} \quad + \quad ^2_1\text{H} \quad \longrightarrow \quad ^3_2\text{He} \quad + \quad ^1_0\text{n}$
2.0136 u　2.0136 u　　　3.0149 u　　　1.0087 u

解説&解答 (1) 減少した質量を Δm〔u〕とすると

$$\Delta m = 2.0136 \times 2 - (3.0149 + 1.0087) = \textbf{0.0036 u} \ \textbf{答}$$

(2) 与えられた2つの原子核が反応して原子核の全質量が減少する場合には，その減少質量 Δm に相当するエネルギーが放出される。また，質量とエネルギーは等価である。

$$1\text{u} : 1.66 \times 10^{-27} \text{kg} = 0.0036 \text{u} : \Delta m'〔\text{kg}〕$$

$$\Delta m' = (1.66 \times 10^{-27}) \times 0.0036 \text{kg}$$

放出されるエネルギー E は

$$E = \Delta m' \times c^2 = (1.66 \times 10^{-27}) \times 0.0036 \times (3.0 \times 10^8)^2$$

$$= 5.37\cdots \times 10^{-13} \fallingdotseq \textbf{5.4} \times \textbf{10}^{-13} \textbf{J} \ \textbf{答}$$

(3) 重陽子の電荷 $= e$〔C〕　無限遠方を位置エネルギーの基準にしたとき，重陽子どうしはともに正電荷で斥力を及ぼしあう。

静電気力による位置エネルギー U は

$$U = k_0 \frac{e^2}{r_0} = (9.0 \times 10^9) \times \frac{(1.6 \times 10^{-19})^2}{4.0 \times 10^{-15}}$$
$$= 5.76 \times 10^{-14} \fallingdotseq \mathbf{5.8 \times 10^{-14} J} \quad 答$$

考 考えてみよう！ •

4　中性子線は透過力が強く，鉛などでは遮蔽することが難しい。

(1)　中性子線の透過力が強いのはなぜだろうか。

(2)　質量 m〔kg〕，速度 v〔m/s〕$(v > 0)$ の中性子が，静止した質量 M〔kg〕の原子核と弾性衝突した後の中性子の速度を求めよ。衝突は一直線上で起こるとする。

(3)　中性子線を遮蔽するには水素原子核（陽子）を多く含む水が適している。これはなぜだろうか。

（**考え方**）　物質は原子からなり，原子中には陽子や電子がある。これらは近くを通る荷電粒子に静電気力を及ぼす。

（**解説&解答**）(1)　**中性子は電荷をもたず，原子中の陽子や電子から静電気力を受けないから。** 答

(2)　衝突後の中性子と原子核の速度を，それぞれ v'，V'〔m/s〕とする。

運動量保存則より　$mv + M \times 0 = mv' + MV'$ 　　……①

反発係数の式「$e = -\dfrac{v_1' - v_2'}{v_1 - v_2}$」より　$1 = -\dfrac{v' - V'}{v - 0}$ 　　……②

①，②式より　$v' = -\dfrac{M - m}{M + m} v$〔**m/s**〕 答

(3)　**陽子は中性子と質量がほぼ同じなので，中性子が陽子と衝突すると，(2)の式から大きく減速されることがわかる。よって，失うエネルギーが大きい。水は陽子を多く含み，効率的に中性子線のエネルギーを吸収することができるため，中性子線の遮蔽に適している。** 答

本文資料

問1
教p.439
水面を進む波において，水深 h〔m〕が波の波長に比べて十分に小さい場合，波の進む速さは $v = h^x g^y$〔m/s〕で与えられる（g〔m/s²〕は重力加速度の大きさ）。このとき，x，y の値を求めよ。

考え方
それぞれの物理量には固有の次元がある。物理量の次元は，長さの次元[L]，質量の次元[M]，時間の次元[T]などの組合せで表される。
　例えば，速さ（＝距離÷時間）の次元は，
　　$[L] \div [T] = [LT^{-1}]$
　加速度（＝速度の変化÷時間）の次元は，
　　$[LT^{-1}] \div [T] = [LT^{-2}]$
である。このとき，速さの次元は，長さについて1次元，時間について−1次元であり，加速度の次元は，長さについて1次元，時間について−2次元である，という。次元を考えると，計算によって得られた結果の妥当性（正否）を判断したり，次元をもたない定数の係数以外のさまざまな物理量の間の関係を見つけたりすることができる。

解説&解答
$v = h^x g^y$ の両辺の単位を比較すると
　　m/s ＝ m^x・(m/s²)^y ＝ m^{x+y}/s^{2y}
よって　$x + y = 1$
　　　　$2y = 1$
これを解いて　$x = \dfrac{1}{2}$，$y = \dfrac{1}{2}$　**答**

●表紙デザイン
　株式会社リーブルテック

第 1 刷　2023 年 3 月 1 日　発行

教科書ガイド
数研出版 版　【物理／706】
物理

ISBN978-4-87740-627-1

発行所　**数研図書株式会社**

〒604-0861　京都市中京区烏丸通竹屋町上る
　　　　　　大倉町 205 番地
[電話]　　　075-254-3001